高能钝感 CL-20 共晶炸药性能的分子动力学模拟

杭贵云　余文力　王　涛　著

国防工业出版社

·北京·

图书在版编目（CIP）数据

高能钝感 CL-20 共晶炸药性能的分子动力学模拟/杭贵云，余文力，王涛著.—北京：国防工业出版社，2023.7
ISBN 978-7-118-13044-7

Ⅰ.①高⋯ Ⅱ.①杭⋯ ②余⋯ ③王⋯ Ⅲ.①共晶体复合材料-炸药性能-分子-动力学-模拟方法 Ⅳ.①TQ560.71

中国国家版本馆 CIP 数据核字（2023）第 173537 号

※

国防工业出版社 出版发行
（北京市海淀区紫竹院南路 23 号　邮政编码 100048）
北京虎彩文化传播有限公司印刷
新华书店经销

*

开本 710×1000　1/16　插页 1　印张 14¾　字数 262 千字
2023 年 7 月第 1 版第 1 次印刷　印数 1—1000 册　定价 99.00 元

（本书如有印装错误，我社负责调换）

| 国防书店：（010）88540777 | 书店传真：（010）88540776 |
| 发行业务：（010）88540717 | 发行传真：（010）88540762 |

前 言

高能量密度材料（HEDM）是 20 世纪 80 年代至 90 年代出现的一类新型含能材料，具有威力大、能量密度高的显著特点，可以大幅度提升含能材料的威力与武器装备的毁伤效能。六硝基六氮杂异伍兹烷（CL-20）是一种典型的 HEDM，也是目前综合性能最好的高能单质炸药之一，具有广泛的应用价值与发展前景，自 1987 年首次报道以来，CL-20 就一直是含能材料领域关注的焦点与热点。CL-20 具有四种晶型（α-、β-、γ-、ε-CL-20），其中 ε-CL-20 稳定性最好、能量密度最高，因此最具有研究意义与应用价值。ε-CL-20 的晶体密度达 $2.04\sim2.05\text{g/cm}^3$，标准生成焓约为 900kJ/kg^1，氧平衡为 -10.96%，最大爆速及爆压可分别达 $9.5\sim9.6\text{km/s}$ 及 $43\sim44\text{GPa}$，这几个参数均优于奥克托今（HMX，晶体密度达 1.90g/cm^3，标准生成焓达 250kJ/kg，氧平衡为 -21.62%，最大爆速及爆压分别可达 9.0km/s 和 39.0GPa）。因此，ε-CL-20 的能量输出可比 HMX 高 $10\%\sim15\%$，但 CL-20 的价格昂贵、成本较高，同时机械感度高、安全性能差，导致其发展应用受到限制。

近年来，共晶成为一种改善含能材料性能的有效途径并在含能材料领域得到推广应用。通常认为，共晶是指两种或两种以上的中性组分在分子间非共价键（如氢键、范德华力、π-π 键、卤键等）作用下形成的具有固定比例与特定结构的晶体，属于超分子领域范畴。对于含能材料，共晶可以改变分子的组装与排列方式，降低感度，提高安全性。此外，共晶还可以改善含能材料的氧平衡系数、力学性能与热性能，提高含能材料的能量密度。正因为如此，含能共晶的研究也引起国内外的广泛关注。

本书第一作者从博士入学开始就致力于含能共晶的研究，并在此基础上以 CL-20 为研究对象，设计了不同的含能共晶体系，预测了含能共晶的性能，研究了组分比例对共晶炸药性能影响的规律，优选并确定了综合性能最优、能量密度满足 HEDM 指标要求的高能钝感共晶炸药。因此，本书是作者团队研究成果的总结与凝练。

全书共分为 8 章：第 1 章介绍含能共晶的基础知识，包括共晶的基本概念、含能共晶国内外研究现状、共晶炸药制备方法、测试与表征方法、形成机理等，指出了共晶炸药研究存在的问题与发展趋势；第 2 章以 CL-20 为主体组分，以 RDX 为客体组分，设计了 CL-20/RDX 含能共晶，开展了 CL-20/RDX 共晶炸药研究，筛选了最优的 CL-20/RDX 共晶炸药配方比例；第 3 章基于最优的 CL-20/RDX 共晶炸药配方，制备了 CL-20/RDX 共晶炸药样品，对其结构与性能进行了测试表征；第 4 章至第 7 章以 CL-20 为主体组分，分别以钝感炸药 FOX-7、NTO、LLM-105、TNAD 作为客体组分，设计了不同比例的共晶体系，建立了共晶炸药模型，预测了共晶炸药的性能，优选并确定了综合性能最佳的共晶炸药配方配比；第 8 章在两组分 CL-20/TNT、CL-20/HMX 共晶炸药的基础上，综合考虑两组分共晶炸药的性能优缺点，提出了三组分共晶的概念，设计了 CL-20/TNT/HMX 三组分共晶体系，建立了三组分共晶炸药模型，预测了三组分共晶炸药的性能，并与两组分共晶炸药进行了比较。

本书在编写过程中，参考了国内外的一些书籍与研究论文，在此向相关作者表达衷心的感谢与诚挚的敬意。

由于编者水平有限，书中不足与疏漏之处在所难免，敬请读者批评指正。

作　者
2023 年 2 月于西安

目　录

第1章　共晶：含能材料改性的新途径 ··· 1
  1.1　含能材料降感常用方法 ··· 1
  1.2　含能共晶研究现状 ··· 3
    1.2.1　共晶炸药国内外研究现状 ··· 3
    1.2.2　共晶炸药制备方法 ··· 21
    1.2.3　共晶炸药测试与表征方法 ··· 23
    1.2.4　共晶炸药的形成机理与分子间的作用力 ··················· 25
    1.2.5　共晶炸药研究与发展面临的问题 ······························ 27
    1.2.6　共晶炸药的研究与发展趋势 ····································· 28
  1.3　本书的主要内容 ··· 29

第2章　CL-20/RDX 共晶炸药的性能研究 ································· 31
  2.1　引言 ·· 31
  2.2　模型建立与计算方法 ·· 32
    2.2.1　CL-20 与 RDX 模型建立 ··· 32
    2.2.2　CL-20/RDX 共晶体系组分比例的选取 ···················· 33
    2.2.3　CL-20/RDX 共晶模型的建立 ·································· 35
    2.2.4　计算条件设置 ·· 37
  2.3　结果分析 ··· 38
    2.3.1　力场选择 ··· 38
    2.3.2　体系平衡判别 ·· 39
    2.3.3　稳定性 ··· 40
    2.3.4　感度 ··· 43
    2.3.5　爆轰性能 ··· 49
    2.3.6　力学性能 ··· 52
  2.4　小结 ·· 58

第3章 CL-20/RDX 共晶炸药的制备与性能实验研究 ·········· 60
3.1 共晶炸药制备方法 ·········· 60
3.2 共晶炸药性能测试方法 ·········· 61
3.2.1 试剂与仪器 ·········· 61
3.2.2 共晶炸药的制备 ·········· 62
3.2.3 形貌观察 ·········· 62
3.2.4 结构测试 ·········· 62
3.2.5 热性能测试 ·········· 62
3.2.6 感度测试 ·········· 62
3.3 实验结果分析 ·········· 63
3.3.1 形貌观察结果 ·········· 63
3.3.2 结构测试结果 ·········· 64
3.3.3 热性能测试结果 ·········· 65
3.3.4 感度测试结果 ·········· 66
3.4 小结 ·········· 67

第4章 CL-20/FOX-7 共晶炸药的性能研究 ·········· 69
4.1 引言 ·········· 69
4.2 模型建立与计算方法 ·········· 70
4.2.1 CL-20 与 FOX-7 模型的建立 ·········· 70
4.2.2 CL-20/FOX-7 共晶体系组分比例的选取 ·········· 71
4.2.3 CL-20/FOX-7 共晶模型的建立 ·········· 72
4.2.4 计算条件设置 ·········· 74
4.3 结果分析 ·········· 74
4.3.1 力场选择 ·········· 74
4.3.2 体系平衡判别 ·········· 75
4.3.3 稳定性 ·········· 76
4.3.4 感度 ·········· 78
4.3.5 爆轰性能 ·········· 83
4.3.6 力学性能 ·········· 85
4.4 小结 ·········· 90

第5章 CL-20/NTO 共晶炸药的性能研究 ·········· 92
5.1 引言 ·········· 92

5.2 模型建立与计算方法 ·········· 93
5.2.1 CL-20 与 NTO 模型的建立 ·········· 93
5.2.2 CL-20/NTO 共晶体系组分比例的选取 ·········· 94
5.2.3 CL-20/NTO 共晶模型的建立 ·········· 95
5.2.4 计算条件设置 ·········· 97
5.3 结果分析 ·········· 98
5.3.1 力场选择 ·········· 98
5.3.2 体系平衡判别 ·········· 99
5.3.3 稳定性 ·········· 99
5.3.4 感度 ·········· 102
5.3.5 爆轰性能 ·········· 108
5.3.6 力学性能 ·········· 110
5.4 小结 ·········· 115

第6章 CL-20/LLM-105 共晶炸药的性能研究 ·········· 117
6.1 引言 ·········· 117
6.2 模型建立与计算方法 ·········· 117
6.2.1 CL-20 与 LLM-105 模型的建立 ·········· 117
6.2.2 CL-20/LLM-105 共晶体系组分比例的选取 ·········· 119
6.2.3 CL-20/LLM-105 共晶模型的建立 ·········· 120
6.2.4 计算条件设置 ·········· 122
6.3 结果分析 ·········· 123
6.3.1 力场选择 ·········· 123
6.3.2 体系平衡判别 ·········· 124
6.3.3 稳定性 ·········· 125
6.3.4 感度 ·········· 127
6.3.5 爆轰性能 ·········· 133
6.3.6 力学性能 ·········· 134
6.4 小结 ·········· 140

第7章 CL-20/TNAD 共晶炸药的性能研究 ·········· 142
7.1 引言 ·········· 142
7.2 模型建立与计算方法 ·········· 142
7.2.1 CL-20 与 TNAD 模型的建立 ·········· 142
7.2.2 CL-20/TNAD 共晶体系组分比例的选取 ·········· 144

    7.2.3 CL-20/TNAD 共晶模型的建立 ·················· 145
    7.2.4 计算条件设置 ························ 146
  7.3 结果分析 ···························· 147
    7.3.1 力场选择 ·························· 147
    7.3.2 体系平衡判别 ························ 148
    7.3.3 稳定性 ···························· 150
    7.3.4 感度 ····························· 152
    7.3.5 爆轰性能 ·························· 157
    7.3.6 力学性能 ·························· 159
  7.4 小结 ······························· 165

第8章　CL-20/TNT/HMX 共晶炸药的性能研究 ············ 167
  8.1 引言 ······························· 167
  8.2 模型建立与计算方法 ······················· 168
    8.2.1 CL-20、HMX 与 TNT 模型的建立 ············ 168
    8.2.2 CL-20/TNT 与 CL-20/HMX 共晶炸药模型的建立 ······ 170
    8.2.3 CL-20/TNT/HMX 共晶体系组分比例的选取 ······ 171
    8.2.4 CL-20/TNT/HMX 共晶模型的建立 ············ 173
    8.2.5 计算条件设置 ························ 175
  8.3 结果分析 ···························· 176
    8.3.1 力场选择 ·························· 176
    8.3.2 体系平衡判别 ························ 177
    8.3.3 稳定性 ···························· 179
    8.3.4 感度 ····························· 181
    8.3.5 爆轰性能 ·························· 188
    8.3.6 力学性能 ·························· 190
  8.4 共晶炸药的性能比较与评估 ··················· 197
    8.4.1 稳定性 ···························· 197
    8.4.2 感度 ····························· 198
    8.4.3 爆轰性能 ·························· 201
    8.4.4 力学性能 ·························· 201
  8.5 小结 ······························· 203

主要缩略语表 ······························ 205

参考文献 ································ 209

第1章 共晶：含能材料改性的新途径

1.1 含能材料降感常用方法

含能材料自身蕴含大量的能量并且能够在极短时间内通过爆炸、燃烧等物理化学反应将能量释放出来对外界做功，实现预定的目标，已在航空航天、武器弹药、爆破、采矿等众多领域得到应用。在含能材料领域，高能炸药一直是各国研究的热点与重点。一方面是由于高能炸药密度大，分子中含有更高的能量，爆炸时对外界做功的能力更强，从而显著改善武器弹药的威力，实现对各类目标的高效毁伤；另一方面是由于高能炸药可以提升武器装备的战场环境适应性与生存能力，使其更好地满足作战任务要求。随后，在高能炸药的基础上，研究人员又提出了高能量密度材料（HEDM）这一概念。

所谓HEDM，是指以高能量密度化合物（HEDC）为主体，通过添加一定量的氧化剂、钝感剂、可燃剂与黏结剂等组分形成的高能含能材料。因此，HEDC在HEDM中占主导地位，是HEDM的重要支撑与基础。同时，HEDC的性能也直接影响并决定了HEDM的性能。如果没有性能优异的HEDC作为基础与支撑，就谈不上性能良好的HEDM。通常来说，所谓的HEDC，是指密度大于$1.9g/cm^3$，爆速大于$9.0km/s$，爆压大于$40GPa$，能量密度高于HMX的新型化合物。由于HEDC具有高密度、高威力、高能量特性等显著优势，各国对HEDC的研制工作都十分重视。目前，国内外已成功合成了一部分典型的HEDC并研究了其性能，如ONC[1-2]、TEX[3-4]以及CL-20[5]等。

但是，对大部分常规含能材料来说，能量密度与安全性之间存在相互矛盾，即含能材料的能量密度越高，其机械感度就越高，安全性越差，从而导致武器弹药的感度过高，安全性能受到严峻挑战与严重影响[6]。此外，在武器弹药设计与生产等环节中，当能量密度与安全性之间存在矛盾时，为了确保安全性，研究人员更倾向于选择能量密度较低但安全性较好的炸药。因此，HEDC感度过高的问题已成为制约其发展应用的瓶颈与突出矛盾。与此同时，HEDC的降感问题也是含能材料领域的一个热门话题。

目前来看,降低 HEDC 的感度,提高其安全性的途径主要有四种:一是改善制备与结晶工艺,制备晶体品质较高,纳米或者球形颗粒的炸药[7-9];二是向 HEDC 中添加一定量的钝感剂,例如石墨、石蜡等[10,11];三是在HEDC 外层包覆一定厚度的聚合物,形成高聚物黏结炸药[12-14];四是在现有炸药的基础上,通过分子设计、理论计算与实验合成等手段研制新型钝感HEDC,如 FOX-7[15]、LLM-105[16]、TKX-50[17]等高能钝感化合物。上述几种方法各有一定的优势,并且在降低 HEDC 感度方面也取得了相应的效果,但也存在一定的问题与缺点。例如,方法一中改善炸药的制备与结晶工艺难度较大,并且存在不可控因素,从而导致可行性不强;方法二中提到的添加钝感剂的方法,因钝感剂自身不属于炸药,能量密度低,从而导致HEDC 的能量密度大幅度下降,对其威力不利;方法三中采用聚合物包覆HEDC 时,很难做到均匀包覆,并且无法对内层的炸药进行包覆,故降感效果有待改善与提高;方法四中钝感 HEDC 的研制周期长、研制费用高,同时具有一定的危险性与盲目性。因此,寻找和拓展新型的含能材料降感与改性途径便显得尤为重要。

目前,在炸药改性研究的进程中,共晶[18-20]显示出明显的优势,引起了国内外同行的关注并得到了相应的发展与应用。通常认为,共晶是指两种或两种以上的中性组分在分子间非共价键(如氢键、范德华力、π-π 键、卤键等)作用下形成的具有固定比例与特定结构的晶体,属于超分子领域范畴[21]。与组成共晶的单组分相比,共晶有两个显著的特点:一是共晶中分子间的作用力类型较多,各种力的作用共同决定或影响共晶的晶体结构与性能;二是共晶的结构、性能与单组分的结构与性能存在一定的差异,有时甚至是明显的差异。

CL-20 是一种笼形结构的硝胺类 HEDC,氧平衡系数、密度、生成热、爆速、爆压等参数均高于目前公认的综合性能最好的高能单质炸药 HMX,发展潜力较好,应用前景极为广阔[22-23]。自 1987 年首次公开报道以来,CL-20 就引起极大的轰动,也一直是各国研究的热点。但是,CL-20 的制备工艺复杂、价格昂贵,再加上其机械感度较高,不满足炸药高安全性的要求,制约了其在武器弹药领域的应用。由于共晶可以从分子层面改善或调节含能材料的性能,降低机械感度,提高安全性,因此开展 CL-20 共晶炸药的研究具有重要的理论意义与应用价值,以增加 CL-20 在武器弹药中应用的可能性,拓展其应用范围。

1.2 含能共晶研究现状

1.2.1 共晶炸药国内外研究现状

虽然共晶的发现已有较长的时间，但起初共晶主要应用于药物领域，由于各种条件的制约，共晶在含能材料领域应用的时间却很短。1978年[24]，美国以HMX与AP为原料，制备了HMX/AP含能共晶，使其成为一种新型的推进剂。与AP相比，HMX/AP共晶的吸湿性很小，即共晶解决了AP的吸湿性问题，改善了推进剂的性能，也为新型推进剂的设计提供了新的思路。受当时条件的限制，HMX/AP共晶并没有引起研究人员的广泛关注。从某种程度上来说，2010年Landenberger等[25]报道的TNT系列的含能共晶与2011年Matzger等[26]报道的CL-20/TNT共晶炸药才真正引起人们的关注，也开辟了含能共晶研究的新领域。

1. 国外研究现状

国外研究共晶炸药时，采用的方法主要以实验为主，也有相关的理论计算。在实验方面，国外主要是合成共晶炸药，测试其晶体结构、热性能与感度；在理论计算方面，主要是分析共晶炸药中组分间的作用力，从微观层面阐述共晶炸药的形成机理。

1978年，Levinthal[24]以HMX和AP为原料，成功制备了HMX/AP含能共晶，测试了共晶的能量密度与吸湿性。结果表明，HMX/AP含能共晶保持了较高的能量特性，同时吸湿性比AP低很多，性能得到改善。因此，HMX/AP含能共晶成为一种新型的推进剂。由于测试表征手段有限，Levinthal并没有测试HMX/AP共晶的结构。同时由于实验不可重复，因此HMX/AP共晶并未引起广泛的关注。

Landenberger等[25]分别以TNT与萘、蒽、菲、氨基苯甲酸等17种化合物为原料，制备了相应的共晶化合物，测试了共晶化合物的结构，分析了共晶中组分间的作用力。结果表明，在17种共晶化合物中，组分的比例均为1:1，在共晶中存在氢键、π-π堆积作用，从而使得组分间存在较强的相互作用。

Bolton等[26]制备了CL-20/TNT共晶炸药，测试了共晶的结构、热性能、撞击感度，并与原料的性能进行了比较。结果表明，形成共晶后，炸药的分子结构发生了改变，TNT与CL-20分子间存在氢键的作用，共晶炸药的熔点为136℃，比TNT（熔点为81℃）高55℃左右。撞击感度实验表明，共晶炸药的感度大幅度降低。因此，当把 TNT 加入 CL-20 中形成共晶后，炸药的撞击感度降低，安全性能得到明显提升。

Bolton 等[27]制备了组分比例为 2∶1（CL-20∶HMX）的 CL-20/HMX 共晶炸药，测试了共晶炸药的结构、热性能、感度，预测了共晶炸药的爆轰性能。结果表明，CL-20/HMX 共晶属于单斜晶系，空间群为 P21/C。共晶炸药的热分解曲线与原料 CL-20、HMX 的热分解曲线完全不同，表明共晶是一种新的物质，不同于原料的混合物。爆轰性能预测结果表明，CL-20/HMX 共晶炸药的爆速比 β-HMX 高 100m/s 左右。撞击感度实验结果表明，CL-20/HMX 共晶炸药的感度低于 CL-20，与 HMX 相当。

Landenberger 等[28]制备了 HMX 与 9 种溶剂形成的共晶，通过单晶 X 射线衍射方法，对共晶的结构进行了表征，测试了共晶炸药的感度，分析了共晶炸药中分子间的作用力。结果表明，HMX 中的硝基（—NO_2 基）与另一种化合物中的 H 原子之间存在氢键作用。与单纯组分的 HMX 相比，形成共晶后，HMX 的撞击感度显著降低，表明共晶可以提高含能材料的安全性。通过对共晶的结构进行分析可以发现，共晶呈现出层状分布的特性，这可能是导致其感度减小的直接原因。

Landenberger 等[29-30]分别以 DADP 与 TCTNB、TBTNB、TITNB 为原料，制备了 DADP/TCTNB、DADP/TBTNB、DADP/TITNB 三种共晶炸药，研究了共晶炸药的性能变化情况，探讨了共晶炸药的形成机理。结果表明，三种共晶炸药的组分比例均为 1∶1，结构相似。通过共晶，使得 DADP 的密度、氧平衡系数与稳定性得到显著改善。在感度方面，以 DADP/TCTNB 共晶炸药为例，共晶炸药的撞击感度为 14.7cm，仅比 DADP 的特性落高大 1.2cm，但是比 TCTNB 的特性落高小 79.6cm，因此 DADP/TCTNB 共晶炸药的感度介于 DADP 与 TCTNB 之间。对于 DADP/TITNB 共晶炸药来说，撞击感度比 DADP、TITNB 的感度都要低。

McNeil 等[31]采用蒸发溶剂法，制备了由 MET 与 DNB 组成的 MET/DNB 共晶炸药，研究了共晶炸药的特性。结果表明，在共晶炸药中，两种原料的组分比例为 1∶1。DNB 为黄白色，MET 为白色，共晶为红色与紫色相间的化合物，因此形成共晶后，各组分的颜色与性质发生了变化，也进一步证实了共晶的形成。在共晶炸药中，MET 与 DNB 分子之间的氢键作用占据主导地位，同时也存在 π-π 形式的堆积作用。

Anderson 等[32]采用超声共振法，制备了组分比例为 2∶1（CL-20∶HMX）的共晶炸药，并借助实验手段，测试了热性能、撞击感度与摩擦感度，对其安全性进行了评价。结果表明，CL-20/HMX 共晶炸药的热分解温度为 235.8℃，比 CL-20 与 HMX 混合物的热分解温度 232.9℃高，并且共晶炸药分解时，释放的能量更多。感度实验表明，ε-CL-20、HMX、CL-20/HMX 共晶的撞击感度（特性落高）分别为 26cm、28cm、17cm，摩擦感度分别为 72N、80N、72N，因此 CL-20/HMX 共晶炸药的撞击感度高于ε-CL-20，摩擦感度与ε-CL-20相当，预示共晶炸药的安全性不理想，共晶的降感效果不好。同时，感度实验结果与 Bolton 等[27]的研究结果不一致。

Urbelis 等[33]制备了组分比例为 1∶2 的 CL-20/TPPO 共晶炸药。采用实验方法，对共晶炸药的结构与性能进行了表征。结果表明，共晶炸药属于三斜晶系，空间群为 P$\bar{1}$，单个晶胞中包含 4 个 CL-20 与 8 个 TPPO 分子。共晶炸药在受热过程中，CL-20 存在晶相转变行为。此外，理论分析结果还表明，共晶炸药分子之间的相互作用力主要是氢键的作用。同时，氢键作用也是共晶形成的内在驱动力。

Anderson 等[34]采用超声共振法，制备了组分比例为 1∶1 的 CL-20/MDNT 共晶炸药，并测试了共晶炸药的性能。结果表明，在共晶炸药中，存在氢键、范德华力与静电力的共同作用。共晶炸药的密度介于 CL-20 与 MDNT 之间。共晶炸药的热分解起始温度为 200℃，比 CL-20 与 MDNT 的分解温度都要低，当温度为 165℃时，共晶开始熔化。共晶炸药的摩擦感度比 CL-20 低，但撞击感度、静电感度与 CL-20 相当。在共晶炸药中，由于分子间的相互作用，CL-20 的分子结构发生了变形，主要表现为键长发生了改变，键角与二面角发生了变化。

Bennion 等[35]研究了由 TNB 分别与 TITNB、TBTNB 形成的两种共晶炸药的结构与性能。结果表明，两种共晶炸药均属于正交晶系，空间群均为 Pbcn。两种共晶炸药均比单纯组分的稳定性更好一些。TNB/TITNB 与 TNB/TBTNB 共晶的热分解温度分别为 320℃、340℃。撞击感度实验表明，TNB 的撞击感度大于 145cm，TITNB 为 29cm，TBTNB 为 94cm，TNB/TITNB 与 TNB/TBTNB 共晶的撞击感度分别为 77cm、103cm，因此共晶炸药的感度介于 TNB 与各单组分之间，表明共晶可以改善含能材料的感度，提高安全性。

Sinditskii 等[36]研究了 CL-20/DNP 与 CL-20/DNG 两种共晶炸药的热稳定性。结果表明，与 CL-20 形成共晶后，组分间存在较强的相互作用，使得共晶炸药的热分解温度提高，热稳定性优于 DNP 与 DNG。

Bennion 等[37]分析了 DAF/ADNP 共晶炸药中 DAF 与 ADNP 分子间的作用力，测试了共晶炸药的热性能与感度。结果表明，在共晶炸药中，DAF 中的氨基（—NH₂基）与ADNP中的硝基（—NO₂基）之间存在较强的氢键作用。与ADNP相比，共晶炸药的热分解温度有所提高。撞击感度实验表明，DAF/ADNP共晶炸药的撞击感度（特性落高）为136cm，而ADNP与DAF的特性落高均大于145cm，因此形成共晶后，炸药的感度增大。

Ghosh等[38]采用快速蒸发溶剂法，制备了CL-20/HMX共晶炸药，分析了共晶炸药的晶体形貌，测试了共晶炸药的结构与撞击感度。结果表明，CL-20晶体呈双锥形，HMX晶体呈棱柱状，共晶呈透明的钻石状。在CL-20/HMX共晶炸药中，HMX呈β晶型，而ε-CL-20会转变为β与γ晶型。共晶炸药的撞击感度为43~48cm，摩擦感度为300~330N，CL-20的撞击感度为25~28cm，摩擦感度为84~90N，HMX的撞击感度为45~50cm，摩擦感度为190~200N，表明共晶炸药的安全性得到显著提高。

Viswanath等[39]采用超声辅助缓慢蒸发溶剂法，制备了组分比例为1:1的CL-20/RDX共晶炸药，采用粉末X射线衍射、傅里叶红外光谱、扫描电镜与热重方法，研究了共晶炸药的结构、形貌与热性能。结果表明，在形成共晶的过程中，CL-20由ε-型转变为α-型，共晶炸药的晶体形貌与热分解性能与原料存在显著差异，其具有更高的能量密度，爆炸时对外做功能力更强。

Foroughi等[40]研究了CTA/BTF共晶炸药的结构与性能。结果表明，在共晶炸药中，CTA与BTF的组分比例为1:2，共晶炸药的特性落高为19cm，CTA的落高为12cm，因此共晶炸药的感度低于CTA，安全性得到提高。共晶炸药的密度为1.737g/cm³，CTA的密度为1.723g/cm³，其爆速与爆压均高于CTA，低于BTF。CTA/BTF共晶炸药的熔点为143℃，CTA的熔点为94℃，BTF的熔点为196℃，热稳定性提高。

Zohari等[41]采用蒸发溶剂法制备了HMX/BTNEN共晶炸药，测试了共晶炸药的性能。结果表明，HMX/BTNEN共晶炸药的熔点为155℃，低于HMX（275℃），高于BTNEN（94℃）。共晶炸药呈扁平状形貌，与原料不同。共晶炸药的特性落高为55cm，低于HMX（63cm），高于BTNEN（50cm），表明其撞击感度低于BTNEN，安全性能得到提高。共晶炸药的密度为1.93g/cm³，根据其晶体密度，计算得到爆速为9.38km/s，爆压为42.95GPa。

根据国外的研究情况，表1-1中归纳总结了国外先后报道的一系列共晶炸药，包括共晶炸药报道的时间、形成共晶的不同组分、制备方法、主要性能与优缺点。

第1章 共晶：含能材料改性的新途径

表1-1 国外报道的部分共晶炸药

序号	报道时间/年	组分1	组分2	制备方法	主要性能与优缺点
1	1978[24]	HMX	AP	溶剂挥发法	HMX/AP共晶的吸湿性比AP低很多，极大地改善了推进剂的性能，可为新型推进剂的配方设计提供借鉴，但实验具有不可重复性，没有表征共晶的结构
2	2010[25]	TNT	萘、蒽、菲、氨基苯甲酸等	溶剂挥发法	TNT与萘、蒽、菲、氨基苯甲酸等均能形成共晶化合物，组分比为1:1，共晶具有独特的晶体结构与参数
3	2011[26]	CL-20	TNT	溶剂挥发法	共晶炸药的感度得到大幅度降低，安全性得到提高，共晶炸药的热稳定性得到改善
4	2012[27]	CL-20	HMX	溶剂挥发法	共晶炸药的撞击感度比CL-20低，与HMX相当，密度高于HMX，爆速比HMX高100m/s左右
5	2012[28]	HMX	非含能材料	溶剂挥发法	共晶炸药的机械感度较HMX低，但能量密度减小幅度较大
6	2013[29] 2015[30]	DADP	TCTNB TBTNB TITNB	溶剂挥发法	三种共晶具有相似的晶体结构，性能相近，共晶改善了DADP的密度、氧平衡系数与感度等性能
7	2013[31]	MET	DNB	溶剂挥发法	共晶炸药的颜色、性能与各组分存在很大差异，共晶炸药中存在氢键与π-π堆积共同作用
8	2014[32]	CL-20	HMX	超声共振法	共晶炸药的热性能得到改善，能量密度较高，但共晶的降感效果不好，安全性不够理想
9	2015[33]	CL-20	TPPO	蒸发溶剂法	共晶中CL-20分子结构发生改变，共晶中存在氢键作用
10	2016[34]	CL-20	MDNT	超声共振法	共晶的摩擦感度比CL-20低，撞击感度、静电感度与CL-20相当，降感效果不太理想，热分解温度降低
11	2016[35]	TNB	TBTNB TITNB	溶剂挥发法	两种共晶炸药的结构相似，感度与热稳定性介于各组分之间，安全性得到提高，热稳定性增强
12	2016[36]	CL-20	DNP DNG	蒸发溶剂法	共晶炸药的热分解温度比DNP、DNG高，热稳定性得到提高
13	2017[37]	DAF	ADNP	溶剂挥发法	共晶炸药的感度高于DAF与ADNP，能量密度介于各组分之间
14	2018[38]	CL-20	HMX	蒸发溶剂法	共晶炸药的晶体形貌不同于CL-20、HMX，撞击感度与摩擦感度均低于CL-20、HMX，安全性能显著提升

续表

序号	报道时间/年	组分1	组分2	制备方法	主要性能与优缺点
15	2019[39]	CL-20	RDX	超声辅助缓慢蒸发溶剂法	共晶炸药的晶体形貌与热分解性能与原料存在显著差异，其具有更高的能量密度，爆炸时对外做功能力更强
16	2020[40]	CTA	BTF	蒸发溶剂法	共晶炸药的感度低于CTA，安全性得到提高。爆速与爆压均高于CTA，低于BTF，熔点介于CTA与BTF之间
17	2021[41]	HMX	BTNEN	蒸发溶剂法	共晶炸药的熔点低于HMX，高于BTNEN，撞击感度低于BTNEN，安全性能得到提高，共晶保持了高能量密度

2. 国内研究现状

由于共晶方法可以改善含能材料的性能并且在降低感度、提高安全性与增强稳定性等方面具有突出的优势，因此含能共晶的组分设计、实验制备、结构表征与性能测试也引起国内研究人员的兴趣。目前，国内的相关人员也成功合成了一部分共晶炸药并测试了其结构、稳定性与感度等。

表1-2中列出了国内先后报道的部分共晶炸药，包括报道时间、形成共晶的组分、制备方法、主要性能与优缺点。根据实验测试结果，图1-1中给出了部分共晶炸药的晶体结构。

表1-2 国内报道的部分共晶炸药

序号	报道时间/年	组分1	组分2	制备方法	主要性能与优缺点
1	2007[42-43]	硝酸脲	RDX	冷却结晶法	共晶的感度比RDX低，安全性得到提高，共晶提高了废硝酸的利用效率，但没有测试共晶的结构
2	2011[44-45]	SE	YE	冷却结晶法	共晶化合物的能量密度较高，热稳定性好，并且吸湿性比SE、YE低很多
3	2011[46]	HMX	TATB	溶剂/非溶剂法	共晶的晶体形貌、热性能与各组分之间存在很大差异，撞击感度比HMX低很多，安全性大幅度提高
4	2012[47]	CL-20	BTF	蒸发溶剂法	共晶炸药的密度低于CL-20，高于BTF，感度高于BTF，低于CL-20
5	2012[48-49]	CL-20	TNT	蒸发溶剂法	共晶的撞击感度比CL-20低很多，安全性得到提高，但共晶的能量密度低于CL-20，威力减小
6	2013[50-51]	CL-20	DNB	溶剂挥发法	共晶的感度远低于CL-20，但能量密度低于CL-20，威力减小

续表

序号	报道时间/年	组分1	组分2	制备方法	主要性能与优缺点
7	2013[52]	TNB	TNT	蒸发溶剂法	共晶的形貌发生了很大变化，感度低于各组分的感度，安全性得到改善
8	2013[53]	HMX	NMP	溶剂挥发法	共晶炸药的能量密度介于NMP与HMX之间，分子之间存在氢键作用
9	2013[54]	HMX	DMI	溶剂挥发法	共晶炸药属于单斜晶系，分子之间的作用力主要是氢键、范德华力与静电力作用，感度与威力低于HMX
10	2013[55]	CL-20	CPL	蒸发溶剂法	共晶炸药的晶体结构、熔点与各组分之间存在较大差异，撞击感度低于CL-20，安全性提高
11	2013[56-57]	BTF	TNB及其衍生物	蒸发溶剂法	共晶炸药的感度低于BTF，能量密度略有降低
12	2013[58]	HMX	AP	溶剂/非溶剂法	共晶的吸湿性远小于AP，克服了AP吸湿性大的缺陷，改善了其性能
13	2014[59]	TNT	AN	溶剂挥发法	共晶改变了晶体的形貌与热性能，同时也改善了AN的吸湿性
14	2014[60]	CL-20	NMP	溶剂挥发法	共晶炸药的撞击感度比CL-20低很多，安全性提高，共晶炸药保持了CL-20高威力的优势
15	2014[61]	BTF	DNB	蒸发溶剂法	共晶炸药的熔点、感度与能量密度介于各组分之间，共晶改善了原料BTF与DNB的性能
16	2015[62]	CL-20	TATB	溶剂/非溶剂法	共晶的感度低于CL-20，与HMX接近，威力介于CL-20与TATB之间
17	2015[63]	CL-20	TNT	喷雾干燥法	共晶的晶体形貌发生很大改变，感度低于CL-20，高于TNT
18	2015[64]	NTO	TZTN	蒸发溶剂法	共晶炸药的熔点高于TZTN，撞击感度高于NTO，与TZTN相当
19	2015[65]	BTF	DNAN	蒸发溶剂法	共晶炸药的晶体形貌发生显著改变，撞击感度远低于BTF，安全性提高
20	2015[66]	HMX	TNT	喷雾干燥法	共晶炸药的感度比HMX低很多，安全性得到提高，共晶炸药的形貌与各组分相比存在很大的差异
21	2015[67]	NNAP	TNT TNP MHN	蒸发溶剂法	共晶炸药的结构、热性能与原料相比存在很大的差异，感度降低，安全性得到提高
22	2015[68]	CL-20	HMX	研磨法	共晶炸药的形貌与CL-20、HMX相比存在很大差异，并且研磨时间会影响共晶炸药的形貌

续表

序号	报道时间/年	组分1	组分2	制备方法	主要性能与优缺点
23	2016[69]	CL-20	2,4-DNT	蒸发溶剂法	共晶炸药的撞击感度与摩擦感度大幅度降低，但由于DNT的能量较低，共晶炸药的威力减小幅度较大
24	2016[70] 2018[71]	CL-20	2,5-DNT	蒸发溶剂法	共晶的撞击感度远低于CL-20，熔点比DNT高很多，热性能得到提高
25	2016[72]	BTO	ATZ	蒸发溶剂法	共晶的晶体形貌、晶体结构与各组分明显不同，共晶的撞击感度较低，安全性较好
26	2017[73]	TATB	HMX	溶剂/非溶剂法	共晶炸药的撞击感度较HMX大幅度降低，安全性能得到有效改善与提高，同时共晶具有较高的能量密度
27	2017[74]	TNT	TNCB	蒸发溶剂法	共晶炸药的熔点低于TNT与TNCB，撞击感度降低，能量密度高于TNT，与TNCB接近
28	2017[75]	HMX	PNO	蒸发溶剂法	共晶炸药属于正交晶系，晶体结构与原料相比存在很大差异，能量密度低于HMX
29	2017[76]	CL-20	MTNP	蒸发溶剂法	共晶炸药的撞击感度与摩擦感度比CL-20低很多，安全性得到显著提高，同时共晶具有较高的能量密度
30	2017[77]	HMX	ANPZO	气相扩散法	共晶炸药的撞击感度比HMX降低了96.7%，安全性大幅度提高，同时共晶炸药的能量密度较高
31	2017[78]	CL-20	LLM-116	溶剂挥发法	共晶炸药的晶体形貌与原料存在明显差异，结构与热性能发生变化，撞击感度低于CL-20
32	2017[79]	CL-20	HMX	喷雾干燥法	共晶的撞击感度与摩擦感度均低于CL-20、HMX，热分解温度发生变化
33	2017[80]	TNB	NNAP	溶剂挥发法	共晶炸药的晶体形貌、结构与各组分存在较大差异，共晶中存在氢键与π-π堆积作用
34	2017[81]	CL-20	NQ	真空冷却干燥法	与CL-20、NQ相比，共晶炸药的晶体形貌发生显著变化，机械感度比CL-20低很多，安全性提高
35	2018[82]	CL-20	HMX	机械球磨法	共晶炸药的机械感度比CL-20、HMX低很多，能量密度与CL-20相当
36	2018[83]	CL-20	HMX	悬浮液法	共晶炸药的感度低于原料CL-20、HMX以及CL-20/HMX混合物，晶体形貌与性能发生改变

续表

序号	报道时间/年	组分1	组分2	制备方法	主要性能与优缺点
37	2018[84]	CL-20	HMX	液相超声法	共晶炸药的感度低于CL-20与HMX，热稳定性与CL-20相当
38	2018[85]	MTNP	CL-20	蒸发溶剂法	共晶炸药的形貌、结构与原料差异很大，感度降低，共晶炸药分子间存在氢键的作用
39	2018[86]	CL-20	2,4-MDNI 4,5-MDNI	蒸发溶剂法	两种共晶炸药的晶体结构存在较大差异，感度均低于CL-20，安全性能提高，共晶炸药分子间存在氢键与硝基-π类型的相互作用
40	2018[87-88]	DNDAP	CL-20	蒸发溶剂法	共晶炸药的晶体形貌、粒径、热性能与原料存在较大的差异性，撞击感度与摩擦感度比CL-20低很多
41	2019[89]	CL-20	1,4-DNI	蒸发溶剂法	共晶炸药具有较高的能量密度和热稳定性，爆轰性能低于CL-20，但明显高于1,4-DNI，撞击感度低于CL-20与HMX，安全性显著提高
42	2019[90]	CL-20	TFAZ	蒸发溶剂法	共晶炸药具有较好的热稳定性与较低的撞击感度，同时具有较高的晶体密度与爆轰性能
43	2020[91]	CL-20	TKX-50	溶剂-非溶剂法	共晶炸药的热分解温度低于CL-20与TKX-50，撞击感度显著低于CL-20，能量密度略低于CL-20
44	2020[92]	CL-20	TNT	机械球磨法	共晶炸药颗粒呈球形，粒径尺寸为119.5nm左右，熔点为132℃，热分解温度为235.5℃，特性落高比CL-20提高26cm，摩擦感度比CL-20降低32%，安全性得到明显提高
45	2020[93]	CL-20	HMX	超高效混合方法	共晶炸药的形貌、粒径与原料存在显著差异，摩擦感度比CL-20降低16%，特性落高比CL-20提高28.6cm，比HMX提高11.5cm，安全性显著提高。共晶炸药与推进剂组分间存在较好的相容性
46	2020[94]	CL-20	4,5-MDNI	溶剂挥发法	共晶炸药的热分解温度为219℃，低于CL-20（253℃）与MDNI（284℃），密度为1.813g/cm^3，爆速为8604m/s，爆压为34.45GPa，撞击感度为16J
47	2021[95]	HMX	ANPyO	溶剂-非溶剂法	共晶炸药的密度高于HMX、ANPyO，热分解温度为284.1℃，低于ANPyO，高于HMX，预测得到其爆速为9.82km/s，爆压为46.2GPa

续表

序号	报道时间/年	组分1	组分2	制备方法	主要性能与优缺点
48	2021[96]	TNB	1,4-DNI	溶剂挥发法	共晶的熔点为 84.4℃，低于 TNB（123.5℃）和 1,4-DNI（91℃），计算得到其爆速为 7704m/s，爆压为 26.08GPa，显著优于 TNT
49	2022[97]	HH	HP	溶剂挥发法	共晶的初始分解温度约为 95.6℃，热稳定性良好，爆速为 8260m/s，爆压为 23.79GPa，具有较低的冲击和摩擦敏感度
50	2022[98]	NTO	3,5-DATr IMZ	溶剂挥发法	两种共晶均具有良好的热稳定性，NTO/3,5-DATr 共晶的爆速为 7662.3m/s，爆压为 21.0GPa，NTO/IMZ 共晶的爆速为 6490.2m/s，爆压为 14.6GPa，两种共晶均对撞击和摩擦钝感，安全性能良好

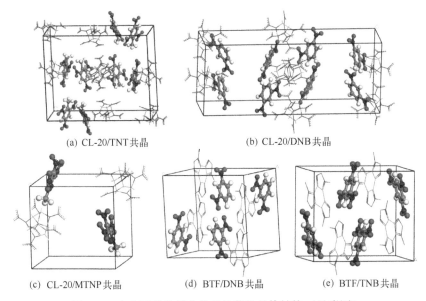

(a) CL-20/TNT 共晶　　　　　　(b) CL-20/DNB 共晶

(c) CL-20/MTNP 共晶　　(d) BTF/DNB 共晶　　(e) BTF/TNB 共晶

图 1-1　实验测得的部分共晶炸药的晶体结构（见彩图）

表 1-2 中所列的共晶炸药主要是采用实验方法对其结构进行了测试，对热稳定性与感度等性能进行了研究。除了实验方法外，理论计算方法也是目前设计新型含能材料分子、预测含能材料的晶体结构、研究含能材料的性能时通常采用的一种方法。与实验方法相比，理论计算方法具有简便易行、成本低、可操作性强等明显优势，在预测含能材料性能方面发挥了重要作用。对于共晶炸药，通过理论计算，可以预测其晶体结构与相关的物理化学性能，揭示共晶

炸药的形成机理，从而更好地指导共晶炸药的配方设计、配比选取与性能预测等研究工作。

在理论计算方面，分子动力学（molecular dynamics，MD）、量子力学（quantum mechanics，QM）与量子化学（quantum chemistry，QC）是最常见的三种方法，而在 QM 方法中，密度泛函理论（DFT）是最常见的基础理论。在三种方法中，QM 与 QC 方法主要是计算含能材料分子中不同原子中电子的信息，侧重于从电子层面分析预测物质的性能，其计算量较大，计算耗时较长，要求体系中的原子数不能过多，从而导致其应用受到一定的限制。MD 方法主要是从分子层面预测物质的结构与性能，具有简便易行、准确度较高、计算速度较快等优点，因此在理论计算方面具有明显的优势，从而备受关注。在前期，国内的研究人员也采用 MD 方法，对含能共晶开展了相关的研究与理论计算工作。

卫春雪等[99-100]分别以高能高感度的 HMX 与高能低感度的 TATB 为基础，建立了 6 种组分比例为 7∶1（HMX∶TATB）的 HMX/TATB 共晶炸药模型，采用 MD 方法，优化了各种模型的结构，计算了各种模型的能量，分析了其稳定性。结果表明，共晶改变了 HMX 与 TATB 的分子结构，使得炸药分子中化学键的键长与键角发生变化。在不同的模型中，当用 TATB 取代（0 1 1）晶面上的 HMX 分子时，所得模型的能量最小，稳定性最好，感度最低，也更容易形成共晶。

林鹤等[101]建立了 6 种不同的 HMX/FOX-7 共晶炸药模型，采用 MD 方法，研究了 HMX/FOX-7 共晶炸药的性能，分析了共晶炸药的结构与组分间的作用力。结果表明，HMX 与 FOX-7 分子间存在氢键的作用，同时也存在范德华力的作用，其中以氢键作用为主。由于分子间作用力的影响，HMX 与 FOX-7 分子的键长、键角与二面角发生明显改变。随后，林鹤等[102-103]采用 MD 与 DFT 相结合的方法，分别研究了 HMX/NTO 与 HMX/LLM-105 两种共晶炸药的性能，预测了共晶炸药的结构，分析了共晶炸药中分子间的作用力。结果表明，在两种共晶炸药中，都存在氢键作用与范德华力作用，其中氢键作用占主体，范德华力作用占次要地位。由于分子间作用力的影响，共晶炸药中各组分的分子结构发生变化。在不同的模型中，能量低的模型更容易形成共晶，稳定性也相对更好一些。DFT 计算结果则表明，共晶使得炸药分子中的电荷发生转移，从而影响共晶炸药的稳定性与安全性。

陶俊等[104]采用 MD 方法，预测了 CL-20/HMX 共晶炸药的性能，同时研究了 CL-20/HMX 共混炸药的性能，并与 CL-20 晶体的性能进行了比较。结果表明，共晶可以有效改善炸药的力学性能与稳定性，CL-20 与 HMX 分子间既存在氢键作用,也存在范德华力的作用。共晶和共混都可以降低CL-20的感度,使得炸药的安全性得到提高,但共晶的效果更好一些,从而也进一步验证了共晶在降低炸药感度方面的优势与可行性。随后,陶俊等[105]建立了4种不同的CL-20/HMX共晶炸药模型,采用DFT方法,分析了CL-20与HMX分子间的作用力,预测了共晶炸药的密度与爆轰参数。结果表明,共晶模型中存在氢键与范德华力两种类型的作用,其中氢键作用主要体现为H⋯O与H⋯N两种形式,范德华力作用主要体现为N⋯O与C⋯O两种形式。计算得到共晶炸药的密度与理论爆速分别为2.003g/cm^{3}和9608m/s,预示共晶炸药具有较高的能量密度,满足HEDC的要求。

刘强等[106]分别建立了CL-20/TNT共晶与共混炸药的模型,采用MD方法,优化了各种模型的结构,预测了共晶与共混炸药的性能,并分析了共晶炸药中CL-20与TNT分子间的作用力。结果表明,共晶炸药中CL-20与TNT分子间的结合能比共混炸药高很多,预示共晶中分子间的作用力更强,稳定性更好。CL-20/TNT共晶与共混炸药的感度均低于单纯组分的CL-20,但共晶炸药的感度更低,预示共混的降感效果不如共晶。共晶改善了炸药的力学性能,使得延展性增强,硬度与刚性减弱。在共晶炸药中,CL-20中的H与TNT中的O原子以及CL-20中的O与TNT中的H原子之间存在H⋯O形式的氢键作用,从而使得共晶炸药能够保持较好的稳定性,并且感度低于CL-20。

苟瑞君等[107]建立了CL-20/NQ共晶炸药的模型,采用DFT方法,预测了CL-20/NQ共晶炸药的结构与性能,分析了共晶中分子间的作用力。结果表明,在共晶模型中,CL-20分子中的O与NQ中的H之间、CL-20中的H与NQ中的O、N之间存在H⋯O、H⋯N形式的氢键作用。此外,共晶炸药中还存在范德华力的作用。由于NQ的感度较低,使得CL-20/NQ共晶炸药的感度低于CL-20,实现了降感的目的。此外,共晶炸药具有较高的能量密度。

杨文升等[108]采用DFT方法,研究了HMX/NQ共晶炸药的结构,预测了共晶炸药的稳定性,分析了共晶炸药中HMX分子中引发键的键长变化情况与引发键的强度变化情况,阐述了共晶炸药中HMX与NQ分子间作用力的类型。结果表明,HMX与NQ分子之间既有弱氢键的作用,也有范德华力的作用。形成共晶后,HMX分子中引发键的键长有所减小。与HMX相比,共晶炸药中HMX分子中的引发键的强度增大,预示共晶炸药的感度低于HMX,安全性增强。

张林炎等[109]在CL-20/TNT与CL-20/DNB共晶模型的基础上,分别建立了三元组分的CL-20/TNT/DNB共晶炸药模型以及共混炸药模型,采用MD方法,计算了各种模型中组分间的结合能,预测了共晶与共混模型的稳定性,分析了不同组分间的作用力。结果表明，CL-20/TNT/DNB 共晶模型中组分间的结合能更大，预示共晶炸药中分子间作用力更强，稳定性更好。在共晶模型中，CL-20、TNT 与 DNB 分子间存在氢键的作用。

Sun 等[110]分别建立了 ε-CL-20、β-HMX、ε-CL-20/β-HMX 共晶与 ε-CL-20/β-HMX 共混炸药模型，采用 MD 方法，预测了各种炸药的性能，分析了共晶炸药中 CL-20 与 HMX 分子间的相互作用，并探讨了温度对炸药感度与稳定性的影响情况。结果表明，当温度升高时，各种炸药的感度均呈现出增大趋势，安全性变差。在同等温度条件下，炸药的感度大小顺序为 CL-20>CL-20/HMX 共混>CL-20/HMX 共晶，表明共晶炸药的感度最低，安全性最好。在共晶炸药中，CL-20 与 HMX 分子间存在两种类型的作用力——氢键与范德华力的共同作用。当温度升高时，分子之间的作用力减弱，对共晶炸药的稳定性不利。共晶与共混可以改善炸药的力学性能，使得炸药的柔韧性、延展性增强，但共晶炸药对应的力学性能更为理想，即共晶在改善炸药力学性能方面效果更好。

Chen 等[111]预测了 CL-20/TEX 共晶炸药的热力学性能与晶体结构，计算了共晶炸药的爆轰参数，分析了 CL-20 与 TEX 分子间的作用力。结果表明，在 CL-20 与 TEX 分子间存在氢键（C—H⋯O）与色散力的共同作用。CL-20/TEX 共晶炸药最有可能属于单斜晶系，晶体中 CL-20 与 TEX 的比例为 1:1，空间群为 C2/C，晶格参数为 $a=40.62$ Å，$b=7.35$ Å，$c=41.36$ Å，$\alpha=90.00°$，$\beta=157.38°$，$\gamma=90.00°$，单个晶胞中包含 8 个 CL-20 与 8 个 TEX 分子。CL-20/TEX 共晶炸药的密度、爆速与爆压略低于 CL-20，但高于 TEX，预示 CL-20/TEX 共晶炸药是一种潜在的 HEDC。形成共晶后，CL-20 分子中引发键的强度增大，预示共晶炸药的稳定性增强，感度降低。

Gao 等[112]采用 MD 与 QC 方法，预测了不同比例的 CL-20/FOX-7 共晶体系的性能，主要包括稳定性与能量密度，分析了共晶体系中的作用力。结果表明，当组分比例为 1:1 时，CL-20 与 FOX-7 之间的结合能最大，CL-20/FOX-7 共晶炸药形成的可能性最大，并且爆轰参数的值较大，满足钝感高能炸药的相关要求，也最具有研究价值。在 CL-20/FOX-7 共晶体系中存在弱氢键的作用，并且由于共晶的形成，炸药分子的键长与键角发生了变化，电子发生了转移，因此共晶可以从分子与原子尺度上改变炸药分子的组装排列方式，从而改善炸药的性能。

Ding 等[113]建立了不同组分比例的 CL-20/NQ 共晶炸药模型，采用 MD 与 QC 方法，研究了共晶炸药的力学性能、结构、引发键键能与分子间的相互作用。结果表明，当组分比例为 1:1 时，共晶炸药的力学性能最佳，分子间的作用力最强，炸药的稳定性最好，形成共晶的可能性最大。共晶炸药中引发键的键能比 CL-20 分子中引发键的键能高，预示共晶炸药的感度比 CL-20 低。在共晶中，CL-20 与 NQ 分子之间的作用力主要体现为 N—H⋯O、C—H⋯O 与 C—H⋯N 形式的氢键作用以及 O⋯N 与 O⋯O 形式的范德华力作用。

Xiong 等[114]建立了 7 种不同的 TKX-50/ε-CL-20 共晶炸药模型，采用 MD 方法，计算了各种模型的能量，预测了共晶体系的稳定性，分析了共晶体系中 TKX-50 与 CL-20 分子间的作用力。结果表明，在共晶体系中 TKX-50 与 CL-20 分子间存在氢键、范德华力的作用，氢键主要存在于 TKX-50 中的 H 与 CL-20 中的 O 之间，作用力的形式为 H⋯O，并且（0 1 1）晶面的氢键作用最强。在不同的共晶炸药模型中，当用 ε-CL-20 分子去取代位于（0 1 1）晶面上的 TKX-50 分子时，共晶炸药模型的能量最小，稳定性最强，预示在（0 1 1）晶面上，TKX-50 与 CL-20 间最容易形成共晶。

Wei 等[115]以 HMX 与 FOX-7 为研究对象，建立了不同比例的 HMX/FOX-7 共晶炸药模型，采用 MD 与 QC 方法，计算了不同模型的结合能、力学性能与引发键的离解能，估算了炸药的爆轰参数。结果表明，共晶炸药的力学性能优于 HMX，得到改善，组分比例为 1:1 的共晶炸药力学性能最好。此外，当 HMX 与 FOX-7 的比例为 1:1 时，HMX 与 FOX-7 分子之间的结合能更大，共晶炸药模型更稳定。当形成共晶后，HMX 分子中引发键（N—NO$_2$ 键）的强度增大，共晶炸药中 HMX 的感度降低，即共晶炸药的安全性提高。共晶炸药感度降低的原因：一方面是由于 HMX 分子中的—NO$_2$ 基团与 FOX-7 分子中的—NH$_2$ 基团间存在较强的相互作用力；另一方面是由于 N—NO$_2$ 键的离解能与强度增大引起的。HMX/FOX-7 共晶炸药的密度与爆轰参数较大，预示其具有较好的能量特性。

Li 等[116]计算了不同组分比例的 HMX/NQ 共晶炸药的力学性能与结合能，预测了共晶炸药的爆轰参数。基于 DFT 理论，计算了组分比例为 1:1 的共晶炸药中分子之间的相互作用力以及 HMX 分子中引发键（N—NO$_2$ 键）的离解能。结果表明，当 HMX 与 NQ 分子的比例为 1:1 时，分子之间的结合能最大，作用力最强，共晶炸药最稳定。力学性能计算结果表明，组分比例为 1:1 的共晶炸药力学性能最好。在共晶炸药中，由于 HMX 与 NQ 分子之间形成了氢键，使得 HMX 分子中 N—NO$_2$ 键的强度增大，从而使得 HMX 的感度降低，安全性提高。HMX/NQ 共晶炸药具有优良的爆轰性能，能量密度较高。

Xie 等[117]建立了不同比例的 HMX/2-picoline-N-oxide 共晶炸药模型，计算了各种共晶炸药模型中特定晶面的结合能与力学性能。结果表明，在组分比例为 1:1、2:1 或 3:1 的条件下，组分间的作用力更强，更容易形成共晶炸药，并且形成的共晶炸药的稳定性与力学性能最好。

Xiong 等[118]分别建立了单纯组分的 TKX-50、HMX 炸药模型与 TKX-50/HMX 共晶炸药的模型，预测了各种共晶模型的稳定性、力学性能与内聚能密度等参数。结果表明，由于 TKX-50 与 HMX 分子之间存在较强的相互作用，使得 TKX-50/HMX 共晶炸药呈现出一种新的结构，并且用 HMX 取代生长速度缓慢的（0 1 1）、（1 0 0）、（0 2 0）三个晶面上的 TKX-50 分子时，形成的共晶炸药更稳定。共晶的内聚能密度介于 TKX-50 与 HMX 之间，但是比 HMX 高很多，预示共晶炸药的感度比 HMX 低，起到了降低 HMX 感度的作用，同时也表明共晶具有较好的热稳定性。通过共晶，显著改善了 HMX 与 TKX-50 的力学性能。在共晶炸药中，TKX-50 与 HMX 分子间既有氢键的作用，也有范德华力的作用。

Song 等[119]研究了 TATB、FOX-7、NTO、DMF 分别以不同的组分比例与 α-HMX 或 β-HMX 形成的共晶体系的结合能。结果表明，低组分比例（2:1、1:1、1:2、1:3）的条件下，共晶体系中各组分间的结合能更大，形成的共晶炸药更稳定。HMX/NTO 与 HMX/DMF 共晶体系的结合能比 HMX/TATB、HMX/FOX-7 的结合能大。结合能的计算结果还表明，α-HMX 更容易与 TATB 形成共晶，β-HMX 更容易与 NTO 形成共晶，而在 HMX/FOX-7 共晶中，α-HMX 与 β-HMX 两种晶相同时存在。对于 HMX/TATB、HMX/NTO 共晶炸药，增加共晶炸药中 HMX 组分的比例，可以增大共晶炸药的爆轰参数，提高其能量密度，对于 α-HMX/FOX-7 共晶炸药，增加体系中 FOX-7 组分的比例，可以增大共晶炸药的爆轰参数。然而，对于 β-HMX/FOX-7 共晶炸药，增加体系中 FOX-7 组分的比例，可以增大共晶炸药的爆热，但是却减小了爆速。

Chen 等[120]基于 DFT 理论，采用 QC 方法研究了 CL-20/TNT 共晶炸药的性能，预测了共晶炸药的感度，阐述了共晶炸药的感度变化机理，分析了共晶炸药中分子间的作用力。结果表明，在共晶炸药中，CL-20 分子引发键的键离解能增大，TNT 分子引发键的键离解能减小，表明形成共晶后，CL-20 分子的稳定性提高，感度降低，而 TNT 分子有活化趋势，稳定性变差，感度升高。形成共晶后，CL-20 分子中原子所带的电荷发生转移，使得硝基基团上的 Mulliken 电荷减小，说明与单纯组分的 CL-20 相比，CL-20/TNT 共晶炸药的感度降低，安全性得到提高。在共晶炸药中，CL-20 与 TNT 分子间存在 C—H⋯O 形式的氢键作用。

Xiong 等[121]分别建立了 TKX-50 与 RDX 的晶体模型。在此基础上，基于共晶的形成机理，搭建了组分比例为 1:1 的 TKX-50/RDX 共晶炸药的模型。

采用 MD 方法，预测了各种炸药的性能。结果表明，在共晶体系中，TKX-50 与 RDX 分子间存在氢键与范德华力的共同作用，并且氢键主要是由 TKX-50 中的 H 原子与 RDX 中的 O 原子或者 N 原子之间形成的，作用力的形式为 H···O、H···N。在共晶体系中，引发键的最大键长小于 RDX 中引发键的最大键长，而内聚能密度大于 RDX 的内聚能密度，表明共晶炸药的感度低于 RDX，安全性提高。共晶炸药的力学性能优于 TKX-50 与 RDX，表明共晶使得炸药的力学性能得到改善。

Feng 等[122]分别计算了 ε-CL-20、γ-CL-20、β-CL-20 与 FOX-7、β-HMX、DMF 组成的不同组分比例的共晶炸药的结合能，预测了共晶炸药的能量密度（氧平衡、密度、爆速、爆压），分析了共晶体系中原子的表面电荷分布情况。结果表明，CL-20 与 FOX-7、β-HMX、DMF 组成的不同组分比例的共晶炸药中，结合能与稳定性的大小顺序为 1:1>2:1>3:1>5:1>8:1。CL-20/DMF 共晶炸药的结合能与稳定性比 CL-20/FOX-7、CL-20/β-HMX 的结合能与稳定性大很多，CL-20/β-HMX 的结合能最小，稳定性最弱。对于 CL-20/FOX-7、CL-20/β-HMX 组成的共晶炸药，当组分比例为 1:1、1:2、1:3 时，结合能最大，共晶炸药的稳定性最好。在 CL-20/FOX-7 共晶炸药中，γ-CL-20 更容易与 FOX-7 分子形成共晶；对于 CL-20/β-HMX 共晶炸药，ε-CL-20 更容易与 HMX 分子形成共晶；在 CL-20/DMF 共晶炸药中，ε-CL-20、β-CL-20 更容易与 DMF 分子形成共晶。当 CL-20 与 FOX-7、HMX 或 DMF 形成共晶后，CL-20 分子中原子的表面电荷分布发生改变，从而降低了感度，这也揭示了共晶的降感机理。

Han 等[123]建立了不同比例的 HMX/MDNI 共晶炸药模型，采用 MD 方法，预测了各种模型的结构、稳定性与能量密度。采用 QC 方法，研究了共晶体系中 HMX 分子中引发键（N—NO$_2$ 键）的表面电荷分布情况。结果表明，当组分比例为 1:1 时，HMX 与 MDNI 之间的结合能最大，分子间的相互作用力最强，预示共晶炸药更容易形成。HMX/MDNI 共晶炸药具有较高的密度与爆轰参数，因此能量密度较高。在组分比例为 1:1 或者 4:3 的共晶炸药中，HMX 与 MDNI 分子之间存在强烈的非键力作用，主要是氢键与范德华力的共同作用，其中当组分比例为 1:1 时，非键力的作用强度更大。在共晶炸药中，HMX 分子中引发键（N—NO$_2$ 键）的键长减小，引发键的强度增大，表面电荷发生转移，使得共晶炸药的感度降低。

Li 等[124]研究了不同组分比例的 HMX/DMI 共晶炸药特定晶面的结合能，计算并预测了不同比例共晶炸药的力学性能。结果表明，在（0 2 0）与（1 0 0）晶面上，结合能最大。当组分的比例为 1:1 或者 2:1 时，共晶炸药中 HMX 与

DMI 分子间的结合能最大，稳定性最好，表明当组分比例为 1:1 或者 2:1 时，HMX/DMI 共晶炸药更容易形成。此外，组分比例为 1:1 或 2:1 的共晶炸药模量最小，柯西压最大，刚性最弱，柔性最强，力学性能最好。共晶炸药的感度发生变化：一方面是由于分子之间较强的相互作用引起的；另一方面是由于引发键（N—NO_2 键）的离解能增大引起的。

Gao 等[125]建立了 DADP/TBTNB 共晶炸药模型，研究了溶剂效应对共晶形成的影响，预测了共晶炸药的生长形貌。基于 DFT 理论，计算了共晶炸药中各组分原子的表面静电势分布情况。结果表明，共晶炸药生长晶面的面积与极性会对共晶的形成产生直接影响。在 ACN 溶剂中，吸附在（1 1 -1）晶面上的分子比吸附在（2 0 0）、（1 1 0）与（0 2 0）晶面的分子更稳定一些，预示 DADP 更倾向于与（2 0 0）、（1 1 0）晶面上的 TBTNB 分子产生相互作用。当 DADP 与 TBTNB 形成共晶后，原子中的电荷发生转移，使得原子表面的静电势发生变化，共晶炸药的感度降低。

Wu 等[126]采用 MD 与 QC 方法，预测了不同组分比例的 CL-20/MDNI 共晶炸药的结合能与力学性能参数。通过径向分布函数，分析了共晶体系中 CL-20 与 MDNI 分子之间的作用力。通过分析键长、引发键的离解能与表面电荷分布，阐述了共晶炸药的感度变化情况。结果表明，当 CL-20 与 MDNI 的组分比例为 3:2 时，共晶体系的力学性能与稳定性更好一些。在共晶模型中，CL-20 分子中的 H 与 MDNI 分子中的 O 以及 CL-20 分子中的 O 与 MDNI 分子中的 H 之间存在 H⋯O 形式的氢键作用。形成共晶后，共晶炸药分子中硝基上的电荷发生转移，引发键的强度增大，从而使得共晶炸药的感度比 CL-20 的感度低，安全性得到提高。

Zhu 等[127]采用 MD 方法，预测了不同组分比例的 3,4-DNP/CL-20 共晶炸药的结构与性能。结果表明，当 CL-20 与 3,4-DNP 的组分比例为 1:1 时，共晶体系中分子间的作用力最强，共晶炸药的稳定性最好。3,4-DNP/CL-20 共晶炸药最有可能属于三斜晶系，空间群为 P1̄。在共晶体系中，3,4-DNP 与 CL-20 分子间存在氢键与范德华力的共同作用，这也是形成共晶的主要驱动力。形成共晶后，CL-20 分子中硝基上的电荷发生转移，使得共晶炸药的感度低于 CL-20。

Liu 等[128]建立了 NTO/TZTN 共晶炸药与三种不同溶剂（甲醇、乙酸乙酯、丙酮）相互作用的界面模型，进行了量子化学与分子动力学仿真计算。结果表明，NTO 与 TZTN 比溶剂更容易在生长晶面上发生吸附。在甲醇溶剂中，NTO 和 TZTN 与主要生长晶面之间的相互作用力更强。在甲醇存在的条件下，

NTO 与 TZTN 之间的结合有相互促进趋势，预示采用甲醇作为溶剂可以更容易制备得到 NTO/TZTN 共晶。

Zhu 等[129]研究了 CL-20/TNT 共晶炸药的结构、分子间作用力与爆轰性能。结果表明，CL-20/TNT 共晶形成的驱动力主要为 O—H 与 N—O 类型的相互作用，但 O—O 作用在保持共晶炸药的稳定性方面发挥了重要作用。由于 p-π 类型的相互作用，使得共晶炸药具有较低的感度。

Shi 等[130]采用分子动力学方法，研究了温度（200~350K）对 CL-20/1-AMTN 共晶与共混体系热稳定性、感度与力学性能的影响情况。结果表明，随着温度的升高，CL-20 分子中引发键（N—NO$_2$ 键）的键长逐渐增大，内聚能密度逐渐减小，表明其感度逐渐升高。共晶炸药的引发键键长小于 CL-20，内聚能密度介于 CL-20 与 1-AMTN 之间，表明通过共晶使得炸药的感度降低，安全性提高。共晶炸药的拉伸模量、体积模量与剪切模量介于 CL-20 与 1-AMTN 之间，脆性减弱，延展性增强，力学性能得到改善。

Du 等[131]采用第一性原理方法，计算了 HMX/NMP 共晶炸药的能带、态密度、原子轨道。结果表明，共晶炸药中存在带差，HMX 与 NMP 分子之间存在弱相互作用。通过分析态密度曲线，发现 H 原子的部分电荷转移到了 O 原子。共晶炸药中存在三种类型的分子间作用力，C—H⋯O 类型的氢键作用在共晶炸药中起到了至关重要的作用，C—H⋯O—N 类型的氢键作用强度大于 C—H⋯O—C 类型的氢键作用。

根据国内开展的相关研究，图 1-2 中给出了理论预测的部分共晶炸药的晶体结构。

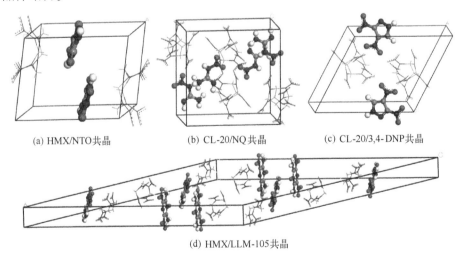

(a) HMX/NTO 共晶　　(b) CL-20/NQ 共晶　　(c) CL-20/3,4-DNP 共晶

(d) HMX/LLM-105 共晶

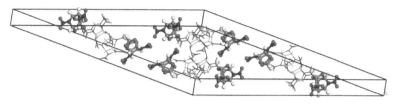

(e) CL-20/TEX共晶

图1-2 理论预测的部分共晶炸药的晶体结构（见彩图）

1.2.2 共晶炸药制备方法

制备共晶炸药时，常见的方法主要有以下几种。

1. 溶液法

溶液法是目前国内外最常用，也是最有效的共晶炸药制备方法。例如，表1-1与表1-2中所列的共晶炸药，其中大部分都是采用溶液法制备的。溶液法通常又可以分为以下几种：①蒸发溶剂法；②冷却结晶法；③溶剂-反溶剂法；④悬浮液法。

蒸发溶剂法通常是将共晶炸药的各组分样品按照一定的比例溶解于特定的溶剂中，然后在一定的环境下，采用适当的方法将溶剂缓慢蒸发，即可得到共晶炸药的样品。该方法操作步骤少，安全系数高，操作过程相对比较简单，可以得到晶体品质较好、形貌规则有序的共晶炸药样品，但制备过程较慢，耗时较长。此外，溶剂的选择难度较大，并且由于溶剂的影响，有时会引起炸药样品与溶剂之间发生相应的反应，导致制备过程失败，从而得不到共晶炸药样品。

冷却结晶法是将共晶炸药的各组分溶解于特定的溶剂中，然后降低温度，使共晶炸药样品析出。冷却结晶法有一定的适用范围与条件，即适用于溶解度受温度影响较大的物质。冷却结晶法的操作也相对简单，但需要了解或者测定共晶炸药的各组分在不同温度下的溶解度，从而增加了制备过程的工作量。

采用溶剂-反溶剂法制备共晶炸药时，先将各组分溶解于特定的溶剂中，然后对溶液施加一定的操作，例如震荡、搅拌等，然后根据需要，加入一定量的溶剂化物，从而使溶液达到结晶或者包覆效果的一种制备方法。采用该种方法制备共晶炸药时，只需要在溶液中进行操作即可，因此安全性较好。

悬浮液法是将各组分按照一定的比例溶解于溶剂中，对溶液施加超声震荡操作，形成悬浮液，而后将悬浮液置入一定的温度条件下，缓慢搅拌，待溶剂挥发完以后，即可得到共晶炸药样品。该方法与蒸发溶剂法相似，都是将溶液中的溶剂挥发，从而得到共晶样品，并且操作过程是在溶液中进行的，因此安全性较好，操作简单。

2. 研磨法

研磨法也是一种常见的制备共晶方法，通常是将各组分放置在特定的容器中，在外界机械力的作用下把共晶的原料研磨成细小的颗粒，使各组分之间产生相互作用，最终形成共晶炸药样品。研磨法通常分为干磨法与湿磨法两种。干磨法是指将各组分按照一定的比例混合，直接进行研磨操作，一定时间后即可得到共晶样品。湿磨法是指在研磨过程中，需要加入一定量的辅助液体，从而促进研磨过程，有利于共晶的形成。研磨法操作比较简单，外界的影响也相对较小。但是，由于研磨过程中直接对各组分进行操作，制备过程中有可能存在爆炸的风险，因此安全性不如溶液法高。此外，研磨法制备的共晶炸药形貌不可控，晶体品质也不是很好。

3. 喷雾干燥法

喷雾干燥法是将共晶的各组分溶解于溶剂中，然后将共溶液从喷雾干燥仪中喷出，形成微小雾滴，在热气体的作用下，溶剂挥发，溶质析出，即可得到共晶样品。喷雾干燥法操作简单，受溶剂与溶质的影响较小，但在共晶样品中，可能会出现团簇等问题，从而使得制备的共晶样品的晶体品质不高，形貌不规则。

4. 超声法

超声法制备共晶炸药样品时，首先将各组分溶解于溶剂中，然后在特定的条件下，对共溶液进行反复超声操作，将溶剂蒸干即可得到共晶炸药样品。当采用溶液法制备共晶炸药有困难或者不能形成共晶时，超声法有助于共晶炸药的形成。超声法的适用范围较广，对固态组分与液体溶液都适用，并且操作简单。

5. 气相扩散法

采用气相扩散法制备共晶炸药时，首先将各组分溶解于溶剂中，然后进行超声震荡操作，在共溶液中加入一定量的扩散剂，将共溶液放置在特定的环境中，一段时间后在扩散剂中析出的晶体即为共晶样品。气相扩散法操作步骤较少，过程相对简单且安全性较好。

6. 熔融法

熔融法是指将共晶炸药的各组分按照一定的比例混合并放置在容器中，对混合物质进行加热操作使其达到熔融状态，然后再降低温度，使熔融状态的物质重新冷却形成晶体。熔融法制备共晶样品时，操作过程相对简单，但在加热过程中，样品可能会发生分解甚至爆炸，因此可能得不到共晶样品，同时存在一定的危险性。此外，熔融法制备共晶时，晶体的形貌、品质与粒度等性能都不可控，存在很大的随机性。因此，熔融法在制备共晶炸药时应用相对较少。

除了文中所列出的几种方法外，超临界流体法、真空冷却干燥法等相关的方法也在共晶炸药制备时得到应用。

1.2.3 共晶炸药测试与表征方法

在共晶炸药测试表征方面，国内外主要是采用不同的方法测试表征共晶炸药的形貌结构与性能，如采用扫描电镜（SEM）观察共晶炸药的形貌；采用粉末 X 射线衍射、单晶 X 射线衍射方法测试共晶炸药的结构；采用红外光谱与拉曼光谱等方法观测共晶炸药中分子结构与化学键的变化情况；采用差示扫描量热法（DSC）测试炸药的热性能；采用感度实验评价共晶炸药的安全性。归纳起来，测试表征共晶炸药的结构与性能的方法主要包括以下几种。

1. 单晶 X 射线衍射

单晶 X 射线衍射主要用于准确测试物质的晶体结构，也是目前测试共晶炸药的晶体结构时最常用、最有效的方法之一。表 1-1 与表 1-2 所列的共晶炸药中，CL-20/HMX 共晶[27]、DADP/TBTNB 共晶[29,30]、CL-20/TNT 共晶[48,49]、HMX/NMP 共晶[53]、CL-20/CPL 共晶[55]、BTF/DNB 共晶[61]、CL-20/DNT[70] 与 CL-20/MDNI[86] 等共晶炸药的晶体结构都是采用单晶 X 射线衍射方法测试得到的。单晶 X 射线衍射主要用于对"完美"型或者晶体形貌规则、纯度较高的共晶炸药样品进行晶体结构测试，其测试条件苛刻，对晶体的形貌、品质、纯度的要求较高。在实际中，由于共晶炸药制备工艺的局限性与制备方法的差异性，制备的共晶炸药样品有可能不是单晶或者晶体形貌不规则、晶体品质不高。例如，采用喷雾干燥法、悬浮液法与研磨法制备的共晶样品，此时单晶 X 射线衍射方法就不再适用。

2. 粉末 X 射线衍射

在共晶炸药中，各组分之间存在不同类型的非键力作用，从而使得共晶炸药能够形成并保持稳定状态。由于分子间作用力的影响，晶体内部可能会出现新的化学基团或化学键。对共晶以及各组分原料的样品进行粉末 X 射线衍射实验，可以得到各种化学基团对应的衍射峰以及吸收峰等相应信息。通过比较共晶的衍射图谱与各组分的衍射图谱，可以分辨共晶中是否有新的衍射峰的出现与消失，衍射峰出现的位置以及衍射峰的强度等信息，从而确定样品是否为共晶。目前，粉末 X 射线衍射在共晶炸药表征方面发挥了重要作用，如文献 [55，64，69-71] 中都采用该方法测试分析了共晶样品与原料的结构。

3. 红外光谱

从原子与分子层面来看，物质是由一系列不同的化学基团组成的，各种化学基团都对应着独立的红外吸收峰，即红外光谱。在共晶样品中，由于各组分之间的相互作用，共晶的红外吸收光谱会发生一定的偏移。因此，将共晶试样的红外光谱图与各组分的红外光谱图进行比较，可以判定红外光谱中吸收峰发生偏移的信息，从而确定所测试的样品是否为共晶。红外光谱用于判断是否形成了共晶，是表征共晶炸药结构的一种重要方法，在文献 [55, 62, 64, 70, 79] 中都采用了红外光谱方法测试了共晶样品与原料的红外光谱图。

4. 晶体形貌观察

共晶样品与各组分都对应着各自的晶体形貌，并且彼此之间存在一定的差异，因此也可以通过观察晶体的形貌来判别是否形成了共晶。观察晶体形貌时，通常采用的设备是扫描电镜或光学显微镜。通过将扫描电镜或者光学显微镜下观察得到的样品的形貌、颜色等信息与单纯组分原料的信息进行比较，根据晶体的形貌、颜色差异可初步判别组分间是否形成了共晶。晶体形貌观察法目前已广泛应用于共晶炸药试样的表征，如文献 [51, 55, 62, 64, 68, 84] 中都采用了该方法。

5. 热性能测试

共晶是不同组分在分子间作用下按照一定规律组装排列形成的特殊晶体，从理论上来说，共晶只有一个熔点与热分解点，而各组分形成的混合物则有两个熔点与热分解点，并且共晶的熔点、热分解点与各组分对应的熔点、热分解点也存在一定的差异。因此，可以采用热分析方法测试样品的热性能。在热分析方法中，通常采用差示扫描量热法（DSC）测试共晶样品、单纯组分的试样与混合物的热性能曲线。根据样品、原料以及混合物的热性能曲线之间的差异来确定所测试的样品是否为共晶。在文献 [50-51, 59, 69] 中，就采用了 DSC 方法，测试了共晶样品与原料的热性能，从而确定了共晶的形成。

6. 感度测试

感度测试是指测试共晶炸药样品、原料以及混合物在不同种类的外界刺激下的相对安全性，其中包括撞击感度、摩擦感度等。感度测试是评价共晶样品与原料安全性的重要依据，也是评价共晶是否可以达到降感效果的重要依据与支撑。因此，测试共晶样品的感度便显得尤为重要。在文献 [27, 47, 51, 65, 83, 86] 中，都测试了共晶炸药与原料的感度并进行了比较，从而验证了共晶在降感方面的良好效果与显著优势。

以上是表征共晶炸药结构，测试共晶炸药的性能时通常采用的方法，其中单晶 X 射线衍射方法是目前精度最高、最有效的方法之一，但使用条件苛刻，应用范围十分有限。除此以外，共晶炸药测试与表征时，还会用到一些其他的方法，如拉曼光谱法、固体核磁法、太赫兹光谱法、液相色谱法等。

1.2.4 共晶炸药的形成机理与分子间的作用力

共晶是不同组分在特定的作用力下按照一定的比例形成的超分子晶体。与其他物质一样，共晶中也存在内在的驱动力，从而使不同组分间能够形成共晶并以稳定状态存在。与化学键的作用类型方式不同，共晶中各组分间的作用力主要是非键力作用。在共晶中分子间作用力（非键力）的类型与强度将会直接影响共晶的性质，如共晶的稳定性、共晶中分子的排列与组装方式、共晶的晶体结构、密度与感度等性能。因此，研究共晶中组分间作用力的类型，是阐述共晶形成机理的基础，也有助于指导设计新型的含能共晶。

通常来说，共晶中各组分间的作用力主要分为以下几种类型。

1. 氢键作用

氢键是分子间最常见的一种作用力，也是最重要的一种作用力，在共晶中普遍存在氢键的作用[132-133]。对于共晶炸药，各组分主要由 C—H—O—N 元素组成，因此氢键通常存在于炸药分子中的 H 原子与带负电荷的 O、N 与 C 原子之间，作用力的形式为 O⋯H、N⋯H 与 C⋯H。例如，Zhou 等[134-135]研究发现，在 CL-20/HMX 共晶炸药中，存在 O⋯H 类型的氢键作用。此外，之前的研究还表明，在 HMX/NMP[53]、HMX/DMI[54]、MTNP/CL-20[85]、HMX/FOX-7[101]以及 CL-20/TEX[111]共晶炸药中都存在氢键的作用。Wei 等[136]指出，分子间的氢键是共晶炸药中普遍存在的一种作用力，并且正是由于组分间的氢键作用，才能使共晶保持较好的稳定性，并且分子呈现出有序的组装排列方式。

2. 卤键作用

与氢键类似，卤键作用主要存在于炸药分子中的卤素（F、Cl、Br、I）原子与 H 原子或者 O 原子之间，也是共晶中一种重要的分子间作用力。Bennion 等[35]指出，在 TNB/TBTNB 共晶炸药中，TNB 中的 O 与 TBTNB 中的 Br 之间存在 O⋯Br 形式的卤键作用；类似地，在 TNB/TITNB 共晶炸药中，存在 O⋯I 形式的卤键作用。马媛等[74]研究发现，在 TNT/TNCB 共晶炸药中，TNCB 中的 Cl 原子与 TNT 中的 H、O 原子之间也存在 Cl⋯H、Cl⋯O 形式的卤键作用。

3. 范德华力作用

在共晶炸药中，范德华力也广泛存在于各组分炸药分子间，也是促使共晶形成并保持稳定性的一种重要驱动力。例如，Zhou 等[134]指出，在 CL-20/TNT 共晶炸药中，存在 O⋯H 形式的氢键作用与 C⋯O 形式的范德华力作用；

在 CL-20/BTF 共晶炸药中，存在 N⋯H 形式的氢键作用与 N⋯O 形式的范德华力作用。Zhang[137-138] 与 Wei 等[139] 研究发现，在以 CL-20、HMX、TNT 与 BTF 为基形成的共晶炸药中，都存在 N⋯O 与 O⋯O 形式的范德华力作用。

4. 静电作用

在含能共晶中，静电作用主要存在于炸药分子中富电子的基团与缺电子的基团中。例如，Landenberger 等[29-30] 研究发现，在 DADP/TCTNB 共晶中，DADP 中的过氧基团（—O—O—基团）与 TCTNB 中的苯环之间存在较强的静电作用，主要是由于过氧基团中电荷聚集较多，呈现出电负性，而苯环为缺电子基团，二者之间存在较强的引力作用。同时，在该共晶中，DADP 与 TCTNB 分子之间的作用力即为静电作用，无卤键作用。类似地，在 DADP/TBTNB 共晶中，DADP 与 TBTNB 分子间也存在静电作用。与上述两种共晶不同的是，在 DADP/TITNB 共晶中，存在 I⋯O 形式的卤键作用，无静电作用，并且卤键作用是促使 DADP 与 TITNB 形成共晶的驱动力。因此，Chen 等[140] 指出，在 DADP/TCTNB、DADP/TBTNB 与 DADP/TITNB 三种共晶中，卤键作用与静电作用之间存在相互竞争。

5. π⋯π 堆积作用

π⋯π 堆积作用主要存在于芳香族或者呈现出芳香族性质的含能共晶中，也是一种重要的非化学键类型的作用力，主要影响或决定共晶炸药的结构、共晶中各组分分子的排列方式，同时也会影响炸药的感度。马媛[74] 等指出，在 TNT/TNCB 共晶中，TNT 与 TNCB 分子间存在 π⋯π 形式的作用力。Chen 等[80] 研究发现，在 TNB/NNAP 共晶中，存在 π⋯π 堆积作用，从而使共晶呈现出层状结构以及波浪式的分子堆积组装方式。此外，在国内外目前已经合成或报道的部分共晶中，都存在 π⋯π 形式的分子间作用力，如 MET/DNB[31]、TNB/TBTNB[35]、DAF/ADNP[37]、TNT/TNB[52] 以及 BTF/DNB[61] 等共晶。

6. 动力学和热力学参数作用

形成共晶的另一个重要前提是动力学和热力学要有利[141-142]。从热力学角度看，形成共晶时在热力学上要自发。吉布斯自由能反映了共晶及其形成物之间的能量大小，当吉布斯自由能为负时，共晶为最稳定形态，即溶解平衡自发地向析出共晶的方向移动，体系有利于共晶生成；当吉布斯自由能为正时，不同组分各自的晶体稳定，此时体系有利于单组分晶体的形成[143]。吉布斯自由能与形成共晶的各组分的溶解度、溶度积与温度有关。反应物与生成物的溶解度因溶剂的不同而有差异，它直接影响了反应自由能的大小，而且反应自由能也容易受到反应温度的影响。因此，要制备共晶就需要选择合适的溶剂，并控制一定的反应温度，使得反应自由能为负。

1.2.5 共晶炸药研究与发展面临的问题

国内外在含能共晶领域已开展了相关的研究并取得了一定的成果,但现阶段含能共晶的研究只停留在实验探索与理论计算层面,实际应用的难度较大,影响和制约共晶炸药发展的矛盾问题仍然比较突出,概括以来主要有以下几点。

(1) 单晶共晶炸药种类有限,部分共晶炸药性能有待进一步改善。目前,国内外已经成功合成并公开报道的含能共晶单晶种类有限,大多停留在小规模的实验合成与测试表征层面,且共晶组分以常见炸药为主。例如,以 CL-20、HMX、BTF 等为基的共晶炸药最多,种类有限。此外,部分共晶炸药的性能仍然不太理想,有待进一步改善。例如,CL-20/HMX 共晶炸药,其能量密度介于 HMX 与 CL-20 之间,感度与 HMX 相当。众所周知,HMX 也属于高感度的炸药,因此 CL-20/HMX 共晶炸药的感度仍然偏高,安全性仍有待改善。对于 CL-20/DNT 共晶炸药,虽然其感度较低,安全性较好,但密度较小,能量密度低,从而影响其综合性能。

(2) 共晶炸药制备工艺复杂,部分制备方法可行性不强。虽然制备共晶炸药的方法较多,但能够真正制备出共晶炸药样品的方法却相对较少,其中如果要制备共晶炸药的单晶样品,只有溶剂挥发法一种途径。此外,采用溶剂挥发法制备共晶时,需要选择合适的溶剂,选择合理的实验条件。

(3) 共晶炸药制备条件苛刻,产率低。共晶炸药的形成机理复杂,制备条件苛刻,对各组分的种类、组分比例都有严格要求,且外界的温湿度环境等因素也会影响晶体的结晶过程与晶体形貌、品质,从而导致其制备难度较大。此外,目前报道的共晶,都只是从理论与实验层面预测分析其性能,受工艺条件的限制,共晶的制备量很小,产率较低,难以规模化生产。

(4) 共晶炸药的测试表征手段较为单一,新的测试表征方法有待进一步深化与拓展。目前,测试与表征共晶炸药的方法中,单晶 X 射线衍射是最准确、最有效的方法之一,但该方法要求所测试样必须是"完美"型共晶或者高品质的单晶。在很多情况下,制备的共晶晶体形貌不规则,晶体品质不高,无法制备得到单晶,此时单晶 X 射线衍射方法就不再适用。其他种类的测试表征方法,如形貌观察、粉末 X 射线衍射、红外光谱、拉曼光谱等方法只能初步判断组分间是否形成了共晶,均无法测试得到共晶炸药的晶体结构、晶格参数等信息,因此共晶测试手段方法的多样性有待进一步深化与拓展。

1.2.6 共晶炸药的研究与发展趋势

结合含能材料的发展趋势与研究动态，在含能共晶方面，可以重点关注与加强以下几个方面的研究。

（1）拓宽含能共晶组分的选取领域，寻求更多种类的共晶炸药。目前，国内外已经合成或者报道的含能共晶，组分主要侧重于一些常见类型的炸药，如 CL-20、HMX、BTF、TATB、TNB 与 TNT 等，种类较为单一。在含能材料领域，咪唑类、呋咱类以及全氮（富氮）类含能化合物均具有较高的能量密度，同时感度适中，安全性较好。因此，如果高能炸药能够与这几类含能化合物形成含能共晶，则共晶炸药有望保持高威力与低感度，发展与应用前景较好。

（2）寻求多组分的新型含能共晶。目前，报道的含能共晶由两种组分形成，部分共晶炸药的综合性能仍然欠佳，有待进一步改善，例如上文中提到的 CL-20/HMX 共晶，感度仍然偏高，而 CL-20/DNT 共晶炸药的能量密度偏低，威力不够理想。可以设想，如果 CL-20、HMX 与 DNT 之间能够形成三组分稳定的 CL-20/HMX/DNT 共晶，则有可能克服 CL-20/HMX 共晶感度高的缺陷，同时提高 CL-20/DNT 共晶的能量密度，即 CL-20/HMX/DNT 共晶有可能成为一种新型的钝感 HEDC。因此，多组分共晶的研制也是今后含能共晶的一个研究与发展趋势。

（3）改善共晶的制备工艺，提高产量。目前，在制备共晶炸药时，溶剂挥发法是最有效，也是采用最多的方法之一。但是，采用溶剂挥发法制备共晶炸药时，周期较长，产量较小，难以实现较大规模的生产，因此严重制约了共晶炸药的发展与应用。前期，国内外在共晶炸药的规模化生产方面开展了相关研究，采用不同的方法尝试共晶的批量生产，如喷雾干燥法、喷雾闪法、溶剂-非溶剂法、研磨法等[87,90,144-150]。下一步可以综合比较各种制备工艺的特点，探索并改进现有的共晶炸药生产制备工艺，寻找工艺简单且适用性好的制备手段，缩短制备周期，提高制备效率与共晶炸药的产量。

（4）研究共晶的结晶动力学行为，寻求共晶的最佳结晶条件。目前，国内外研究共晶炸药时，研究的侧重点主要是含能共晶的组分设计、制备合成、结构表征与性能测试等方面，而对共晶炸药的结晶条件以及外界条件对共晶炸药晶体形貌与晶体品质的影响研究相对较少。下一步可以研究共晶的结晶机理，同时探讨外界的条件。例如，温度、湿度、溶剂等因素对共晶的结晶影响情况，选择对共晶炸药最为有利的结晶条件，为共晶的制备提供理论参考和技术支撑。

(5) 得出更多共晶的单晶，找到很好表征晶体结构的手段。从严格意义上来讲，只有对共晶炸药的单晶样品进行测试表征，获得其晶格参数以后才能判断不同组分间形成了共晶。对于其他的共晶炸药，由于无法获得其晶格参数，因此不能成为真正的共晶。此外，共晶具有严格的化学计量比和单晶结构，所以下一步需要加强共晶的研究，得出更多共晶的单晶，找到很好表征晶体结构的手段。

1.3 本书的主要内容

本书以新型的硝胺类 HEDC CL-20 为研究对象，为解决 CL-20 感度高、安全性能差的突出矛盾问题，拓展其在武器弹药领域的应用范围，结合高能炸药的发展趋势与共晶在含能材料改性方面的优势，提出采用共晶方法来改善 CL-20 的性能，提高安全性。在此基础上，选取了几种常见的炸药作为共晶炸药的客体组分，建立了不同种类与不同组分比例的共晶炸药模型，对其稳定性、安全性、能量特性与力学性能进行了预测并进行了比较，筛选出了综合性能最佳、能量密度满足 HEDC 指标要求的共晶炸药配方与配比。采用喷雾干燥法，制备了相应的共晶炸药，并对其结构进行了表征，对其热性能、感度进行了测试并与理论计算结果进行了比较，验证了理论计算结果的合理性与正确性。

本书各章节的具体内容如下。

第 1 章为概述部分，系统地介绍了含能材料降感常用的方法及含能共晶的研究现状，指出了含能共晶研究存在的问题及发展趋势。

第 2 章以 CL-20 作为共晶炸药的主体组分，选取常见的硝胺类高能炸药 RDX 作为共晶炸药的客体组分，建立了不同组分比例的 CL-20/RDX 共晶炸药的模型，预测了共晶炸药的性能，筛选确定了综合性能较好的共晶炸药配比。

第 3 章根据理论计算结果，以 CL-20 与 RDX 为原料，采用喷雾干燥法，制备了组分比例为 1:1 的 CL-20/RDX 共晶炸药样品。采用实验手段，表征了共晶炸药的形貌与结构，测试了共晶炸药的热性能与感度，并与原料的性能进行了比较。此外，将实验结果与理论计算结果进行了比较，验证了理论计算结果的正确性以及共晶方法在改善含能材料性能方面的可行性与有效性。

第 4 章选取高能钝感炸药 FOX-7 作为共晶炸药的客体组分，建立了不同配比与不同取代类型的 CL-20/FOX-7 共晶炸药模型，预测了共晶炸药的性能，通过比较筛选出了性能最佳的共晶炸药配比。

第 5 章以 NTO 为研究对象，结合其低感度与高能量密度的优势，提出通过与 NTO 形成共晶，从而降低 CL-20 的感度。在此基础上，建立了 CL-20/NTO 共晶炸药的模型，预测了共晶炸药的性能，筛选确定了综合性能最佳的共晶炸药的组分比例。

第 6 章以高能钝感炸药 LLM-105 为研究对象，设计了不同组分比例的 CL-20/LLM-105 共晶配比，建立了共晶炸药的模型，预测了共晶炸药的性能，通过比较共晶炸药的综合性能，优选了性能优异的共晶炸药。

第 7 章分别以 CL-20、TNAD 作为共晶的主客体组分，设计了不同比例的 CL-20/TNAD 共晶配比，建立了共晶炸药模型，预测了共晶炸药的性能，探讨了组分比例对共晶炸药的性能影响情况，优选并确定了综合性能最佳的共晶炸药配比。

第 8 章以两组分的 CL-20/TNT 与 CL-20/HMX 共晶炸药为研究对象，针对两组分共晶炸药各自的性能优缺点，提出三组分共晶炸药的思想。建立了不同比例的 CL-20/TNT/HMX 共晶炸药模型，预测了共晶炸药的性能，并与两组分共晶的性能进行了对比，确定了性能最优的共晶配比。对优选的共晶炸药进行了比较，评估了共晶炸药的综合性能。

第 2 章　CL-20/RDX 共晶炸药的性能研究

目前，改善高能炸药的性能，降低感度的方法有多种，其中共晶作为一种新型的方法手段在含能材料降感方面显示出独特的优势与较好的前景，也受到国内外的重视，并且一部分共晶已经成功合成并呈现出较好的性能。从本章开始，将分析含能材料的性能特点，选取共晶炸药的组分，在 Materials Studio 7.0 软件中建立不同种类与不同比例的共晶炸药模型，对模型结构进行优化，采用 MD 方法预测得到共晶炸药的性能，筛选出综合性能较好的共晶炸药，确定其配方与配比。

2.1　引　言

通常来说，常见的单质炸药主要有 6 种类型：①硝酸酯类炸药；②硝基类炸药；③硝胺类炸药；④叠氮类化合物或衍生物；⑤以高氯酸根、氯酸根、过氯酸根为基的化合物或衍生物；⑥其他化合物。在 6 种不同类型的炸药中，前三种类型的炸药较为常见，在目前国内外研究相对较多，应用较为广泛。其中，硝酸酯类炸药分子中含有 O—NO_2 基团，常见的硝酸酯类炸药包括 PETN、NG、NC 等；硝基类炸药分子中含有 C—NO_2 基团，如 TNT、TNB、TATB、FOX-7、ONC 以及 LLM-105 都属于硝基类炸药；硝胺类炸药的典型代表有 CL-20、HMX、RDX、TEX 与 TNAD 等，其最显著的特征是炸药分子中含有一个或多个 N—NO_2 基团。在硝胺类炸药中，HMX 与 RDX 均具有较高的能量密度、较好的稳定性、较强的环境适应性，在高能炸药领域占有重要地位并作为主装药在武器弹药中得到广泛应用。

2012 年，Bolton 等[27]以 CL-20 与 HMX 两种硝胺类高能炸药为原料，选择 2-丙醇为溶剂，采用溶剂挥发法制备了 CL-20/HMX 共晶炸药（组分比例 CL-20∶HMX=2∶1），表征分析了共晶炸药的结构，测试了共晶炸药的感度，预测了其能量密度。研究结果表明，当 CL-20 与 HMX 形成共晶炸药后，HMX 在共晶炸药中发挥了降感的作用，使得 CL-20/HMX 共晶炸药的撞击感度低于 CL-20，与 HMX 相当，能量密度高于 HMX，即 CL-20/HMX 共晶炸药实现了降低 CL-20 的感度，并且保持高能量密度的目标。

RDX 与 HMX 都属于环状结构的硝胺类炸药，分子结构与性质也有许多相似性。因此，如果 RDX 可以与 CL-20 形成稳定的共晶炸药，则 CL-20/RDX 共晶炸药的性能有望与 CL-20/HMX 共晶炸药保持一致性，可以同时兼顾 CL-20 与 RDX 的优点，即 CL-20/RDX 共晶炸药具有较高的威力，同时感度低于 CL-20，从而实现降低 CL-20 感度的目的。

2.2 模型建立与计算方法

2.2.1 CL-20 与 RDX 模型建立

CL-20 与 RDX 都属于硝胺类化合物，分子中都含有敏感性较高的 N—NO_2 基团，都属于多硝基的高能炸药，CL-20 分子呈现出笼形结构，而 RDX 分子为环形结构。CL-20 有四种晶型（α-、β-、γ-、ε-CL-20），其中每种晶型均对应独立的晶体结构与晶格参数。在四种晶型中，ε-CL-20 的密度最高，威力最大，稳定性最好，也最具有研究与应用价值[151-152]。因此，后续章节中建立以 CL-20 为基的共晶炸药的模型时，如无特殊说明，CL-20 的晶型均选取为 ε-CL-20。

图 2-1 中给出了四种不同晶型的 CL-20 分子的结构模型。ε-CL-20 与 RDX 的晶体结构与晶格参数列于表 2-1 中。

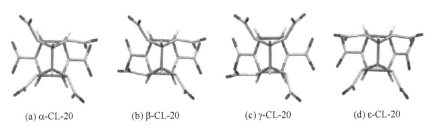

(a) α-CL-20　　(b) β-CL-20　　(c) γ-CL-20　　(d) ε-CL-20

图 2-1　四种不同晶型的 CL-20 分子模型

表 2-1　CL-20 与 RDX 的晶体结构与晶格参数

晶格参数	ε-CL-20[153]	RDX[154]
化学式	$C_6H_6O_{12}N_{12}$	$C_3H_6O_6N_6$
相对分子质量	438	222
晶系	单斜	正交
空间群	P21/A	Pbca

续表

晶 格 参 数	ε-CL-20[153]	RDX[154]
a/Å	13.696	13.182
b/Å	12.554	11.574
c/Å	8.833	10.709
α/(°)	90.00	90.00
β/(°)	111.18	90.00
γ/(°)	90.00	90.00
V/Å^3	1416.15	1633.86
ρ/(g/cm^3)	2.035	1.816
Z	4	8

根据ε-CL-20与RDX的晶体结构与晶格参数信息，分别建立CL-20与RDX的单个分子模型与晶胞模型，如图2-2和图2-3所示。

(a) CL-20分子模型　　(b) CL-20单个晶胞模型

图2-2　CL-20分子与单个晶胞模型（见彩图）

(a) RDX分子模型　　(b) RDX单个晶胞模型

图2-3　RDX分子与单个晶胞模型（见彩图）

2.2.2　CL-20/RDX共晶体系组分比例的选取

在共晶炸药中，各组分所占的比例会直接影响炸药的性能，尤其是威力与安全性。当共晶炸药中高能组分所占的比例过大时，共晶炸药可以保持较高的能量密度，但体系的感度也会随之升高，因此高能组分所占的比例过大对共晶炸药的能量密度有利，但对安全性不利；相反，当共晶炸药中低能组分所占的比例过大时，低能组分可以发挥降感的作用，使共晶炸药保持相对较低的机械感度与较好的安全性，但能量密度会大幅度降低，从而对威力产生不利影响。因此，共晶炸药中高能组分或低能组分所占的比重过大时，都会对共晶炸药的性能产生不利影响。为了使共晶炸药保持较好的性能，需要综合考虑分析组分的比例可能会对炸药性能产生的影响，使各组分的比例控制在一个合理的范围内。

综合考虑炸药的能量密度与感度等因素，同时也为了预测不同比例的共晶炸药的性能，探讨组分比例对共晶炸药性能的影响情况，研究共晶炸药的性能变化规律，在CL-20/RDX共晶炸药中，CL-20与RDX的组分比例（CL-20∶RDX）选取为10∶1~1∶5。

在CL-20/RDX共晶炸药中，CL-20主要是作为主体组分，使共晶炸药保持高能量密度优势，RDX主要是作为客体组分，起到降低CL-20感度的作用。各组分的比例以及各种比例的共晶体系中CL-20与RDX所占的质量分数如表2-2所列。

表2-2 CL-20/RDX共晶炸药中组分的比例与各组分的质量分数

序号	组分比例 （CL-20∶RDX）	质量分数/%	
		w（CL-20）	w（RDX）
1	1∶0	100.00	0.00
2	10∶1	95.18	4.82
3	9∶1	94.67	5.33
4	8∶1	94.04	5.96
5	7∶1	93.25	6.75
6	6∶1	92.21	7.79
7	5∶1	90.80	9.20
8	4∶1	88.75	11.25
9	3∶1	85.55	14.45
10	2∶1	79.78	20.22
11	1∶1	66.36	33.64
12	1∶2	49.66	50.34
13	1∶3	39.67	60.33
14	1∶4	33.03	66.97
15	1∶5	28.29	71.71
16	0∶1	0.00	100.00

注：组分比例1∶0代表CL-20；组分比例0∶1代表RDX。

2.2.3 CL-20/RDX 共晶模型的建立

参考之前的研究工作[101,112-113,115-117,119,122]中建立共晶炸药模型时采用的方法，采用取代法建立 CL-20/RDX 共晶炸药的模型，即采用 RDX 分子取代一定数量的 CL-20 分子，从而得到共晶炸药的模型，其中取代分子（RDX）的数量根据共晶炸药中各组分的比例来确定。

在采用取代法建立共晶炸药的模型时，取代类型通常分为两种：①随机取代（random substitution）；②主要生长晶面的取代（major crystal growth surface substitution）。所谓随机取代，是指采用 RDX 分子随机取代 CL-20 超晶胞模型中一定数量的 CL-20 分子；所谓主要生长晶面的取代，是指采用 RDX 分子取代位于主要生长晶面上的 CL-20 分子。因此，为了建立共晶炸药的模型，需要首先预测 CL-20 晶体的主要生长晶面。

在 Materials Studio 7.0 软件中，在 Morphology 模块下采用 Growth Morphology 方法，预测得到 CL-20 的主要生长晶面信息，列于表 2-3 中。理论预测的 CL-20 主要生长晶面如图 2-4 所示。

表 2-3 理论计算预测的 CL-20 主要生长晶面

晶 面	M	$d_{hkl}/\text{Å}$	$E_{total}/(\text{kJ/mol})$	$E_{vdw}/(\text{kJ/mol})$	$E_{elc}/(\text{kJ/mol})$	$S_{total}/\%$
(0 1 1)	4	9.22	-356.32	-151.74	-204.58	34.00
(1 1 0)	4	7.35	-358.66	-156.36	-202.30	21.79
(1 0 -1)	2	8.12	-374.93	-162.47	-212.46	16.71
(0 0 2)	2	6.29	-381.54	-166.72	-214.82	9.44
(1 1 -1)	4	7.07	-393.16	-175.92	-217.24	6.86
(0 2 1)	4	5.79	-399.75	-177.53	-222.22	6.71
(1 0 1)	2	6.18	-412.04	-189.97	-222.07	4.50

注：M 定义为多重度；d_{hkl} 为晶面间的距离；E_{total} 为总附着能；E_{vdw} 为范德华附着能；E_{elc} 为静电力附着能；S_{total} 为总显露面积。

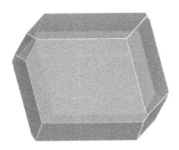

图 2-4 理论预测得到的 CL-20 主要生长晶面

从表 2-3 与图 2-4 可以看出，采用理论方法预测得到 CL-20 主要有 7 个生长晶面，分别为（０１１）、（１１０）、（１０-1）、（００２）、（１１-1）、（０２１）与（１０１），与文献［122，155-156］中的结果一致，表明采用的方法是合理的，结果可信。

在理论预测的 CL-20 的 7 个生长晶面中，（０１１）晶面所占比重最大，为 34.00%，表明该晶面的生长速度最快；其次是（１１０）晶面，所占比重为 21.79%，（１０１）晶面所占比重最小（4.50%），预示其生长速度最慢。

根据共晶体系中 CL-20 与 RDX 组分的比例，从而确定共晶模型中 CL-20 超晶胞的模型、共晶模型中包含的 CL-20 分子数、RDX 分子数与原子总数等信息，如表 2-4 所列。

表 2-4 CL-20/RDX 共晶炸药的组分比例与相关参数

组分比例	超晶胞模型	分子总数	CL-20 分子总数	RDX 分子总数	原子总数
1:0	4×3×2	96	96	0	3456
10:1	11×2×2	176	160	16	6096
9:1	5×4×2	160	144	16	5520
8:1	4×3×3	144	128	16	4944
7:1	4×4×2	128	112	16	4368
6:1	7×2×2	112	96	16	3792
5:1	4×3×2	96	80	16	3216
4:1	5×2×2	80	64	16	2640
3:1	4×2×2	64	48	16	2064
2:1	3×2×2	48	32	16	1488
1:1	3×2×2	48	24	24	1368
1:2	3×2×2	48	16	32	1248
1:3	4×2×2	64	16	48	1584
1:4	5×2×2	80	16	64	1920
1:5	4×3×2	96	16	80	2256
0:1	3×2×2	96	0	96	2016

以组分比例为 2:1 的 CL-20/RDX 共晶炸药为例，模型建立的具体方法与步骤如下。

（1）建立 CL-20 的单个晶胞模型，然后将其扩展为 12（3×2×2）的超晶胞模型，一共包含 48 个 CL-20 分子。

（2）用 16 个 RDX 分子分别取代超晶胞模型中的 16 个 CL-20 分子，或者取代位于7个主要生长晶面上的CL-20分子，得到含32个CL-20分子与16个RDX分子的共晶炸药模型，一共包含1488个原子。

（3）分别对建立的各种共晶模型进行能量最小化处理，优化其晶体结构。图2-5给出了随机取代模型经过优化后的晶胞模型。

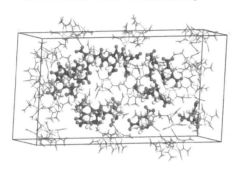

图2-5　组分比例为2∶1的随机取代CL-20/RDX共晶炸药模型（见彩图）

2.2.4　计算条件设置

在建立CL-20、RDX以及不同组分比例与不同取代类型的CL-20/RDX共晶炸药初始模型后，对其进行能量最小化处理，优化其晶体结构，同时消除内应力的影响，从而提高计算精度。优化过程结束后，进行分子动力学计算，选择恒温恒压（NPT）系统，即体系的温度 T、压力 P 与模型中的原子总数 N 在整个过程中始终保持恒定，压力设置为0.0001GPa，温度设置为295K。在计算时，为保证计算结果的精度与准确性，选择COMPASS力场[157-158]：一是COMPASS力场采用从头算法，其中的参数已经进行了修正，能够保证计算精度，准确预测物质的性能；二是该力场的适用范围较广，适合用于对凝聚态物质进行计算。在进行MD计算时，模型中分子的初始速度由麦克斯韦-波尔兹曼（Maxwell-Boltzman）分布确定，采用周期性边界条件。为了使温度与压力保持在一定的范围内，采用Andersen控温方法[159]，压力采用Parrinello方法进行控制[160]。此外，采用atom-based方法[161]来计算范德华力的作用，而静电力的计算则采用Ewald方法[162]。在计算中，时间步长设置为1fs，总模拟计算时间设置为200ps（2×10^5fs）。其中，前100ps主要用来对体系进行平衡计算，优化其结构，使其达到平衡状态；后100ps主要是用来对平衡体系进行计算，从而计算分析得到体系的能量、体系中分子的各种化学键的键长、力学参数等相关的信息。在整个模拟过程中，每隔1ps输出一步结果文件，一共得到100帧轨迹文件。

2.3 结果分析

2.3.1 力场选择

在对不同的模型进行 MD 计算时,力场的选择是计算的关键,会直接影响计算结果的精度。一方面,各种力场中包含的算法与参数是相互独立的;另一方面,各种力场均对应特定的适用范围,计算结果的精度与所计算的物质种类、属性密切相关。换言之,为了保证计算结果的准确性,必须选择合适的力场。通常,考察力场的适用性时,主要是在各种力场下对晶体进行计算,得到晶体的晶格参数与密度等参数,并将晶格参数、密度值与实验值进行比较。若计算值与实验值吻合较好,则表明力场的适用性较好;反之,则表明力场的适用性较差。

对于含能材料来说,MD 计算时适用的力场主要有 COMPASS 力场[157-158]、Universal 力场[163-164]、PCFF 力场[165-166]与 Dreiding 力场[167]。为了选择合适的力场,考察各种力场对于 CL-20 与 RDX 体系的适用性,分别在这几种力场下对纯组分的 CL-20 与 RDX 晶体模型进行了计算,得到了模型的晶格参数与密度,结果如表 2-5 所列。此外,表 2-5 中还列出了 CL-20 与 RDX 相关参数的实验值。

表 2-5 不同力场下计算的 CL-20、RDX 晶体的晶格参数与密度

炸药	晶格参数	实验值[153]	Universal	PCFF	Dreiding	COMPASS
CL-20	$a/\text{Å}$	13.696	13.974	13.914	14.045	13.718
	$b/\text{Å}$	12.554	12.809	12.753	12.874	12.575
	$c/\text{Å}$	8.833	9.012	8.973	9.058	8.847
	$\alpha/(°)$	90.00	89.15	90.23	89.04	90.01
	$\beta/(°)$	111.18	110.17	112.02	112.39	111.26
	$\gamma/(°)$	90.00	89.82	90.04	91.15	90.00
	$\rho/(\text{g/cm}^3)$	2.035	1.916	1.941	1.887	2.025
炸药	晶格参数	实验值[154]	Universal	PCFF	Dreiding	COMPASS
RDX	$a/\text{Å}$	13.182	13.218	13.231	13.428	13.187
	$b/\text{Å}$	11.574	11.606	11.617	11.790	11.578
	$c/\text{Å}$	10.709	10.739	10.749	10.909	10.713
	$\alpha/(°)$	90.00	90.15	89.18	90.36	90.00
	$\beta/(°)$	90.00	90.00	90.23	89.38	90.04
	$\gamma/(°)$	90.00	89.91	89.11	90.78	90.00
	$\rho/(\text{g/cm}^3)$	1.816	1.801	1.796	1.718	1.814

从表 2-5 可以看出，对于 CL-20 与 RDX 晶体，在不同力场下计算得到的体系的晶格参数、密度与实验值之间均有一定的误差，其中采用 COMPASS 力场计算得到的结果与实验值最为接近，误差最小，表明在该力场下计算得到的晶格参数与密度值是合理的、可信的。同时，表 2-5 中的计算结果也表明，COMPASS 力场适用于对 CL-20 与 RDX 晶体进行优化计算，并能够准确预测其性能。之前的研究[168-171]也表明，COMPASS 力场适用于对硝胺类炸药进行计算，其中包括 CL-20 与 RDX。因此，本章选择 COMPASS 力场来优化 CL-20、RDX 晶体与 CL-20/RDX 共晶炸药的模型结构并预测不同体系的性能。

2.3.2 体系平衡判别

在对不同的模型进行能量最小化与优化计算的过程中，体系的晶体结构、晶格参数、密度与能量等参数均会发生相应的变化。只有在体系达到平衡的状态下，才能对计算结果进行分析并确保结果的准确性，而体系的平衡通常通过温度变化曲线与能量变化曲线来判别。通常认为，当体系的温度与能量变化范围在 ±5%～10% 时，即可认为体系达到平衡状态。

以组分比例为 8:1，(1 1 -1) 生长晶面取代的 CL-20/RDX 共晶炸药模型为例，在整个模拟过程中共晶体系的温度变化曲线如图 2-6（a）所示，能量变化曲线如图 2-6（b）所示。

从图 2-6（a）可以看出，在模拟计算初期，体系的温度大幅度上升，并且温度的波动变化很明显，这主要是由于在计算初期对建立的模型进行了能量最小化，对其结构进行了优化，使得体系中的 CL-20 与 RDX 分子重新排列，位置发生较大幅度的改变，从而引起温度急剧变化。在 50ps 以后，温度变化幅度较小，并且始终在一定的范围内波动，波动范围在 ±15K 之间，预示体系的温度趋于稳定状态。从图 2-6（b）可以看出，模拟计算初期，整个体系的势能与非键能能量有所上升，并且波动很明显，50ps 后，能量波动幅度较小，最终波动幅度在 ±5% 左右，达到稳定状态。结合图 2.6 中温度与能量的变化曲线可以看出，在对模型进行优化计算后，体系的温度与能量均达到平衡状态，预示整个体系已经达到平衡状态。对于其他比例与取代类型的 CL-20/RDX 共晶模型，均以温度与能量的变化情况来判别共晶体系是否达到平衡状态。

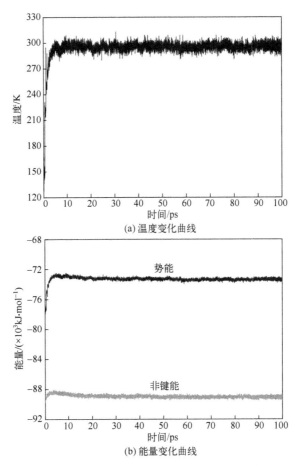

图 2-6 组分比例为 8∶1 的 CL-20/RDX 共晶模型的温度与能量变化曲线

2.3.3 稳定性

对于共晶炸药来说，稳定性是一个非常重要的性能，主要通过体系中各组分之间的结合能来反映。结合能越大，说明体系中各组分之间作用力的强度越大，分子之间结合得越紧密，预示共晶炸药的稳定性越好。反之，结合能较小，则说明共晶炸药中各组分之间的作用力较弱，体系的稳定性较差。

对于不同组分比例的 CL-20/RDX 共晶炸药模型，结合能可以采用如下公式计算，即

$$E_b = -E_{\text{inter}} = -[E_{\text{total}} - (E_{\text{CL-20}} + E_{\text{RDX}})] \tag{2.1}$$

第2章 CL-20/RDX 共晶炸药的性能研究

$$E_b^* = \frac{E_b \times N_0}{N_i} \tag{2.2}$$

式中：E_b 为共晶体系中 CL-20 与 RDX 分子之间的结合能（kJ/mol）；E_{inter} 为共晶体系中分子之间的相互作用力（kJ/mol）；E_{total} 为 CL-20/RDX 共晶体系在平衡状态下对应的总能量（kJ/mol）；E_{CL-20} 为把共晶体系中所有的 RDX 分子删除后，CL-20 分子对应的总能量（kJ/mol）；E_{RDX} 为删除体系中所有的 CL-20 分子后，RDX 分子对应的总能量（kJ/mol）；E_b^* 为共晶体系中分子间的相对结合能（kJ/mol）；N_i 为第 i 种共晶模型中包含的 CL-20 与 RDX 分子总数；N_0 为基准模型中包含的 CL-20 与 RDX 分子总数。

在本章中，选择组分比例为 1∶1 的 CL-20/RDX 共晶模型作为基准模型，该种比例的共晶模型中共包含 24 个 CL-20 与 24 个 RDX 分子，即 $N_0=48$。

根据 MD 仿真计算时得到的共晶模型在平衡状态下的总能量 E_{total}，CL-20 组分对应的能量 E_{CL-20} 以及 RDX 组分对应的能量 E_{RDX}，结合式（2.1）、式（2.2）计算得到不同组分比例（CL-20∶RDX）与取代类型的 CL-20/RDX 共晶模型中 CL-20 与 RDX 分子间的相对结合能，结果如表 2-6 所列与图 2-7 所示。

表 2-6 不同组分比例与不同取代类型的 CL-20/RDX 共晶模型对应的结合能

（单位：kJ/mol）

组分比例	(0 1 1)	(1 0 -1)	(1 1 0)	(1 1 -1)	(0 0 2)	(1 0 1)	(0 2 1)	随机取代
10∶1	380.16	336.90	343.69	395.24	373.33	429.36	420.87	355.71
9∶1	398.26	340.81	349.53	420.09	378.93	446.30	437.11	370.46
8∶1	414.03	346.04	360.45	438.82	390.56	469.72	445.27	373.92
7∶1	425.54	368.19	377.28	457.02	399.71	497.51	486.36	381.28
6∶1	456.70	371.44	385.25	472.47	420.22	518.47	505.15	390.52
5∶1	464.09	379.01	401.96	496.20	429.71	547.44	520.62	415.14
4∶1	479.34	396.35	412.78	529.28	436.03	591.37	537.50	433.21
3∶1	496.72	410.34	430.56	560.38	455.81	604.38	582.26	441.06
2∶1	523.64	417.68	437.51	575.40	470.69	619.34	595.39	442.51
1∶1	517.69	432.55	440.38	587.48	478.20	636.08	610.48	447.66
1∶2	492.37	414.03	429.34	589.03	460.23	628.11	601.33	438.25
1∶3	478.26	409.28	417.65	540.55	451.93	604.38	577.78	432.71
1∶4	460.22	398.85	409.38	517.34	432.38	595.59	552.40	416.95
1∶5	435.67	374.61	393.66	460.70	418.37	583.35	535.61	411.38

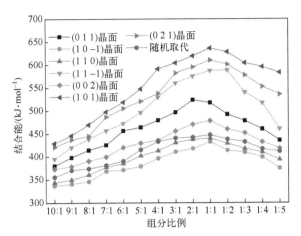

图 2-7 不同组分比例与不同取代类型的 CL-20/RDX 共晶模型的结合能

从表 2-6 与图 2-7 可以看出，各种组分比例与各种取代类型的 CL-20/RDX 共晶模型均对应不同的结合能，即组分比例与取代晶面会直接影响共晶炸药中 CL-20 与 RDX 分子之间的结合能。以随机取代模型为例，当 CL-20 与 RDX 的组分比例为 10∶1 时，结合能最小，为 355.71kJ/mol；当组分比例为 1∶1 时，结合能达到最大值 447.66kJ/mol；当组分比例为 1∶5 时，对应的结合能为 411.38kJ/mol。结合能的变化趋势表明，当组分的组分比例从 10∶1 变化至 1∶1 的过程中，随着共晶体系中 RDX 含量的增加，结合能逐渐增大，表明 CL-20 与 RDX 分子之间的作用力逐渐增强，预示体系的稳定性逐渐增强。当组分比例从 1∶1 变化至 1∶5 的过程中，随着 RDX 含量的增加，结合能逐渐减小，表明分子之间的作用力减弱，体系的稳定性变差。因此，对于随机取代模型，当组分比例为 1∶1 时，CL-20 与 RDX 分子间的作用力最强，共晶炸药的稳定性最好。

此外，从图 2-7 还可以看出，对于不同取代类型的共晶模型，当 CL-20 与 RDX 的组分比例为 2∶1、1∶1、1∶2 时，共晶炸药中分子之间的结合能达到最大值。例如，(1 0 1)、(0 2 1)、(0 0 2)、(1 1 0) 与 (1 0 -1) 晶面在 CL-20 与 RDX 的比例为 1∶1 时，结合能达到最大值；(0 1 1) 晶面的结合能最大时，组分比例为 2∶1，而 (1 1 -1) 晶面的结合能最大时对应的组分比例为 1∶2。结合能变化趋势表明，当 CL-20 与 RDX 的组分比例为 2∶1、1∶1、1∶2 时，共晶炸药的稳定性最好，并且共晶更容易形成。对于不同晶面的共晶模型，结合能的变化趋势为 (1 0 1)>(0 2 1)>(1 1 -1)>(0 1 1)>(0 0 2)>随机取代>(1 1 0)>(1 0 -1)，表明在（101）晶面上，结合能最大，分子间的作用力最强，共晶炸药的稳定性最好，共晶最容易在晶面上形成，其次为（021）晶面，而（10-1）晶面的结合能最小，表明在该晶面上分子间的作用力最弱，共晶炸药的稳定性最差，最不容易形成共晶。

2.3.4 感度

感度定义为含能材料对外界刺激的易损性与敏感程度，是含能材料安全性的反映，也是含能材料最为重要的性能，直接决定了含能材料的发展应用前景。通常，外界的刺激可以分为多种，例如热、摩擦、撞击、冲击波、电火花等，因此含能材料的感度就包括热感度、摩擦感度、撞击感度、冲击波感度与静电感度等。由于感度的极端重要性，研究人员做了大量的工作来测试或者预测含能材料的感度。目前，含能材料的感度主要可以通过两种途径得到：①实验测量；②理论预测。在两种方法中，实验测量方法结果可靠，准确度高，但需要配套的测试设备、规范的实验方法与完善的实验条件，实验步骤较为复杂，需要消耗大量的时间以及相应的原料，具有一定的危险性且成本较高。此外，受制备工艺、技术条件、原料特性等因素的限制，部分含能材料未能成功合成或合成具有较大的困难，从而导致其感度无法通过实验测量方法得到。相比于实验方法，理论预测方法简便易行、可操作性强、适用范围广、成本低并且安全性好。因此，理论预测方法是目前预测含能材料感度的一种最常用的方法。

由于含能材料的感度受多种因素的影响，例如含能材料种类、分子结构、晶体堆积模式与外界环境等，因此准确预测含能材料的感度，评价其安全性能是一项极其复杂的工作。国内外提出了众多的理论来预测其感度，其中包括"热点"理论[172-173]、"引发键"理论[174]、带隙理论[175-178]、硝基电荷理论[179-181]、引发键离解能理论[182-183]、爆速与爆压理论[184-186]、爆热理论[187-190]、分子堆积理论[191-194]等。

长期以来，肖鹤鸣教授及其课题组一直致力于含能材料的分子设计与性能研究工作，提出了相应的感度预测理论[171,195-201]。其中，肖鹤鸣等指出，含能材料的感度与其分子中引发键的键长、引发键键连双原子作用能与内聚能密度之间存在直接的关系[171,195-201]。换言之，这三个因素可以从某种程度上影响或者决定含能材料的感度。目前，该理论已成功用于预测部分含能体系的感度。例如，单组分炸药 HMX[198-199]、RDX[200-201]、CL-20[202]、PETN[203]，两组分含能体系 AP/HMX[195-196]、CL-20/HMX[110] 与 CL-20/TNT 共晶炸药[106] 以及多组分的含能体系[197]等。因此，采用肖鹤鸣等提出的引发键键长、键连双原子作用能与内聚能密度理论来预测不同比例与不同取代类型的 CL-20/RDX 共晶炸药的感度,并与 CL-20 的感度进行比较,从而评价其安全性。

2.3.4.1 引发键键长

从本质上来讲,含能材料是由其分子中各种类型的化学键组成的,并且各种化学键都对应一定的键能,因此含能材料发生化学反应的过程即为分子中化学键的断裂与重组过程。在含能材料中,引发键定义为分子中强度最弱、能量最低的化学键。在外界刺激下,引发键发生断裂破坏的可能性最大,从而使含能材料发生分解或者爆炸。在含能材料中,一些常见的活性基团,如 X—NO_2 基团(X=C、N、O)与—N_3 基团的键能相对较弱,通常被认为是引发键。在 CL-20/RDX 共晶炸药中,CL-20 与 RDX 都属于硝胺类的化合物,分子中都含有活性较高的 N—NO_2 基团。对于 CL-20 来说,其引发键为分子中 N—NO_2 基团上的 N—N 键[204-206];对于 RDX,其引发键也为分子中强度最弱的 N—N 键[174,207,208]。由于 CL-20 的感度高于 RDX,当受到外界刺激时,共晶体系中的 CL-20 组分更敏感,将先于 RDX 组分发生分解或者爆炸。因此,选择 CL-20 分子中的 N—N 键作为共晶体系的引发键来预测 CL-20/RDX 共晶炸药的感度。

当共晶体系达到平衡状态时,选择 CL-20 分子中的 N—N 键对其进行分析,可以得到体系中引发键的键长分布情况。以组分比例为 5:1,(0 2 1)晶面取代的 CL-20/RDX 共晶模型为例,在平衡状态下体系中 CL-20 分子中引发键(N—N 键)的键长分布如图 2-8 所示。在平衡状态下,纯组分的 CL-20 炸药与不同组分比例的 CL-20/RDX 共晶炸药体系中引发键(N—N 键)对应的键长列于表 2-7 中。

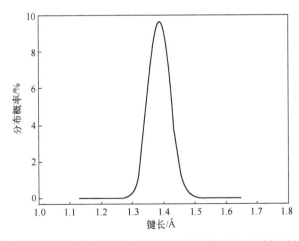

图 2-8 组分比例为 5:1 的 CL-20/RDX 共晶模型中引发键的键长分布

从图 2-8 可以看出，在平衡状态下，CL-20/RDX 共晶体系中 CL-20 分子中的引发键（N—N 键）的键长分布呈现出高斯分布的特点，在 N—N 键为 1.396Å 附近键长的分布概率达到最大值，其中超过 90% 的引发键键长分布范围为 1.32~1.48Å。

表 2-7　不同组分比例的 CL-20/RDX 共晶体系中引发键的键长

键长	1:0	10:1	9:1	8:1	7:1	6:1	5:1	4:1
最可几键长/Å	1.398	1.397	1.397	1.396	1.396	1.396	1.396	1.395
平均键长/Å	1.397	1.397	1.396	1.397	1.396	1.395	1.395	1.396
最大键长/Å	1.632	1.629	1.627	1.620	1.616	1.604	1.602	1.597
键长	3:1	2:1	1:1	1:2	1:3	1:4	1:5	0:1
最可几键长/Å	1.396	1.395	1.394	1.396	1.395	1.395	1.395	—
平均键长/Å	1.396	1.395	1.394	1.395	1.395	1.395	1.395	—
最大键长/Å	1.593	1.589	1.583	1.587	1.590	1.594	1.596	—

从表 2-7 可以看出，对于不同比例的共晶模型，体系中引发键键长存在一定的差异。其中，对于纯 CL-20 晶体（组分比例为 1:0），最可几键长、平均键长与最大键长分别为 1.398Å、1.397Å、1.632Å。对于 CL-20/RDX 共晶炸药模型来说，体系中最可几键长与平均键长的变化范围很小，并且不同模型之间对应的键长近似相等，表明向 CL-20 中加入 RDX 分子，对平均键长与最可几键长的影响相对较小，而体系中最大键长的变化则较为明显。当 CL-20 与 RDX 的组分比例为 10:1 时，最大键长为 1.629Å；当组分比例为 1:1 时，最大键长达到最小值 1.583Å。与纯 CL-20 晶体相比，引发键的最大键长减小幅度为 0.003Å~0.049Å（0.18%~3.00%）。引发键键长减小，说明与引发键直接相连的原子之间的距离减小，原子之间的作用力增强，从而表明引发键的强度增大，预示含能材料的感度降低，安全性提高。因此，CL-20/RDX 共晶炸药的感度低于 CL-20，即向 CL-20 中加入 RDX，可以降低 CL-20 的感度。

此外，从表 2-7 还可以看出，对于不同比例的共晶炸药模型，当 CL-20 与 RDX 的组分比例为 1:1 时，体系中引发键的键长最小，预示在该种比例下，与引发键相连的原子之间的距离最短，引发键的强度最大，CL-20/RDX 共晶体系的感度最低，安全性最好。

2.3.4.2　键连双原子作用能

引发键键连双原子作用能简称为引发键的键能，主要用来反映引发键的强度，也是预测含能材料的感度，判别其安全性的重要参考与指标。引发键的键能越大，说明引发键断裂时需要从外界吸收的能量越多。换言之，在同等的外界刺激下，引发键发生断裂的可能性越小，即含能材料的感度越低，安全性越好。反之，引发键的强度越弱，则说明引发键越容易发生断裂破坏，预示含能材料的感度越高，安全性越差。

在 CL-20/RDX 共晶炸药中，CL-20 与 RDX 都属于高能炸药，CL-20 的感度高于 RDX，因此在外界刺激下，CL-20 分子中的引发键更容易发生断裂，因此通过计算 CL-20 分子中引发键（N—N 键）的键能来预测共晶炸药的感度。

对于 CL-20，引发键的键能 E_{N-N} 计算公式为

$$E_{N-N} = \frac{E_T - E_F}{n} \quad (2.3)$$

式中：E_{N-N} 为共晶炸药中 CL-20 分子中引发键（N—N 键）的键能（kJ/mol）；E_T 为 CL-20/RDX 共晶体系在平衡状态下的总能量（kJ/mol）；E_F 为约束 CL-20 分子中所有的 N 原子后体系的总能量（kJ/mol）；n 为共晶体系中 CL-20 分子中包含的 N—N 键的数量。

根据 MD 计算时得到的共晶体系处于平衡状态时的总能量与约束 CL-20 分子中 N 原子后体系的能量，计算得到不同比例与不同取代类型的共晶体系中 CL-20 分子中引发键的键连双原子作用能，结果如表 2-8 所列与图 2-9 所示。

表 2-8 CL-20/RDX 共晶体系中引发键的键连双原子作用能

（单位：kJ/mol）

组分比例	(0 1 1)	(1 0 -1)	(1 1 0)	(1 1 -1)	(0 0 2)	(1 0 1)	(0 2 1)	随机取代
1:0	135.9	133.7	132.9	138.2	134.1	138.6	137.1	134.3
10:1	137.3	134.0	133.1	138.8	135.4	141.3	137.9	136.8
9:1	137.5	135.3	133.3	139.7	137.0	141.6	138.4	138.2
8:1	138.4	135.9	133.7	140.6	138.1	142.0	139.5	138.4
7:1	139.9	137.1	134.4	140.8	138.2	142.7	141.9	138.9
6:1	140.6	138.2	137.5	144.3	138.8	148.2	142.4	139.4
5:1	143.5	138.4	137.8	146.4	140.3	148.5	145.0	141.1
4:1	144.8	141.9	139.0	147.0	142.2	150.3	145.2	141.7
3:1	150.2	142.6	140.4	149.5	142.4	153.7	147.1	142.6
2:1	153.1	145.2	144.3	150.9	145.9	156.9	151.6	146.3
1:1	151.4	145.7	145.4	153.7	146.3	157.8	152.1	147.9
1:2	147.0	147.2	142.1	154.3	144.2	157.2	148.3	145.6
1:3	145.1	143.7	138.7	151.4	141.0	154.4	147.6	145.3
1:4	143.9	137.5	137.6	150.2	139.6	149.0	148.0	140.7
1:5	142.6	136.0	136.9	147.7	138.5	148.3	146.6	139.2

第 2 章 CL-20/RDX 共晶炸药的性能研究

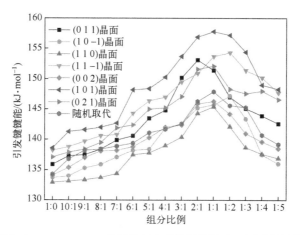

图 2-9 CL-20/RDX 共晶体系中引发键的键连双原子作用能

从表 2-8 与图 2-9 可以看出，对于不同组分比例与不同取代类型的 CL-20/RDX 共晶炸药模型，引发键键能各不相同，即组分的比例与取代类型会影响引发键的强度。以（0 2 1）晶面为例，对于纯 CL-20 晶体（组分比例为 1:0），引发键的键能最小，为 137.1kJ/mol；而 CL-20/RDX 共晶炸药中 N—N 键的键能均大于纯 CL-20 晶体中引发键的键能。在共晶炸药中，当 CL-20 与 RDX 的组分比例为 10:1 时，引发键键能为 137.9kJ/mol；当组分比例为 1:1 时，引发键键能达到最大值 152.1kJ/mol。与 CL-20 相比，共晶炸药中引发键的键能增大幅度为 0.8~15.0kJ/mol（0.58%~10.94%）。引发键键能增大，说明引发键的强度增大，引发键束缚 N 原子的能力增强，在外界作用下，引发键发生断裂破坏的难度增大，预示炸药的感度降低，安全性提高。因此，向 CL-20 中加入 RDX，使得共晶体系中 CL-20 分子的引发键键能增大，共晶炸药的感度降低，安全性得到提高。

此外，从图 2-9 还可以看出，对于不同取代类型的共晶模型，（0 1 1）晶面的引发键键能达到最大值时，CL-20 与 RDX 的组分比例为 2:1，（1 0 -1）与（1 1 -1）晶面为 1:2，（1 1 0）、（0 0 2）、（1 0 1）、（0 2 1）与随机取代模型则为 1:1。因此，在共晶体系中，当组分的组分比例（CL-20:RDX）为 2:1、1:1 或者 1:2 时，CL-20 分子中引发键的键能达到最大值，即该种组分比例的共晶炸药的感度最低，安全性最好。基于此，可以看出，CL-20/RDX 共晶炸药的感度低于 CL-20，可以实现降低 CL-20 机械感度的目的，且组分比例为 2:1、1:1 或者 1:2 的共晶炸药感度最低，RDX 组分的降感效果最好。

2.3.4.3 内聚能密度

内聚能密度(cohesive energy density, CED)属于非键力作用的范畴, 主要定义为物质由凝聚态变为气态时需要从外界吸收的能量。内聚能密度由范德华力与静电力两部分组成, 在数值上等于二者之和。内聚能密度也是预测、评价含能材料感度的重要指标。内聚能密度越大, 表明含能材料发生状态转换时需要从外界吸收越多的能量, 预示其感度越低, 安全性越好。

CED 的计算公式为

$$\mathrm{CED} = \frac{E_{\mathrm{coh}}}{V_{\mathrm{m}}} \quad (2.4)$$

$$E_{\mathrm{coh}} = H_{\mathrm{V}} - RT \quad (2.5)$$

式中: CED 为物质的内聚能密度(kJ/cm^3); E_{coh} 为每摩尔物质的内聚能(kJ/mol); H_{V} 为摩尔蒸发热(kJ/mol); RT 为每摩尔物质气化时所做的膨胀功(kJ/mol); V_{m} 为物质的摩尔体积(cm^3/mol)。

以(0 2 1)主要生长晶面取代的模型为例, 不同比例的 CL-20/RDX 共晶模型的内聚能密度、范德华力与静电力能量如表 2-9 所列。

表 2-9 不同组分比例的 CL-20/RDX 共晶炸药的内聚能密度与相关能量

(单位: kJ/cm^3)

参　数	1:0	10:1	9:1	8:1	7:1	6:1	5:1	4:1
内聚能密度	0.636	0.640	0.647	0.662	0.679	0.686	0.694	0.710
范德华力	0.175	0.176	0.179	0.187	0.198	0.201	0.204	0.213
静电力	0.461	0.464	0.468	0.475	0.481	0.485	0.490	0.497
参　数	3:1	2:1	1:1	1:2	1:3	1:4	1:5	0:1
内聚能密度	0.731	0.740	0.755	0.751	0.743	0.731	0.726	0.746
范德华力	0.224	0.228	0.236	0.233	0.230	0.227	0.226	0.233
静电力	0.507	0.512	0.519	0.518	0.513	0.504	0.500	0.513

注: 内聚能密度=范德华力+静电力。

从表 2-9 可以看出, 纯 CL-20 晶体(组分比例为 1:0)对应的能量最低, 其中内聚能密度为 $0.636kJ/cm^3$, 范德华力为 $0.175kJ/cm^3$, 静电力为 $0.461kJ/cm^3$; 纯 RDX 晶体(组分比例为 1:0)对应的能量分别为 $0.746kJ/cm^3$、$0.233kJ/cm^3$、$0.513kJ/cm^3$; 而 CL-20/RDX 共晶炸药(组分比例为 10:1~1:5)对应的能量均大于纯 CL-20 组分对应的能量。当 CL-20 与 RDX 的比例在 10:1~1:1 范围时, 随着 RDX 含量的增加, CED 逐渐增大; 当组分的比例在 1:1~1:5 范围时，随着体系中 RDX 含量的增加，CED 逐渐减小。因此，在 CL-20/RDX 共晶模型中，当组分比例为 10∶1 时，体系的内聚能密度最小，为 0.640kJ/cm³；当组分比例为 1∶1 时，内聚能密度最大，为 0.755kJ/cm³。与 CL-20 相比，内聚能密度增大幅度为 0.004kJ/cm³ ~ 0.119kJ/cm³（0.63% ~ 18.71%）。内聚能密度增大，表明共晶炸药中分子间的非键力作用增强，炸药由凝聚态变为气态时，需要从外界吸收更多的能量，或者需要克服更大的非键力作用，预示含能材料的感度降低，安全性提高。

此外，表 2-9 还说明，组分比例为 1∶1 的 CL-20/RDX 共晶炸药对应的内聚能密度（0.755kJ/cm³）大于纯 CL-20 组分（0.636kJ/cm³）与 RDX 组分（0.746kJ/cm³）对应的能量，预示共晶炸药的感度低于 CL-20 与 RDX。因此，CL-20 与 RDX 形成共晶后，可以降低 CL-20 与 RDX 的感度，使得炸药的安全性得到提高，且共晶炸药的感度均低于原料的感度。在共晶炸药中，CL-20 与 RDX 的组分比例对分子间的非键力作用有直接影响，其中组分比例为 1∶1 的 CL-20/RDX 共晶炸药对应的能量最大，表明该种比例的共晶炸药非键力作用最强，预示其感度最低，安全性能最好。

2.3.5 爆轰性能

爆轰性能主要反映含能材料的威力，也可以用来预测武器弹药的毁伤效果，通常用炸药的氧平衡系数 OB、密度 ρ 与爆轰参数进行表征。常见的爆轰参数主要包括爆压 P、爆速 D 与爆热 Q 等。由于爆轰参数是含能材料能量密度的直接体现，且含能材料的种类有多种，国内外提出了众多的理论方法来计算含能材料的爆轰参数，评价其威力大小[209-218]。

在实际中，炸药的爆轰参数受多种因素的影响。例如，密度、含能材料种类、分子结构、分子中存在的化学键与化学基团等，因此选取合适的方法，准确预测爆轰参数是一项复杂的工作。选取修正氮当量法[219]来计算不同比例的共晶炸药的爆轰参数，评价其威力大小。修正氮当量法综合考虑了炸药的爆炸过程、爆轰产物、炸药分子中的化学键与各类化学基团等因素对其爆轰参数的影响，因此计算精度较高，并且计算过程较为简单。

对于仅由碳（C）、氢（H）、氧（O）、氮（N）四种元素组成，分子式为 $C_aH_bO_cN_d$ 的炸药，氧平衡系数 OB 的计算公式为[220-221]：

$$OB = \frac{[c-(2a+b/2)]}{M_r} \times 16 \times 100\% \tag{2.6}$$

式中：a 为炸药分子中包含的 C 原子的数目；b 为 H 原子的数目；c 为 O 原子的数目；M_r 为所研究的炸药的相对分子质量。

对于由多种组分形成的混合炸药，OB 可由下式得到[220-221]：

$$OB = \sum w_i OB_i \tag{2.7}$$

式中：w_i、OB_i 分别为混合炸药中第 i 种组分所占的质量分数（%）与氧平衡系数。

根据修正氮当量法，爆速 D 与爆压 P 的计算公式为[219]

$$\begin{cases} D = (690 + 1160\rho_0) \sum N_{ch} \\ P = 1.106 (\rho_0 \sum N_{ch})^2 - 0.84 \\ \sum N_{ch} = \dfrac{100}{M_r}(p_i N_{p_i} + \sum B_K N_{B_K} + \sum G_j N_{G_j}) \end{cases} \tag{2.8}$$

式中：D 为爆速（m/s）；P 为爆压（GPa）；ρ_0 为炸药的密度（g/cm³）；$\sum N_{ch}$ 为炸药的修正氮当量；p_i 为 1mol 炸药爆炸时生成第 i 种爆轰产物的摩尔数；N_{p_i} 为炸药爆炸时生成产物中第 i 种爆轰产物的氮当量系数；B_K 为炸药分子所有的化学键中第 K 种化学键出现的次数；N_{B_K} 为炸药分子的化学键中第 K 种化学键的氮当量系数；G_j 为炸药分子所有的化学基团中第 j 种基团出现的次数；N_{G_j} 为炸药分子的化学基团中第 j 种基团的氮当量系数。

在运用式（2.8）计算炸药的爆轰参数时，需要确定炸药爆炸时生成的各种爆轰产物的种类与数量。爆轰产物按照 H_2O-CO-CO_2 的原则来确定[220]，该原则从能量上的优先性确定爆炸反应，即炸药发生爆炸时，分子中的 O 元素首先将 H 元素氧化为 H_2O；然后将 C 元素氧化为 CO，未被氧化的 C 元素以固体碳游离存在。若 O 元素还有剩余，再将 CO 氧化成 CO_2，剩余 O 以游离态的 O_2 存在，N 元素全部转化为 N_2。

按照 H_2O-CO-CO_2 的原则，CL-20（$C_6H_6O_{12}N_{12}$）与 RDX（$C_3H_6O_6N_6$）的爆炸反应方程式可以表示为

$$\begin{cases} C_6H_6O_{12}N_{12} \rightarrow 3H_2O + 3CO + 3CO_2 + 6N_2 \\ C_3H_6O_6N_6 \rightarrow 3H_2O + 3CO + 3N_2 \end{cases} \tag{2.9}$$

对于由多种组分形成的混合炸药，爆热 Q 的计算公式为[220]

$$Q = \sum \omega_i Q_i \tag{2.10}$$

式中：ω_i 为混合炸药中第 i 种组分所占的质量百分数（%），Q_i 为第 i 种组分对应的爆热（kJ/kg）。

根据修正氮当量理论及相关的公式，计算得到纯 CL-20、RDX 晶体与不同组分比例的 CL-20/RDX 共晶炸药的爆轰参数，如表 2-10 所列，其中炸药的密度可以取自体系处于平衡状态时对应的密度值。

表 2-10 CL-20、RDX 与 CL-20/RDX 共晶炸药的密度、爆轰参数

组分比例	氧平衡系数/%	密度/(g/cm³)	爆速/(m/s)	爆压/GPa	爆热/(kJ/kg)
1∶0	−10.96	2.026	9500	46.47	6230
10∶1	−11.47	2.012	9438	45.75	6201
9∶1	−11.53	2.009	9426	45.60	6197
8∶1	−11.59	1.998	9401	45.08	6194
7∶1	−11.68	1.993	9389	44.84	6189
6∶1	−11.79	1.986	9369	44.50	6182
5∶1	−11.94	1.984	9358	44.39	6174
4∶1	−12.16	1.972	9327	43.81	6161
3∶1	−12.50	1.953	9302	42.91	6142
2∶1	−13.11	1.950	9285	42.69	6107
1∶1	−14.55	1.945	9206	42.26	6025
1∶2	−16.33	1.889	9121	39.58	5923
1∶3	−17.39	1.863	9018	38.34	5862
1∶4	−18.10	1.847	8978	37.58	5821
1∶5	−18.60	1.825	8920	36.61	5793
0∶1	−21.62	1.816	8873	35.88	5620

从表 2-10 可以看出，对于不同的模型，纯 CL-20 晶体（组分比例为 1∶0）的氧平衡系数、密度、爆速、爆压与爆热最大，分别为 −10.96%、2.026g/cm³、9500m/s、46.47GPa、6230kJ/kg，表明 CL-20 具有较高的威力与能量密度；纯 RDX 晶体（组分比例为 0∶1）对应的参数分别为 −21.62%、1.816g/cm³、8873m/s、35.88GPa、5620kJ/kg。在 CL-20/RDX 共晶炸药中，由于 RDX 的氧平衡系数、密度与爆轰参数均低于 CL-20，因此随着 RDX 含量的增加，共晶炸药的密度与爆轰参数呈现出逐渐减小的变化趋势。例如，当组分比例为 10∶1 时，共晶炸药的密度为 2.012g/cm³，爆速为 9438m/s，爆压为 45.75GPa，爆热为 6201kJ/kg；当组分比例为 1∶1 时，共晶炸药的参数分别为 1.945g/cm³、9206m/s、42.26GPa、6025kJ/kg；当组分比例为 1∶5 时，对应的参数分别为 1.825g/cm³、8920m/s、36.61GPa、5793kJ/kg。此时，CL-20/RDX 共晶炸药的能量密度与 RDX 相当。因此，在 CL-20/RDX 共晶炸药中，当 RDX 的含量过多时，会对共晶炸药的能量密度与威力产生不利影响。

肖鹤鸣等[222-227]指出，含能材料要成为 HEDC 的基本要求是其密度大于 1.9g/cm³、爆速大于 9000m/s、爆压大于 40.0GPa。结合表 2-10 中 CL-20/

RDX 共晶炸药的密度与爆轰参数数据可以看出，组分比例为 10∶1～1∶1 的 CL-20/RDX 共晶炸药的密度、爆速与爆压均满足 HEDC 的要求，可视为潜在的 HEDC，而组分比例为 1∶2～1∶5 的共晶炸药。由于 RDX 含量较多，导致共晶炸药的密度或爆轰参数减小幅度过大，能量密度不满足 HEDC 的要求。

2.3.6　力学性能

力学性能是物质的基本属性，代表物质受到外界的拉伸、压缩等作用力时，自身的尺寸（长度、宽度、高度）、体积等参数发生形变或者产生破坏的难易程度。对于含能材料来说，力学性能会影响其生产、加工、运输、储存与使用等多个环节。力学性能主要通过力学参数来反映，常见的力学参数包括 E、K、G、($C_{12}-C_{44}$) 与 γ。其中，E 为拉伸模量（或弹性模量），K 为体积模量，G 为剪切模量，$C_{12}-C_{44}$ 为柯西压，γ 为泊松比。在不同的力学参数中，E 可以反映材料的刚性，材料的刚性越强，对应的 E 值越大；G 主要是材料硬度的反映，G 越大，表明材料的硬度越大；K 通常用来评价材料的断裂强度，K 越大，说明材料的断裂强度越大，在外界作用下，材料越不容易产生形变或破坏[228]；$C_{12}-C_{44}$ 是评价材料延展性的重要指标，若 ($C_{12}-C_{44}$)>0，说明柯西压为正值，预示材料具有较好的延展性；反之，若柯西压为负值，则说明材料的延展性较差，在外界作用下，材料容易出现脆性断裂[229]。

力学性能通常采用应力与应变之间的关系来描述[230,231]，即

$$\sigma_i = C_{ij}\varepsilon_j \quad (2.11)$$

式中：σ 为体系的应力；ε 为应变；$C_{ij}(i,j=1,2,\cdots,6)$ 为体系的弹性系数。

在式（2.11）中，$C_{ij}=C_{ji}$，即独立的弹性系数只有 21 个。

当材料呈现出各向同性的特点时，弹性系数之间的关系式为

$$C_{11}=C_{22}=C_{33}, \quad C_{12}=C_{13}=C_{23}, \quad C_{44}=C_{55}=C_{66}=\frac{1}{2}(C_{11}-C_{12}) \quad (2.12)$$

此时，弹性系数矩阵中只包含两个独立的弹性系数 C_{11} 与 C_{12}。这里选取两个拉梅常数 λ 和 μ，其中 $C_{12}=\lambda$，$C_{11}-C_{12}=2\mu$。此时，式（2.11）中的弹性系数矩阵 $C=[C_{ij}]$ 可表示为

$$[C_{ij}] = \begin{bmatrix} \lambda+2\mu & \lambda & \lambda & 0 & 0 & 0 \\ \lambda & \lambda+2\mu & \lambda & 0 & 0 & 0 \\ \lambda & \lambda & \lambda+2\mu & 0 & 0 & 0 \\ 0 & 0 & 0 & \mu & 0 & 0 \\ 0 & 0 & 0 & 0 & \mu & 0 \\ 0 & 0 & 0 & 0 & 0 & \mu \end{bmatrix} \quad (2.13)$$

对于各向同性材料,力学参数 E、γ、G、K 的计算公式为[230,231]

$$E=\frac{\mu(3\lambda+2\mu)}{\lambda+\mu}, \quad \gamma=\frac{\lambda}{2(\lambda+\mu)}, \quad G=\mu, \quad K=\lambda+\frac{2}{3}\mu \quad (2.14)$$

由于含能材料的特殊性以及分子在晶体中不同方向堆积的差异性,将其视为各向同性材料是不合适的。为了能够计算其力学性能,通常将其视为多晶物质,即认为其晶体是由许多无规取向的单晶组成的。此时,力学参数可以采用 Reuss 方法[232]计算得到,其表达式为:

$$K_R=(a+2b)^{-1}, \quad G_R=15(4a-4b+3c)^{-1} \quad (2.15)$$

式中:$a=S_{11}+S_{22}+S_{33}$,$b=S_{12}+S_{23}+S_{31}$,$c=S_{44}+S_{55}+S_{66}$,$S=[S_{ij}]$ 为柔量系数矩阵。柔量系数矩阵 S 可以通过求解弹性系数矩阵 C 的逆矩阵得到,二者之间满足 $S=C^{-1}$。

力学参数之间的关系为

$$E=2G(1+\gamma)=3K(1-2\gamma) \quad (2.16)$$

根据式(2.16),可以得到 E 与 γ 的表达式为

$$E=\frac{9GK}{3K+G} \quad (2.17)$$

$$\gamma=\frac{3K-2G}{2(3K+G)} \quad (2.18)$$

根据力学参数的计算公式与 MD 计算中得到的体系的弹性系数,计算得到不同模型的力学性能参数。以随机取代模型为例,不同组分比例的 CL-20/RDX 共晶模型的弹性系数与力学参数如表 2-11 所列与图 2-10 所示。

表 2-11 随机取代 CL-20/RDX 共晶模型的弹性系数与力学参数

组分比例	1:0	10:1	9:1	8:1	7:1	6:1	5:1	4:1
C_{11}	25.246	23.613	22.983	22.146	18.727	17.208	17.516	15.811
C_{22}	17.183	16.657	16.352	14.783	13.549	13.742	12.314	11.219
C_{33}	15.122	14.021	13.233	13.075	11.181	10.806	10.996	9.138
C_{44}	9.198	8.336	6.542	5.316	3.796	3.029	2.707	2.417
C_{55}	6.296	5.823	5.624	4.714	4.118	4.419	3.178	3.093
C_{66}	4.581	4.665	4.182	3.684	3.314	3.383	2.670	2.359
C_{12}	6.706	6.680	6.110	5.584	5.273	5.011	4.977	4.832
C_{13}	7.051	7.143	6.329	6.172	5.692	5.693	4.588	3.924
C_{23}	8.117	8.053	7.116	7.275	6.627	6.279	5.294	5.087
C_{15}	-0.958	0.465	0.425	-0.309	-0.723	-0.349	0.127	0.360

续表

组分比例	1:0	10:1	9:1	8:1	7:1	6:1	5:1	4:1
C_{25}	-0.257	-0.465	0.417	0.389	-0.649	-0.178	-0.049	-0.441
C_{35}	0.753	-0.184	0.393	-0.548	-0.018	-0.166	-0.366	0.370
C_{46}	-0.514	-0.029	0.225	0.223	-0.069	-0.301	0.076	-0.282
拉伸模量	17.166	16.132	15.667	13.173	12.470	10.289	9.295	7.901
泊松比	0.234	0.228	0.229	0.234	0.234	0.228	0.232	0.233
体积模量	10.758	9.882	9.655	8.252	7.817	6.293	5.782	4.923
剪切模量	6.955	6.569	6.371	5.338	5.052	4.191	3.772	3.205
柯西压	-2.492	-1.656	-0.432	0.268	1.477	1.982	2.270	2.415
组分比例	3:1	2:1	1:1	1:2	1:3	1:4	1:5	0:1
C_{11}	12.102	12.327	11.875	12.475	12.288	13.369	13.672	13.403
C_{22}	10.410	10.406	8.888	9.105	9.232	9.856	10.501	9.683
C_{33}	8.932	7.505	7.362	7.226	8.031	8.915	8.744	10.813
C_{44}	1.824	1.232	1.015	1.288	1.951	2.712	3.219	4.932
C_{55}	2.776	2.535	2.417	2.629	2.917	2.838	3.026	2.622
C_{66}	2.066	1.693	1.706	1.854	1.770	2.363	3.116	3.410
C_{12}	4.556	4.221	4.056	4.059	4.211	4.585	4.837	5.301
C_{13}	3.304	3.233	3.072	2.884	3.019	3.113	3.605	3.978
C_{23}	4.045	3.993	4.079	4.511	4.238	5.018	4.872	5.417
C_{15}	0.272	-0.153	-0.344	-0.104	0.230	0.226	0.105	0.009
C_{25}	0.109	0.001	0.155	0.201	-0.117	-0.093	0.124	-0.015
C_{35}	-0.815	-0.347	0.264	0.458	-0.363	0.450	-0.167	-0.056
C_{46}	-0.185	0.005	0.108	0.032	0.221	-0.037	-0.326	-0.008
拉伸模量	7.270	6.230	6.047	6.381	7.079	7.365	8.958	8.291
泊松比	0.227	0.229	0.230	0.230	0.227	0.229	0.231	0.260
体积模量	4.435	3.828	3.739	3.946	4.318	4.526	5.539	5.766
剪切模量	2.963	2.535	2.457	2.593	2.885	2.997	3.640	3.289
柯西压	2.732	2.989	3.041	2.771	2.260	1.873	1.618	0.369

注：除泊松比外，其他力学参数的单位均为 GPa。

从表 2-11 与图 2-10 可以看出，在不同的模型中，纯 CL-20 晶体（组分比例为 1:0）的弹性系数与力学参数的值最大，其中拉伸模量、体积模量、剪切模量分别为 17.166GPa、10.758GPa、6.955GPa，柯西压为 -2.492GPa。拉伸模量、体积模量、剪切模量的值较大，表明 CL-20 晶体的刚性、硬度与断裂强度较大，抵抗变形的能力较好；柯西压为负值，表明 CL-20 呈现出脆性

第 2 章　CL-20/RDX 共晶炸药的性能研究

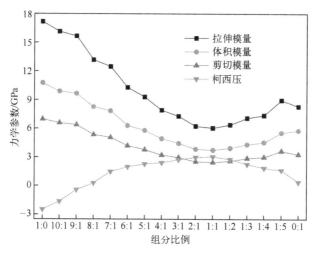

图 2-10　随机取代 CL-20/RDX 共晶模型的力学参数

特征，延展性较差，在加工与压装过程中容易断裂。因此，纯 CL-20 晶体的力学性能不够理想，不利于其加工与使用等环节的性能。对于 CL-20/RDX 共晶炸药而言，由于向 CL-20 晶体中加入了 RDX，共晶炸药的模量减小，而柯西压增大。其中，当组分比例为 10∶1 时，拉伸模量、体积模量、剪切模量分别为 16.132GPa、9.882GPa、6.569GPa，柯西压为 -1.656GPa；当组分比例为 1∶1 时，拉伸模量、体积模量、剪切模量最小，柯西压最大，对应的力学参数分别为 6.047GPa、3.739GPa、2.457GPa、3.041GPa。与 CL-20 相比，拉伸模量减小 1.034~11.119GPa，体积模量减小 0.876~7.019GPa，剪切模量减小 0.386~4.498GPa，柯西压增大 0.836~5.533GPa。拉伸模量、体积模量和剪切模量减小，表明炸药的刚性减弱，断裂强度降低，硬度减小，在外界作用下，炸药中更容易产生形变，即炸药有"软化"趋势；柯西压增大，表明炸药的延展性得到提高。因此，与 CL-20 相比，CL-20/RDX 共晶炸药的刚性、硬度与断裂强度均有不同程度减小，而延展性增强，即向 CL-20 中加入 RDX，可以改善 CL-20 的力学性能，有利于 CL-20 在加工与使用过程中保持较好的力学性能。

此外，图 2-10 还表明，对于不同比例的共晶炸药，组分比例为 10∶1 的共晶炸药拉伸模量、体积模量、剪切模量最大，柯西压最小；组分比例为 1∶1 的共晶炸药的拉伸模量、体积模量、剪切模量最小，而柯西压最大，表明当 CL-20 与 RDX 的组分比例为 1∶1 时，炸药的刚性最小，硬度最弱，断裂强度最低，而延展性最强，力学性能最好。

对于不同比例与不同晶面取代的 CL-20/RDX 共晶炸药模型，计算得到其力学性能参数，结果如表 2-12 所列。

表 2-12 不同组分比例与不同取代类型的 CL-20/RDX 共晶炸药的力学参数

组分比例	力学参数	(0 1 1)	(1 0 -1)	(1 1 0)	(1 1 -1)	(0 0 2)	(1 0 1)	(0 2 1)	随机取代
10:1	拉伸模量	15.881	16.442	17.188	14.943	16.998	18.483	17.843	16.132
	泊松比	0.228	0.225	0.227	0.230	0.227	0.229	0.228	0.228
	体积模量	9.731	9.965	10.493	9.224	10.377	11.367	10.933	9.882
	剪切模量	6.466	6.711	7.004	6.074	6.926	7.519	7.265	6.569
	柯西压	-1.630	-1.818	-2.593	-1.529	-2.121	-3.919	-3.297	-1.656
9:1	拉伸模量	15.346	16.054	16.411	14.974	16.500	18.101	17.278	15.667
	泊松比	0.229	0.227	0.229	0.228	0.230	0.229	0.227	0.229
	体积模量	9.438	9.801	10.093	9.175	10.185	11.132	10.548	9.655
	剪切模量	6.243	6.542	6.677	6.097	6.707	7.364	7.041	6.371
	柯西压	-0.303	-1.144	-2.036	-0.114	-1.732	-3.040	-2.436	-0.432
8:1	拉伸模量	13.079	14.319	15.582	12.704	15.633	16.971	15.760	13.173
	泊松比	0.232	0.231	0.231	0.233	0.232	0.231	0.233	0.234
	体积模量	8.134	8.872	9.654	7.930	9.722	10.515	9.838	8.252
	剪切模量	5.308	5.816	6.329	5.152	6.345	6.893	6.391	5.338
	柯西压	0.418	-0.731	-1.371	0.679	-0.858	-2.385	-1.774	0.268
7:1	拉伸模量	12.871	14.140	15.109	12.182	14.990	15.413	15.611	12.470
	泊松比	0.230	0.229	0.231	0.234	0.230	0.232	0.231	0.234
	体积模量	7.945	8.696	9.361	7.633	9.253	9.585	9.672	7.817
	剪切模量	5.232	5.753	6.137	4.936	6.093	6.255	6.341	5.052
	柯西压	1.239	-0.212	-0.915	1.604	-0.457	-1.433	-1.238	1.477
6:1	拉伸模量	9.963	12.434	14.305	9.587	12.498	15.072	14.934	10.289
	泊松比	0.228	0.230	0.227	0.229	0.228	0.230	0.227	0.228
	体积模量	6.105	7.675	8.733	5.896	7.658	9.304	9.117	6.293
	剪切模量	4.057	5.054	5.829	3.900	5.089	6.127	6.085	4.191
	柯西压	2.026	1.005	0.457	2.257	0.638	-0.362	-0.417	1.982
5:1	拉伸模量	8.779	10.409	12.351	9.263	4.345	14.126	13.870	9.295
	泊松比	0.231	0.227	0.234	0.231	0.229	0.233	0.230	0.232
	体积模量	5.439	6.355	7.739	5.739	6.569	8.818	8.562	5.782
	剪切模量	3.566	4.242	5.005	3.762	10.681	5.728	5.638	3.772
	柯西压	1.936	1.835	1.398	2.440	1.660	0.477	1.034	2.270
4:1	拉伸模量	8.223	9.212	11.688	7.560	10.891	13.859	12.707	7.901
	泊松比	0.232	0.234	0.230	0.234	0.229	0.232	0.231	0.233
	体积模量	5.114	5.772	7.215	4.737	6.698	8.619	7.873	4.923
	剪切模量	3.337	3.733	4.751	3.063	4.431	5.625	5.161	3.205
	柯西压	2.536	2.003	1.692	2.698	1.771	1.178	1.550	2.415

续表

组分比例	力学参数	(0 1 1)	(1 0 -1)	(1 1 0)	(1 1 -1)	(0 0 2)	(1 0 1)	(0 2 1)	随机取代
3:1	拉伸模量	7.050	8.578	10.288	6.626	9.621	11.037	10.621	7.270
	泊松比	0.229	0.226	0.228	0.230	0.229	0.231	0.230	0.227
	体积模量	4.336	5.218	6.304	4.090	5.917	6.838	6.556	4.435
	剪切模量	2.868	3.498	4.189	2.693	3.914	4.483	4.317	2.963
	柯西压	2.887	2.236	2.183	3.015	2.437	1.439	1.915	2.732
2:1	拉伸模量	6.052	7.619	8.908	5.709	8.223	10.380	9.491	6.230
	泊松比	0.227	0.232	0.231	0.228	0.232	0.228	0.229	0.229
	体积模量	3.695	4.738	5.519	3.498	5.114	6.360	5.837	3.828
	剪切模量	2.466	3.092	3.618	2.325	3.337	4.226	3.861	2.535
	柯西压	3.177	2.495	2.269	3.203	2.577	1.926	2.015	2.989
1:1	拉伸模量	5.658	7.269	8.473	5.470	7.694	9.244	9.348	6.047
	泊松比	0.233	0.227	0.234	0.231	0.233	0.228	0.228	0.230
	体积模量	3.532	4.438	5.309	3.389	4.803	5.664	5.728	3.739
	剪切模量	2.295	2.962	3.433	2.221	3.120	3.764	3.806	2.457
	柯西压	3.350	2.663	2.344	3.501	2.730	2.383	2.195	3.041
1:2	拉伸模量	6.096	7.457	8.192	5.956	7.557	9.866	9.668	6.381
	泊松比	0.229	0.228	0.229	0.227	0.233	0.231	0.228	0.230
	体积模量	3.749	4.569	5.038	3.636	4.717	6.113	5.924	3.946
	剪切模量	2.480	3.036	3.333	2.427	3.064	4.007	3.936	2.593
	柯西压	3.190	2.602	2.527	3.487	2.188	1.837	2.136	2.771
1:3	拉伸模量	6.405	7.618	8.819	6.057	7.923	10.657	9.491	7.079
	泊松比	0.229	0.228	0.227	0.231	0.230	0.227	0.229	0.227
	体积模量	3.939	4.668	5.384	3.753	4.891	6.506	5.837	4.318
	剪切模量	2.606	3.102	3.594	2.460	3.221	4.343	3.861	2.885
	柯西压	2.826	2.154	1.857	3.110	1.969	1.701	1.794	2.260
1:4	拉伸模量	7.231	7.911	9.223	6.745	8.351	10.352	9.497	7.365
	泊松比	0.232	0.233	0.230	0.227	0.228	0.230	0.231	0.229
	体积模量	4.497	4.938	5.693	4.118	5.117	6.390	5.884	4.526
	剪切模量	2.935	3.208	3.749	2.749	3.400	4.208	3.857	2.997
	柯西压	2.629	1.904	1.738	2.737	1.695	1.515	1.387	1.873
1:5	拉伸模量	8.101	9.386	9.616	7.450	9.376	10.652	10.188	8.958
	泊松比	0.232	0.227	0.230	0.232	0.228	0.229	0.232	0.231
	体积模量	5.038	5.730	5.936	4.633	5.745	6.551	6.336	5.539
	剪切模量	3.288	3.825	3.909	3.023	3.818	4.334	4.135	3.640
	柯西压	2.062	1.618	1.217	2.219	1.446	0.847	1.204	1.618

注：拉伸模量、体积模量、剪切模量与柯西压的单位为 GPa，泊松比无单位。

从表 2-12 可以看出，对不同比例的 CL-20/RDX 共晶炸药模型，总体上来看，当 CL-20 与 RDX 的组分比例从 10∶1 变化至 1∶1 的过程中，共晶炸药的拉伸模量、体积模量、剪切模量呈现出单调递减的变化趋势，而柯西压逐渐增大；当组分比例从 1∶1 变化至 1∶5 的过程中，拉伸模量、体积模量、剪切模量又逐渐增大，而柯西压则逐渐减小，即 CL-20 与 RDX 的组分比例在 1∶1 附近时，拉伸模量、体积模量、剪切模量达到最小值，而柯西压达到最大值。因此，当 CL-20 与 RDX 的组分比例在 1∶1 附近时，CL-20/RDX 共晶炸药的刚性较小，硬度较低，断裂强度较小，而延展性较好，具有较为理想的力学性能。

此外，表 2-12 中不同模型的力学参数还表明，对于 7 个主要生长晶面与随机取代模型，拉伸模量、体积模量、剪切模量的大小顺序为（１０１）>（０２１）>（１１０）>（００２）>（１０－１）>随机取代>（０１１）>（１１－１），而柯西压呈现出相反的变化趋势，即（１０１）晶面的硬度与刚性最强，最不容易产生形变，但延展性最弱；而（１１－１）晶面的刚性最弱，硬度与断裂强度最低，在外界作用下，晶体内最容易产生形变，但延展性最好。

2.4 小　　结

本章以 CL-20 作为共晶炸药的主体组分，以 RDX 作为共晶炸药的客体组分，建立了不同比例的 CL-20/RDX 共晶炸药模型，预测了各种模型的性能，评价了组分比例对共晶炸药的性能影响情况，得到以下几点主要结论。

（1）组分的比例与取代类型会影响共晶炸药的稳定性，其中当 CL-20 与 RDX 的组分比例为 2∶1、1∶1、1∶2 时，组分间的结合能最大，变化范围为 432.55kJ/mol~636.08kJ/mol，分子间的作用力最强，共晶炸药的稳定性最好，并且共晶更容易形成。在不同的取代晶面中，（１０１）晶面的结合能最大，稳定性最好，共晶最容易在该生长晶面上形成。

（2）由于 RDX 的感度低于 CL-20，将其加入到 CL-20 中，使得 CL-20 分子中引发键键长减小 0.003~0.049Å（0.18%~3.00%），而引发键键能增大 0.8~15.0kJ/mol（0.58%~10.94%），内聚能密度增大 $0.004~0.119kJ/cm^3$（0.63%~18.71%），表明 CL-20/RDX 共晶炸药的感度比 CL-20 低，安全性提高，因此可以通过共晶的方法来降低 CL-20 的感度。当组分的比例为 2∶1、1∶1、1∶2 时，共晶炸药的感度更低，安全性更好。

（3）由于 RDX 的能量密度低于 CL-20，因此 CL-20/RDX 共晶炸药密度与爆轰参数减小，能量密度降低，但组分比例为 10∶1~1∶1 的共晶炸药密度大

于 $1.9g/cm^3$，爆速大于 9.0km/s，爆压大于 40GPa，具有较高的密度与爆轰参数，满足 HEDC 的要求，组分比例为 1∶2~1∶5 的共晶炸药不满足 HEDC 的要求。

（4）与纯 CL-20 相比，CL-20/RDX 共晶炸药的拉伸模量减小 1.034~11.119GPa，体积模量减小 0.876~7.019GPa，剪切模量减小 0.386~4.498GPa，刚性与硬度降低，断裂强度减弱，而柯西压增大 0.836~5.533GPa，延展性增强，即向 CL-20 中加入一定量的 RDX，可以改善炸药的力学性能。其中，当 CL-20 与 RDX 的组分比例在 1∶1 附近时，模量最小，其中拉伸模量、体积模量、剪切模量分别为 6.047GPa、3.739GPa、2.457GPa，柯西压达到最大值 3.041GPa，共晶炸药的力学性能最好。

综上所述，当 CL-20 与 RDX 的组分比例为 1∶1 时，共晶炸药中分子间的结合能最大，作用力最强，共晶炸药的稳定性最好，并且感度最低，力学性能最佳，同时能量密度满足 HEDC 的要求。因此，组分比例为 1∶1 的 CL-20/RDX 共晶炸药综合性能最好，是一种十分具有发展潜力与应用价值的 HEDC，值得进行更加深入的理论研究，同时也值得进行实验合成并测试其性能，从而更加客观真实地评价其综合性能。

第3章 CL-20/RDX 共晶炸药的制备与性能实验研究

在第 2 章中，选取 CL-20 作为共晶炸药的主体组分，选取 RDX 作为共晶炸药的客体组分，建立了不同组分比例与不同取代类型的 CL-20/RDX 共晶炸药模型，预测了各种比例的共晶炸药的性能，探讨了组分比例对共晶炸药的性能影响情况。通过综合比较分析，筛选并确定了性能较好的共晶炸药配方比例。第 2 章主要是从理论层面预测分析了共晶炸药的性能，本章根据理论计算结果，制备共晶炸药样品，借助实验方法对其结构进行表征，对其性能进行测试，并与原料的性能进行对比，考察共晶炸药的性能与理论计算结果的正确性。

3.1 共晶炸药制备方法

第 2 章的理论计算结果表明，组分比例为 1∶1 的 CL-20/RDX 共晶炸药综合性能最好，有望成为新型的 HEDC 并得到运用，也最具有研究价值。因此，为了考察理论计算结果是否合理，全面掌握并评估共晶炸药的性能，需要制备共晶炸药样品，通过实验方法对其性能进行测试并进行比较。本章选取 CL-20 与 RDX 作为共晶炸药的原料，制备 CL-20/RDX 共晶炸药样品，并测试其结构与性能。

在 1.2.2 节中已经提到，目前国内外制备共晶炸药时，通常采用的方法主要有溶剂挥发法、喷雾干燥法、研磨法、溶剂/非溶剂法等。在几种方法中，溶剂挥发法是目前采用最多、最有效的方法。该方法制备的共晶晶体品质较高、形貌较为规整，可以对其进行单晶 X 射线衍射实验从而得到相应的晶格参数，但也存在制备过程耗时较多、效率低、制备难度大、共晶样品产率低等一系列问题，从而难以实现较大规模的生产。研磨法制备共晶炸药时，直接对原料进行研磨，存在一定的危险性，安全性不够理想。采用溶剂/非溶剂法制备共晶炸药时，操作步骤较多，制备工艺复杂。与这几种方法相比，喷雾干燥法在制备共晶炸药时可以提高产率，操作较为简单，安全性较好并且效率较高。在前期，研究人员也采用该方法制备了共晶炸药样品，如王晶禹等[63]采用该方法，制备了 CL-20/TNT 共晶炸药样品；Li 等[66]采用该方法，制备了粒径尺寸为纳米级的 HMX/TNT 共晶炸药样品；An 等[79]也采用该方法，成功制备了 CL-20/HMX 共晶炸药样品。鉴于此，本章中选择喷雾干燥法，制备 CL-20/RDX 共晶炸药样品。

喷雾干燥法制备共晶炸药的原理是：首先将炸药原料溶解于特定的溶剂中，得到共晶溶液，通过蠕动泵进样共晶溶液；然后在喷嘴处使用一定压力的气体将溶液雾化成为微小雾滴，增大其表面积。在溶液与热气体接触的同时，溶剂挥发，溶质可以瞬间获得高过饱和度从而析出，得到相应的晶体。采用喷雾干燥法，可以缩短晶体的生长过程，提高效率，在较短的时间内制备得到共晶炸药样品。

3.2 共晶炸药性能测试方法

3.2.1 试剂与仪器

在制备 CL-20/RDX 共晶炸药以及对其进行性能测试时，需要用到的试剂与主要的仪器设备信息分别如表 3-1 和表 3-2 所列。

表 3-1 实验中用到的试剂信息

试剂名称	规格	生产厂家	物理状态
CL-20	ε型，分析纯	辽宁庆阳化工厂	白色粉末
RDX	分析纯	甘肃银光化工厂	白色粉末
丙酮	分析纯	成都科龙化工试剂厂	无色液体

表 3-2 实验中用到的主要仪器设备信息

仪器设备名称	规格与型号	生产厂家
喷雾干燥仪	B-290 型	瑞士 BUCHI 公司
磁力搅拌器	HS10 型	德国 IKA 公司
电子天平	ME204 型	瑞士 Mettler-Toledo 公司
扫描电镜	TM-1000 型	日本 Hitachi 公司
X 射线粉末衍射仪	Bruker D8 Advance 型	德国 Bruker 公司
红外光谱仪	Equinox55 型	德国 Bruker 公司
差示扫描量热仪	NETZSCH5 型	德国 Netzsch 公司

3.2.2 共晶炸药的制备

采用喷雾干燥法制备组分比例（CL-20：RDX）为1:1的共晶炸药样品，具体制备方法如下：用电子天平，精确称量4.38g（0.01mol）CL-20与2.22g（0.01mol）RDX，将CL-20和RDX溶解于100mL丙酮中，室温搅拌20min得到均匀混合溶液。使用喷雾干燥装置，制备条件：进口温度设置为65℃，出口温度设置为45℃，进料速率设置为5mL/min，抽气速率设置为36.5m^3/h；喷雾后采用旋涡分离器装置将喷雾干燥气体与炸药颗粒分离，在玻璃收集器中收集CL-20/RDX共晶炸药颗粒。实验结束后，得到白色固体粉末5.41g，收率为81.97%。

3.2.3 形貌观察

使用Hitachi公司TM-1000型扫描电子显微镜（SEM）分别测试CL-20/RDX共晶炸药样品与原料（CL-20、RDX）的形貌，其中SEM的运行加速电压为20kV。

3.2.4 结构测试

（1）CL-20/RDX共晶的粉末X射线衍射分析。使用Bruker D8 Advance型衍射仪收集数据，选择Cu-Kα靶（$\lambda = 0.154056$nm）。测试电压40kV，电流30mA，采用步进扫描方式，步长0.05°，角度5°~90°。

（2）CL-20/RDX共晶的红外光谱分析。红外光谱测试方法：取样3~5mg，用溴化钾（KBr）压片处理，加入样品池，对其进行透射并收集数据，波长范围为500~4000cm^{-1}，分辨率为4cm^{-1}。

3.2.5 热性能测试

采用差示扫描量热法（DSC），分别测试CL-20、RDX与CL-20/RDX共晶炸药的热性能，其中原料与共晶炸药样品的质量均选取为0.5mg，选择氮气气氛，气体流速为20mL/min，升温速率设置为10℃/min，最高加热温度设置为350℃。

3.2.6 感度测试

按照GJB 772A—97《炸药试验方法》方法601.1的规定分别测试CL-20、RDX与CL-20/RDX共晶炸药的撞击感度（爆炸概率），其中落锤质量为10kg，落高为25cm，实验时药量选取为50mg；按照GJB 772A—97方法601.2

的规定分别测试共晶炸药与原料的特性落高 H_{50}，其中落锤质量为 5kg，药量选取为 50mg；按照 GJB 772A—97 方法 602.1 的规定分别测试共晶炸药与原料的摩擦感度（爆炸概率），其中表压为 3.92MPa，摆角为 90°，药量选取为 20mg。

3.3 实验结果分析

3.3.1 形貌观察结果

在扫描电镜下，分别观察 CL-20、RDX 与 CL-20/RDX 共晶炸药的形貌，如图 3-1 所示。

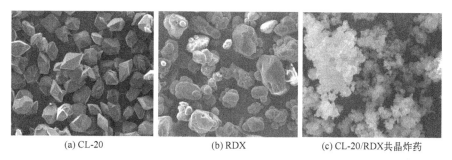

(a) CL-20　　　　　(b) RDX　　　　　(c) CL-20/RDX共晶炸药

图 3-1　CL-20、RDX 与 CL-20/RDX 共晶炸药的形貌

从图 3-1 可以看出，CL-20 晶体的形状类似于纺锤状，棱角明显，粒径分布范围为 100~150μm；RDX 晶体呈不规则块状，粒径分布范围为 100~200μm；CL-20/RDX 共晶呈现出球形，团聚现象较为明显，单个粒径为 1~5μm。图 3.1（c）中 CL-20/RDX 共晶炸药的形貌和粒径大小与图 3-1（a）中单组分的 CL-20、图 3-1（b）中单组分的 RDX 晶体的形貌和粒径大小存在明显差异，表明共晶改变了炸药的形貌与粒径特性。此外，图 3-1（a）中 CL-20 晶体存在凸出的棱角，这对其安全性不利，而图 3-1（c）中 CL-20/RDX 共晶为球形，棱角消失了，球形化的粒径对炸药的感度有利，因此可以初步推断 CL-20/RDX 共晶的感度有望低于 CL-20，安全性得到提高。

CL-20/RDX 共晶的粒度显著小于 CL-20 与 RDX 的粒度，这主要是由于在喷雾干燥的过程中，由于溶剂瞬间挥发，使得共晶炸药颗粒表面棱角大部分被销蚀，颗粒形状更加规整，且粒度大幅度减小。根据共晶炸药与原料的晶体形貌、粒径的差异性可以初步判断 CL-20 与 RDX 间形成了共晶。

3.3.2 结构测试结果

1. 粉末 X 射线衍射测试结果

CL-20、RDX 与 CL-20/RDX 共晶炸药的粉末 X 射线衍射图如图 3-2 所示。从图 3-2 可以看出,CL-20 的主要衍射峰出现在 12.65°、13.89°、30.33°等处;RDX 的主要衍射峰出现在 13.05°、16.46°、17.78°、29.25°等处;形成 CL-20/RDX 共晶之后,其主要衍射峰为 13.63°、24.13°、28.30°,而原料的衍射峰均已减弱甚至消失。这说明 CL-20/RDX 共晶的衍射图与 CL-20 和 RDX 的衍射图存在较为明显的差异,衍射峰出现的位置发生了明显的改变,原料(CL-20、RDX)的部分衍射峰消失了,而 CL-20/RDX 共晶炸药中又出现了新的衍射峰。从理论分析层面来看,如果两种组分仅为简单的物理混合,其各自的衍射峰应保持不变,则说明实验中采用喷雾干燥法制备得到的晶体不是 CL-20 与 RDX 简单的物理混合物,而是一种新物质,且共晶的形成对晶体内部分子的排布产生了很大的影响,从而使得衍射峰发生明显变化。因此,图 3-2 中粉末 X 射线衍射图谱结果证实 CL-20 与 RDX 间形成了共晶。

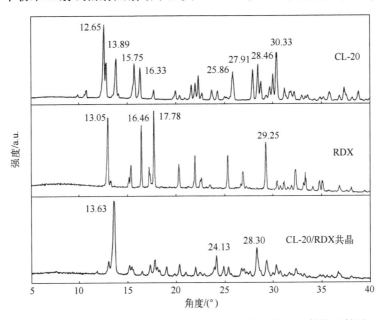

图 3-2 CL-20、RDX 与 CL-20/RDX 共晶炸药的粉末 X 射线衍射图

2. 红外光谱测试结果

CL-20、RDX 与 CL-20/RDX 共晶炸药的红外光谱图如图 3-3 所示。从

图 3-3 可以看出，CL-20/RDX 共晶炸药在 3036cm^{-1} 处出现一个峰值，对应于 CL-20/RDX 共晶炸药中 C—H 的伸缩振动峰；对于单质 CL-20，其分子中 C—H 伸缩振动峰出现的位置在 3044cm^{-1} 处；单质 RDX 分子中 C—H 伸缩振动峰出现在 3074cm^{-1} 处。此外，CL-20/RDX 共晶在 1616cm^{-1} 和 1570cm^{-1} 处分别出现一个峰值，对应于—NO$_2$ 的对称伸缩振动峰；而单质 CL-20 和 RDX 相应的振动峰分别出现在 1608cm^{-1} 和 1597cm^{-1} 处。由此可以看出，CL-20/RDX 共晶的大多数红外吸收峰比两种原料（CL-20、RDX）有 5~10cm^{-1} 的变化，进一步证实了共晶的形成。

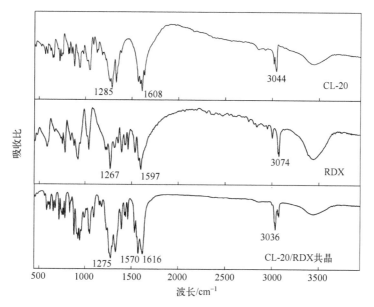

图 3-3　CL-20、RDX 与 CL-20/RDX 共晶炸药的红外光谱图

3.3.3　热性能测试结果

CL-20、RDX 与 CL-20/RDX 共晶炸药的热性能测试结果如图 3-4 所示。

从图 3-4 可以看出，单纯组分的 CL-20 热性能曲线上只有一个放热峰，温度为 251.5℃，对应于 CL-20 的热分解温度；单纯组分的 RDX 热性能曲线上有一个吸热峰与一个放热峰，对应的温度分别为 204.9℃、241.4℃。其中，204.9℃处的吸热峰对应于 RDX 的熔点，241.4℃处的放热峰对应于 RDX 的热分解温度；CL-20/RDX 共晶的 DSC 曲线上有两个吸热峰与一个放热峰，分别为 167.7℃、202.4℃、222.8℃。其中，在 167.7℃时有一个小幅度的吸热峰，推测该峰属于 CL-20/RDX 共晶的转晶峰，在 202.4℃时有一个吸热峰，对应

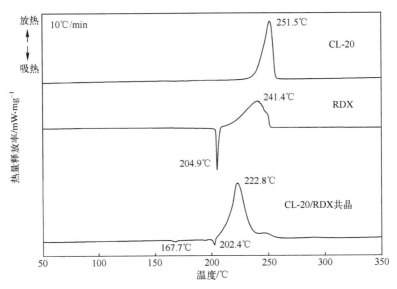

图 3-4 CL-20、RDX 与 CL-20/RDX 共晶炸药的热性能曲线

于共晶的熔化峰,在 222.8℃时有一个较宽的放热峰,对应于共晶的热分解温度。

通过比较 CL-20、RDX 与 CL-20/RDX 共晶炸药的 DSC 曲线可以看出,CL-20/RDX 共晶炸药的热性能与原料（CL-20、RDX）差别较大,其热分解温度比 CL-20 低 30℃左右,比 RDX 低 20℃左右,说明共晶的生成对炸药的热性能有较大影响。

3.3.4 感度测试结果

CL-20、RDX 与 CL-20/RDX 共晶炸药的撞击感度（爆炸概率与特性落高 H_{50}）与摩擦感度（爆炸概率）的实验结果如表 3-3 所列。

表 3-3 CL-20、RDX 与 CL-20/RDX 共晶炸药的感度实验结果

炸 药	撞击感度/%	特性落高 H_{50}/cm	摩擦感度/%
CL-20	100	11	100
RDX	80	24	72
CL-20/RDX 共晶	76	26.9	64

从表 3-3 中可以看出,纯组分的 CL-20 炸药的撞击感度、特性落高与摩擦感度分别为 100%、11cm、100%;纯组分的 RDX 炸药对应的感度分别为 80%、24cm、72%;CL-20/RDX 共晶炸药的感度测试结果分别为 76%、

26.9cm、64%。与CL-20相比，共晶炸药的撞击感度降低24%，特性落高增大15.9cm，摩擦感度降低36%。因此，CL-20/RDX共晶炸药的感度较CL-20有大幅度降低，安全性得到有效提高与改善。共晶的感度低于CL-20，这与3.3.1节根据形貌推测的结果一致，表明炸药的晶体形貌与粒径会影响其感度。

在2.3.4节中，采用引发键键长、引发键键能与内聚能密度准则分别预测并判别了组分比例为1:1的CL-20/RDX共晶炸药与纯组分CL-20的感度并进行了比较。研究结果表明，由于RDX的感度低于CL-20，在CL-20/RDX共晶炸药中，RDX发挥了降感的作用，使得共晶炸药中CL-20分子中的引发键键长小于纯组分的CL-20分子对应的键长，而引发键键能增大，强度提高，内聚能密度增大，预示CL-20/RDX共晶炸药的感度低于CL-20，安全性优于CL-20。共晶炸药感度的理论预测结果与实验测试结果保持一致性，预示理论预测结果是正确的，结论可信，同时也表明建立的共晶炸药模型是合理的，采用的方法科学有效。因此，可以采用引发键键长、引发键键能与内聚能密度理论来预测共晶炸药的感度。

此外，表3-3中感度测试结果还表明，CL-20/RDX共晶炸药的撞击感度比RDX低4%，特性落高比RDX大2.9cm，摩擦感度较RDX降低8%，即CL-20/RDX共晶炸药的感度略低于RDX，同时显著低于CL-20。对于CL-20/HMX共晶炸药，其感度低于CL-20，与HMX相当，即CL-20/HMX共晶炸药的感度介于各组分之间[27]。因此，从降低含能材料感度效果的角度来看，CL-20/RDX共晶炸药的降感效果优于CL-20/HMX共晶炸药，预示CL-20/RDX共晶炸药发展潜力较好，有望成为新型的高能炸药并得到推广应用。以上实验结果说明，CL-20与RDX形成共晶后，可以有效降低炸药的感度，提高安全性，验证了共晶可以作为一种有效的手段来改善含能材料的性能并在降感方面发挥独特的优势与显著的作用。

3.4 小　　结

本章以CL-20与RDX作为共晶炸药的原料，通过比较分析常见的共晶炸药制备方法的优缺点，选择喷雾干燥法，制备了组分比例为1:1的CL-20/RDX共晶炸药样品，表征了共晶炸药的形貌与结构，测试了共晶炸药的热性能与感度，并与原料的性能进行了比较，得到的主要结论如下。

（1）CL-20晶体的形状类似于纺锤状，棱角分明，粒径分布范围为100~150μm；RDX晶体呈不规则块状，粒径分布范围为100~200μm；CL-20/RDX

共晶呈现出球形，棱角消失，团聚现象较为明显，单个粒径在 1~5μm 左右。共晶炸药的晶体形貌、粒径大小与原料（CL-20、RDX）的形貌、粒径大小存在明显差异。

（2）CL-20/RDX 共晶炸药的粉末 X 射线衍射图谱与原料的衍射图谱均不完全相同，衍射峰有明显的位移，并伴有新的衍射峰出现以及消失，表明 CL-20 与 RDX 间形成了共晶。CL-20/RDX 共晶的大多数红外吸收峰较两种原料有 5~10cm^{-1} 变化，证实了共晶的生成。

（3）CL-20/RDX 共晶炸药的热性能与原料（CL-20、RDX）存在较大差异，其分解温度比 CL-20 低 30℃ 左右，比 RDX 低 20℃ 左右。说明 CL-20 与 RDX 形成共晶后，炸药的热性能发生显著改变，即共晶的形成对炸药的热性能有较大影响。

（4）CL-20/RDX 共晶炸药的撞击感度比 CL-20 降低 24%，特性落高增大 15.9cm，摩擦感度降低 36%，即共晶炸药的感度较 CL-20 有大幅度降低，且共晶炸药的感度略低于 RDX。说明 CL-20 与 RDX 形成共晶后，由于组分间作用力的影响，炸药的感度有效降低，安全性得到显著提高与改善，进一步验证了共晶方法在含能材料改性与降感方面的有效性、科学性与可行性。

综上所述，CL-20/RDX 共晶炸药的晶体形貌、结构与原料存在显著差异，且共晶炸药的热性能发生显著改变，感度有效降低，安全性提高。因此，实验结果验证了共晶可以作为一种有效的途径改善炸药的性能。此外，在炸药感度方面，理论预测结果与实验结果一致，验证了理论计算方法的正确性，也说明建立的共晶炸药模型是合理的，采用的方法是科学的，该理论能够准确预测含能材料的感度。

第4章 CL-20/FOX-7共晶炸药的性能研究

在含能材料领域，高能量密度与低机械感度一直都是研究人员追求的目标，因此高能钝感炸药的分子设计、结构预测、实验合成与性能测试一直是国内外研究的热点。对于共晶炸药来说，如果组分中含有高能钝感炸药，则共晶炸药有望保持高能钝感的优势，即共晶炸药同时具有高能量密度与较低的感度，保持较好的性能。因此，第4章至第7章均以高能钝感炸药作为共晶炸药的组分，在 Materials Studio 7.0 软件中建立共晶炸药的模型，采用 MD 方法预测其性能，筛选确定性能最优的共晶配比，同时探讨高能钝感组分对共晶炸药性能的影响情况。

4.1 引 言

在绪论部分已经提到，CL-20是一种新型的且极具发展潜力与应用价值的 HEDC，具有非常高的能量密度，但过高的机械感度对其性能（尤其是安全性）产生不利影响，从而制约了其发展应用。FOX-7是一种新型的含能材料，也是一种典型的高能钝感炸药（high insensitive explosive，IHE），其机械感度比常见的炸药 HMX、RDX 低很多，能量密度水平与 RDX 相当，自1998年合成以来就成为一个研究的热点，被视为一种性能优异的炸药[233-237]。因此，如果 CL-20 与 FOX-7 之间能够形成共晶炸药，则 CL-20/FOX-7 共晶炸药既可以保持 CL-20 高能量密度的优势，同时由于 FOX-7 的感度较低，可以起到降感作用，使共晶炸药保持较低的感度，即 CL-20/FOX-7 共晶炸药同时具有高能量密度与低机械感度优势，有望成为新型的高能钝感 HEDC，从而在相关领域得到应用。此外，FOX-7 分子中含有氨基（—NH_2基），其中的 H 原子可以与 CL-20 分子中带负电荷的 O、N 等原子之间形成 H⋯O、H⋯N 类型的氢键作用，从而使共晶炸药中 CL-20 与 FOX-7 分子间存在较强的相互作用，有利于使 CL-20/FOX-7 共晶炸药保持较好的稳定性。

鉴于此，本章以 CL-20 与 FOX-7 为研究对象，通过综合分析组分比例可能对共晶炸药性能产生的影响，确定共晶炸药中 CL-20 与 FOX-7 组分的比例，建立不同比例的 CL-20/FOX-7 共晶炸药模型，预测其性能，探讨钝感组分 FOX-7 对 CL-20 性能的影响，研究共晶炸药的性能随组分比例的变化规律。同时，通过比较，筛选出综合性能最优的 CL-20/FOX-7 共晶炸药，确定共晶炸药中各组分的比例，为共晶炸药的组分选取、配方设计、性能预测与评估等研究工作提供参考与指导。

4.2 模型建立与计算方法

4.2.1 CL-20 与 FOX-7 模型的建立

CL-20 属于硝胺类化合物，分子呈现出笼形结构，典型特点是分子中具有较为活泼的 N—NO_2 基团；FOX-7 属于硝基类化合物，分子中具有 C=C 双键、C—NO_2 基团与 C—NH_2 基团。FOX-7 共有四种不同的晶型，分别为 α、β、γ、δ-FOX-7，在常温常压下 α-FOX-7 最稳定[238-239]，因此本章中选择 α-FOX-7 建立共晶炸药的模型并预测各种模型的性能。

CL-20 与 α-FOX-7 的晶体结构与晶格参数列于表 4-1 中。根据 CL-20 与 FOX-7 的晶体结构信息，分别建立其分子模型与单个晶胞模型，如图 4-1 和图 4-2 所示。

表 4-1　CL-20 与 FOX-7 的晶体结构与晶格参数

晶格参数	CL-20[153]	α-FOX-7[240-241]
化学式	$C_6H_6O_{12}N_{12}$	$C_2H_4O_4N_4$
相对分子质量	438	148
晶系	单斜	单斜
空间群	P21/A	P21/N
a/Å	13.696	6.928
b/Å	12.554	6.620
c/Å	8.833	11.323
α/(°)	90.00	90.00
β/(°)	111.18	90.61
γ/(°)	90.00	90.00
V/Å³	1416.15	519.28
ρ/(g/cm³)	2.035	1.893
Z	4	4

第 4 章 CL-20/FOX-7 共晶炸药的性能研究

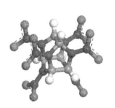
(a) CL-20 分子模型

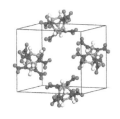
(b) CL-20 单个晶胞模型

图 4-1 CL-20 分子与单个晶胞模型

(a) FOX-7分子模型

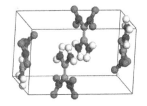
(b) FOX-7单个晶胞模型

图 4-2 FOX-7 分子与单个晶胞模型

4.2.2 CL-20/FOX-7 共晶体系组分比例的选取

在共晶炸药中，组分的比例会直接影响共晶炸药的综合性能，其中需要重点关注的是组分比例对能量密度与感度的影响。当高能组分所占的比例过大时，会导致共晶炸药的感度过高，对安全性不利；相反，当低能组分所占的比例过大时，会导致共晶炸药的能量密度过低，对威力产生不利影响。因此，为了使共晶炸药保持高能量密度，同时又具有较低的感度，各组分的比例应保持在合理的范围内。

综合考虑炸药的威力与感度等因素，同时为了研究共晶炸药的性能随组分比例的变化规律，将 CL-20 与 FOX-7 的组分比例（CL-20∶FOX-7）设置为 10∶1~1∶5。在 CL-20/FOX-7 共晶炸药中，CL-20 与 FOX-7 的组分比例及各组分所占的质量分数如表 4-2 所列。

表 4-2 CL-20/FOX-7 共晶体系的组分比例与各组分的质量分数

序号	组分比例（CL-20∶FOX-7）	质量分数/%	
		w（CL-20）	w（FOX-7）
1	1∶0	100.00	0.00
2	10∶1	96.73	3.27
3	9∶1	96.38	3.62
4	8∶1	95.95	4.05

续表

序号	组分比例（CL-20:FOX-7）	质量分数/%	
		w（CL-20）	w（FOX-7）
5	7:1	95.40	4.60
6	6:1	94.67	5.33
7	5:1	93.67	6.33
8	4:1	92.21	7.79
9	3:1	89.88	10.12
10	2:1	85.55	14.45
11	1:1	74.74	25.26
12	1:2	59.67	40.33
13	1:3	49.66	50.34
14	1:4	42.52	57.48
15	1:5	37.18	62.82
16	0:1	0.00	100.00

注：组分比例1:0代表CL-20；组分比例0:1代表FOX-7。

4.2.3 CL-20/FOX-7 共晶模型的建立

在建立 CL-20/FOX-7 共晶炸药模型时，参考之前的研究工作[101,112-113,115-117,119,122]中所选取的方法，本章中采用取代法建立CL-20/FOX-7共晶炸药的模型，即采用FOX-7分子取代一定数量的CL-20分子，从而得到共晶炸药的模型，其中取代分子的数量根据共晶炸药中各组分的比例来确定。

在采用取代法建立共晶炸药的模型时，取代类型通常分为两种：①随机取代；②主要生长晶面的取代。所谓随机取代，是指采用FOX-7分子随机取代超晶胞模型中一定数量的CL-20分子；所谓主要生长晶面的取代，是指用FOX-7分子取代位于主要生长晶面上的CL-20分子。在2.2.3节中，已经预测得到CL-20的主要生长晶面有7个，分别为（0 1 1）、（1 1 0）、（1 0 -1）、（0 0 2）、（1 1 -1）、（0 2 1）与（1 0 1）晶面，因此本章中主要生长晶面的取代即为上述7个晶面的取代。

根据共晶炸药中CL-20与FOX-7组分的比例，从而确定共晶体系中CL-20超晶胞的模型、共晶模型中包含的CL-20分子数、FOX-7分子数与共晶模型中包含的原子总数等信息，结果如表4-3所列。

表 4-3 CL-20/FOX-7 共晶体系的组分比例与相关参数

组分比例	超晶胞模型	分子总数	CL-20分子总数	FOX-7分子总数	原子总数
1:0	4×3×2	96	96	0	3456
10:1	11×2×2	176	160	16	5984
9:1	5×4×2	160	144	16	5408
8:1	4×3×3	144	128	16	4832
7:1	4×4×2	128	112	16	4256
6:1	7×2×2	112	96	16	3680
5:1	4×3×2	96	80	16	3104
4:1	5×2×2	80	64	16	2528
3:1	4×2×2	64	48	16	1952
2:1	3×2×2	48	32	16	1376
1:1	3×2×2	48	24	24	1200
1:2	3×2×2	48	16	32	1024
1:3	4×2×2	64	16	48	1248
1:4	5×2×2	80	16	64	1472
1:5	4×3×2	96	16	80	1696
0:1	4×3×2	96	0	96	1344

以组分比例为 3:1 的 CL-20/FOX-7 共晶炸药模型为例,建立共晶炸药模型的具体方法与步骤如下。

(1) 根据 CL-20 的晶体结构与晶格参数,建立其单个晶胞模型,然后将单个晶胞模型扩展为 16(4×2×2)的超晶胞模型,一共包含 64 个 CL-20 分子。

(2) 用 16 个 FOX-7 分子分别取代超晶胞模型中的 16 个 CL-20 分子,或者取代位于 7 个主要生长晶面上的 CL-20 分子,得到含 48 个 CL-20 分子与 16 个 FOX-7 分子的共晶炸药模型。

(3) 分别对建立的模型进行能量最小化处理,优化其晶体结构。以随机取代模型为例,图 4-3 给出了优化后的共晶炸药模型。

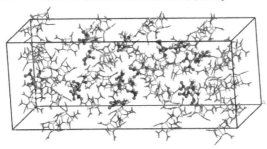

图 4-3 组分比例为 3:1 的随机取代 CL-20/FOX-7 共晶炸药模型

4.2.4 计算条件设置

在建立 CL-20、FOX-7 以及不同比例与不同取代类型的 CL-20/FOX-7 共晶炸药的初始模型后,对 CL-20、FOX-7 与 CL-20/FOX-7 共晶的初始模型进行能量最小化处理,优化其晶体结构,使模型中分子的排列位置发生改变,模型结构更趋于稳定与合理,同时消除内应力的影响,从而提高计算精度。优化过程结束后,进行分子动力学计算,选择恒温恒压(NPT)系统,即体系的温度、压力与模型中的原子总数在整个过程中始终保持恒定,压力设置为 0.0001GPa,温度设置为 295K。在计算时,为保证计算结果的精度与准确性,选择 COMPASS 力场[157,158]:一是 COMPASS 力场采用从头算法,其中的参数已经进行了修正,能够保证计算精度;二是该力场适合用于对凝聚态物质进行计算,预测其性能。在进行计算时,模型中分子的初始速度由 Maxwell-Boltzman 分布确定,采用周期性边界条件。为了使温度与压力保持在一定的范围内,采用 Andersen 控温方法[159],压力采用 Parrinello 方法进行控制[160]。此外,采用 atom-based 方法[161] 来计算范德华力的作用,而静电力的计算采用 Ewald 方法[162]。在计算中,时间步长设置为 1fs,总模拟计算时间设置为 200ps(2×10^5fs)。其中,前 100ps 主要用来对体系进行平衡计算,优化其结构,使其达到平衡状态;后 100ps 主要用来对平衡体系进行计算,从而得到各种能量、体系中分子的各种化学键键长、键能与静态性能等相关的参数。在整个模拟过程中,每隔 1ps 输出一步结果文件,一共得到 100 帧体系的轨迹文件。

4.3 结果分析

4.3.1 力场选择

在对 CL-20、FOX-7 以及 CL-20/FOX-7 共晶模型进行 MD 计算时,为了使计算结果准确,需要选择合适的力场,即考察力场对于计算模型的适用性。对含能材料,MD 计算时通常选择的力场主要有 COMPASS 力场[157-158]、Universal 力场[163-164]、PCFF 力场[165-166] 与 Dreiding 力场[167]。因此,分别选择 COMPASS、Universal、PCFF 与 Dreiding 力场对 CL-20 与 FOX-7 晶体进行计算,得到相应的晶格参数与密度。在 2.3.1 节中已经验证了 COMPASS 力场适用于对 CL-20 进行计算,因此本节中主要考察各种力场对 FOX-7 晶体的适用性。在不同力场下,计算得到的 FOX-7 晶体的晶格参数与密度如表 4-4 所列。

表 4-4　不同力场下计算的 FOX-7 晶体的晶格参数与密度

晶格参数	实验值[240-241]	Universal	PCFF	Dreiding	COMPASS
a/Å	6.928	7.117	7.157	6.971	6.931
b/Å	6.620	6.801	6.839	6.661	6.616
c/Å	11.323	11.632	11.697	11.394	11.325
α/°	90.00	89.97	89.04	90.00	90.00
β/°	90.61	90.23	90.77	90.67	90.57
γ/°	90.00	90.00	89.36	89.94	90.00
ρ/(g/cm^3)	1.893	1.746	1.717	1.858	1.892

从表 4-4 可以看出，与实验值相比，在不同的力场下，计算得到的 FOX-7 晶体的晶格参数与密度的相对误差大小顺序为 PCFF > Universal > Dreiding > COMPASS，即采用 COMPASS 力场计算得到的参数与实验值最为接近，相对误差最小，而采用 PCFF 力场计算的结果误差最大。因此，COMPASS 力场对 FOX-7 晶体具有较好的适用性。此外，表 4-4 也表明，COMPASS 力场计算的结果与实验值非常接近，表明计算结果准确可信，预示该力场能够准确预测 FOX-7 晶体的性能。

综合考虑到 COMPASS 力场能够准确预测 CL-20 与 FOX-7 晶体的性能，对 CL-20 与 FOX-7 晶体具有较好的适用性，因此本章中采用 COMPASS 力场来对 CL-20/FOX-7 共晶体系的结构进行优化与 MD 计算并预测其性能。

4.3.2　体系平衡判别

在对单纯组分的 CL-20、FOX-7 晶体以及 CL-20/FOX-7 共晶体系进行计算，预测其能量与性能时，需要让各种体系达到平衡状态，而体系的平衡通常用模拟过程中温度变化曲线与能量变化曲线来衡量。通常认为，当体系的温度、能量波动幅度均在 5%~10% 范围内时，即可认为体系已经达到平衡状态。

在不同比例与不同取代类型的 CL-20/FOX-7 共晶炸药中，以组分比例为 5∶1，（1 0 1）晶面的取代模型为例，图 4-4（a）中给出了共晶体系的温度变化曲线，图 4-4（b）中给出了体系的能量变化曲线。

从图 4-4（a）可以看出，在计算初期，由于对共晶炸药的初始模型进行了优化与能量最小化处理，体系中分子的位置重新排列，模型结构发生较大变化，因此温度发生大幅度变化。在 50ps 后，温度波动幅度很小，并且始终保持在 ±15K 范围内，表明体系的温度达到平衡状态。图 4-4（b）中能量的变化曲线则表明在模拟初期，体系的能量变化幅度较大，在模拟时间达到 50ps

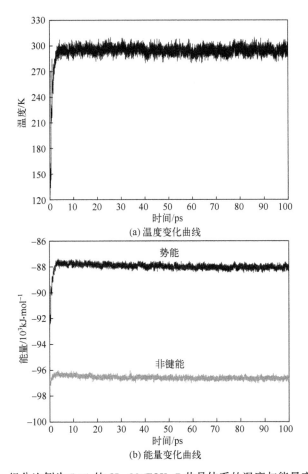

图 4-4 组分比例为 5∶1 的 CL-20/FOX-7 共晶体系的温度与能量变化曲线

后，体系的势能与非键能能量波动范围很小，预示体系的能量达到平衡状态。因此，可以判断共晶炸药模型的温度与能量都达到平衡状态，即 CL-20/FOX-7 共晶体系已达到平衡状态。对于其他比例与取代类型的 CL-20/FOX-7 共晶炸药体系，均采用同样的方法来判别体系是否达到平衡状态。

4.3.3 稳定性

CL-20/FOX-7 共晶炸药的稳定性主要通过共晶体系中 CL-20 与 FOX-7 分子之间的结合能来反映。结合能越大，表明共晶体系中 CL-20 与 FOX-7 分子之间的作用力越强，CL-20 与 FOX-7 分子结合得越紧密，预示共晶炸药的稳定性越好；相反，结合能越小，说明体系中分子间的作用力越弱，共晶炸药的稳定性越差。

第4章 CL-20/FOX-7共晶炸药的性能研究

对于不同比例的CL-20/FOX-7共晶炸药体系，结合能的计算公式如下：

$$E_b = -E_{inter} = -[E_{total} - (E_{CL-20} + E_{FOX-7})] \quad (4.1)$$

$$E_b^* = \frac{E_b \times N_0}{N_i} \quad (4.2)$$

式中：E_b为共晶体系中CL-20与FOX-7分子间的结合能（kJ/mol）；E_{inter}为共晶体系中分子间的作用力（kJ/mol）；E_{total}为CL-20/FOX-7共晶体系在处于平衡状态时对应的总能量（kJ/mol）；E_{CL-20}为把共晶体系中所有的FOX-7分子删除后，CL-20分子对应的能量（kJ/mol）；E_{FOX-7}为删除共晶炸药中所有的CL-20分子后，体系中的FOX-7分子对应的总能量（kJ/mol）；E_b^*为共晶炸药中CL-20与FOX-7分子之间的相对结合能（kJ/mol）；N_i为第i种共晶炸药中包含的CL-20与FOX-7分子的总数；N_0为基准模型中包含的CL-20与FOX-7分子总数。

本节中，选择组分比例为1∶1的CL-20/FOX-7共晶炸药模型作为参考基准，该种比例的共晶模型中包含24个CL-20与24个FOX-7分子，因此有$N_0 = 48$。

根据MD计算时得到的CL-20/FOX-7共晶体系在平衡状态时的总能量与各组分对应的能量，计算得到不同比例与不同取代类型的共晶体系中CL-20与FOX-7分子间的相对结合能，结果如表4-5所列与图4-5所示。

表4-5 不同组分比例与不同取代类型的CL-20/FOX-7共晶体系的结合能

（单位：kJ/mol）

组分比例	(0 1 1)	(1 0 -1)	(1 1 0)	(1 1 -1)	(0 0 2)	(1 0 1)	(0 2 1)	随机取代
10∶1	358.21	315.76	324.54	392.85	350.73	397.62	389.36	366.18
9∶1	375.32	335.55	350.61	411.37	357.28	423.81	392.71	383.05
8∶1	397.83	351.42	358.50	447.37	383.15	460.19	431.95	426.23
7∶1	407.03	361.78	377.23	462.72	399.21	471.38	443.25	420.75
6∶1	432.17	379.15	408.73	480.16	405.32	499.55	471.61	456.20
5∶1	459.10	403.36	415.25	523.62	447.82	528.71	511.23	470.33
4∶1	477.28	417.26	435.71	528.19	449.07	545.41	519.38	500.52
3∶1	493.21	438.58	453.34	567.47	488.29	587.61	522.13	529.66
2∶1	511.16	454.69	457.06	590.05	491.57	600.18	561.29	533.62
1∶1	517.28	457.81	466.87	603.32	496.63	617.75	571.34	552.17
1∶2	529.83	449.26	477.51	596.33	492.26	605.83	582.67	540.91
1∶3	515.34	440.45	462.38	584.67	483.51	593.97	568.35	530.69
1∶4	508.89	426.51	454.80	573.30	470.38	581.55	550.81	517.36
1∶5	493.67	418.69	438.36	553.29	466.35	575.69	534.49	508.23

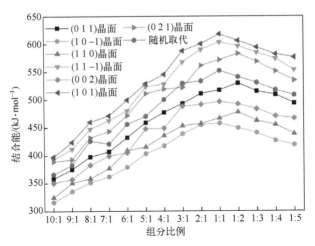

图 4-5 不同组分比例与不同取代类型的 CL-20/FOX-7 共晶体系的结合能

从表 4-5 与图 4-5 可以看出，对于不同组分比例的共晶炸药模型，在 CL-20 与 FOX-7 的组分比例从 10∶1 变化至 1∶1 的过程中，结合能呈现出逐渐增大的变化趋势，而当组分比例从 1∶1 变化至 1∶5 的过程中，结合能又逐渐减小。以（1 0 1）晶面为例，当组分比例为 10∶1 时，结合能为 397.62kJ/mol；当组分比例为 1∶1 时，结合能为 617.15kJ/mol；当组分比例为 1∶5 时，对应的结合能为 575.69kJ/mol。结合能的变化趋势表明，当 CL-20 与 FOX-7 的组分比例为 1∶1 时，分子之间的作用力最强，预示共晶炸药的稳定性最好。图 4.5 还表明，对于（0 1 1）、（1 1 0）与（0 2 1）晶面，当组分比例为 1∶2 时，结合能达到最大值，而对于（1 0 -1）、（1 1 -1）、（0 0 2）、（1 0 1）与随机取代模型，当组分比例为 1∶1 时，结合能最大，预示体系的稳定性最好。因此，CL-20 与 FOX-7 形成共晶炸药的最佳组分比例为 1∶1 或 1∶2。

此外，从图 4-5 还可以看出，对于不同晶面的取代模型，结合能的变化顺序为（1 0 1）>（1 1 -1）>（0 2 1）>随机取代>（0 1 1）>（0 0 2）>（1 1 0）>（1 0 -1），表明（1 0 1）晶面的结合能最大，分子间作用力最强，稳定性最好，预示 CL-20 与 FOX-7 分子最容易也最有可能在该晶面形成共晶，其次是（1 1 -1）晶面，而（1 0 -1）晶面的结合能最小，稳定性最差，形成共晶的可能性最小。

4.3.4 感度

感度主要是用来反映含能材料对外界的刺激或者意外事故的敏感程度，是含能材料安全性的指标，同时也是含能材料最关键、最重要的性能之一。根据含能材料感度预测的理论，本章中采用肖等[195,197-202]提出的引发键键长、引发键键能与内聚能密度理论来判别不同比例的 CL-20/FOX-7 共晶炸药的感度,从而评价其安全性。

4.3.4.1 引发键键长

对含能材料来说,引发键定义为分子中强度最弱、键能最小的化学键。在炸药分子所有的化学键中,由于引发键的活性最强、能量最小,在外界作用下,引发键发生断裂破坏的可能性最大。在 CL-20/FOX-7 共晶炸药中,CL-20 与 FOX-7 均属于高能炸药,分子中都存在活性基团与各自的引发键。对于 CL-20 来说,分子中 N—NO_2 基团中的 N—N 键的强度最低,发生断裂破坏的可能性最大,即 N—N 键是 CL-20 分子的引发键[204-206];对于 FOX-7,分子中 C—NO_2 基团上的 C—N 键的键能最小,即 FOX-7 的引发键是其分子中的 C—N 键[238,242-244]。由于 CL-20 是高感度炸药,而 FOX-7 属于钝感炸药,因此 FOX-7 的感度远低于 CL-20,在外界刺激下,共晶炸药中的 CL-20 分子活性更强,将先于 FOX-7 分子发生反应,CL-20 分子中的 N—N 键将优先发生断裂破坏,从而导致 CL-20/FOX-7 共晶炸药发生分解或爆炸等相关的反应。因此,选择 CL-20 分子中的 N—N 键作为引发键来预测 CL-20/FOX-7 共晶炸药的感度。

当 CL-20/FOX-7 共晶体系达到平衡状态时,选择体系中 CL-20 分子中的 N—N 键对其进行分析,可以得到引发键的键长分布情况。以组分比例为 4:1,(1 0 1)主要生长晶面的取代模型为例,在体系处于平衡状态时,N—N 键的键长分布如图 4-6 所示(图 4-6 中横坐标表示 N—N 键的键长值,纵坐标表示键长对应的分布概率)。

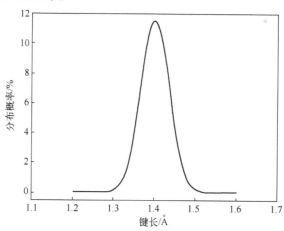

图 4-6 组分比例为 4:1 的 CL-20/FOX-7 共晶体系中引发键的键长分布

表 4-6 中列出了取代晶面为（１０１）晶面时，对于不同组分比例的 CL-20/FOX-7 共晶炸药，体系中 CL-20 分子的引发键键长分布情况。

表 4-6 不同组分比例的 CL-20/FOX-7 共晶体系中引发键的键长

键　　长	1:0	10:1	9:1	8:1	7:1	6:1	5:1	4:1
最可几键长/Å	1.397	1.397	1.396	1.397	1.396	1.395	1.396	1.396
平均键长/Å	1.397	1.397	1.397	1.396	1.395	1.396	1.397	1.396
最大键长/Å	1.629	1.628	1.626	1.621	1.613	1.602	1.600	1.595

键　　长	3:1	2:1	1:1	1:2	1:3	1:4	1:5	0:1
最可几键长/Å	1.395	1.395	1.395	1.395	1.395	1.395	1.396	—
平均键长/Å	1.395	1.394	1.394	1.395	1.395	1.396	1.395	—
最大键长/Å	1.590	1.581	1.573	1.579	1.587	1.590	1.593	—

从图 4-6 可以看出，在平衡状态下，CL-20/FOX-7 共晶体系中 CL-20 分子中的引发键（N—N 键）的分布类似于高斯分布，其中绝大部分（大于 90%）引发键的键长分布在 1.30Å ~ 1.50Å 范围内。当 N—N 键的键长为 1.396Å 时，键长的分布概率最大，预示共晶炸药模型中 N—N 键的键长为 1.396Å 的 CL-20 分子所占数量最多。

从表 4-6 可以看出，对于不同比例的共晶炸药，在平衡状态下，CL-20 分子中对应的最可几键长与平均键长的数值差异较小，表明 CL-20 与 FOX-7 的组分比例对最可几键长与平均键长的影响程度很小，影响效果很弱，而不同模型之间的最大键长差异较大。对于纯 CL-20 晶体，最大键长为 1.629Å，对于 CL-20/FOX-7 共晶体系，最大键长均小于 CL-20 晶体对应的键长。其中，当组分比例为 10:1 时，最大键长为 1.628Å；当组分比例为 1:1 时，最大键长达到最小值 1.573Å。与纯 CL-20 晶体相比，最大键长减小幅度为 0.001Å ~ 0.056Å（0.06%~3.44%）。最大键长减小，表明 N—N 键的键长缩短，与引发键直接相连的 N 原子之间的距离减小，N 原子之间的作用力增强，N—N 键的强度增大，预示共晶炸药的感度降低。因此，CL-20/FOX-7 共晶炸药的感度低于 CL-20，即通过与 FOX-7 形成共晶，可以降低 CL-20 的机械感度，提高安全性。

此外，表 4-6 中引发键的变化趋势也表明，当 CL-20 与 FOX-7 的比例从 10:1 变化至 1:1 的过程中，最大键长呈下降趋势。当组分比例从 1:1 变化至 1:5 的过程中，最大键长呈增大趋势，即 CL-20 与 FOX-7 的组分比例为 1:1 时，最大键长最小，引发键的强度最大，共晶炸药的感度最低，此时，共晶炸药的安全性最好。

4.3.4.2 键连双原子作用能

键连双原子作用能是预测含能材料的感度、判别其安全性的重要参考指标，主要用来反映引发键的键能大小与强度高低。键连双原子作用能越大，表明引发键的强度越高，引发键断裂时需要从外界吸收的能量越多，预示炸药的感度越低，安全性越好。

对于纯 CL-20 晶体与 CL-20/FOX-7 共晶炸药，以 CL-20 分子中的 N—N 键作为体系的引发键，其键能的计算公式为

$$E_{N-N} = \frac{E_T - E_F}{n} \tag{4.3}$$

式中：E_{N-N} 为 CL-20 分子中引发键（N—N 键）的键能（kJ/mol）；E_T 为 CL-20/FOX-7 共晶炸药模型达到平衡状态时整个体系对应的总能量（kJ/mol）；E_F 为约束体系中 CL-20 分子中所有的 N 原子后，体系对应的总能量（kJ/mol）；n 为体系中 CL-20 分子中含有的引发键的数量。

根据 MD 计算时得到的共晶模型的总能量、约束 N 原子后体系的能量以及体系中包含的引发键的数量，计算得到体系中 CL-20 分子引发键的键连双原子作用能，结果如表 4-7 所列与图 4-7 所示。

表 4-7 CL-20/FOX-7 共晶体系中引发键的键连双原子作用能

（单位：kJ/mol）

组分比例	(0 1 1)	(1 0 -1)	(1 1 0)	(1 1 -1)	(0 0 2)	(1 0 1)	(0 2 1)	随机取代
1:0	135.9	133.7	132.9	138.2	134.1	138.6	137.1	134.3
10:1	137.8	135.3	134.6	140.7	136.4	144.2	139.7	137.1
9:1	138.3	137.6	136.6	142.5	138.1	145.3	141.6	137.7
8:1	140.9	138.7	137.1	143.0	139.0	148.8	146.4	138.9
7:1	142.0	140.9	138.7	144.3	139.6	152.7	151.1	140.0
6:1	147.1	142.1	142.9	148.7	142.3	159.5	152.4	142.8
5:1	148.4	142.5	144.3	150.0	144.9	163.5	157.9	144.7
4:1	152.7	145.0	148.2	151.4	146.4	169.4	160.5	145.2
3:1	154.4	146.4	151.6	152.0	148.7	170.5	164.8	147.8
2:1	162.4	151.1	157.0	152.5	150.9	174.2	165.9	153.4
1:1	165.4	151.9	159.4	157.6	151.5	177.6	169.0	155.7
1:2	159.3	155.8	153.7	160.3	148.6	171.3	167.6	152.6
1:3	155.4	152.6	152.2	157.4	142.4	169.2	164.3	151.0
1:4	148.9	147.3	148.9	154.3	141.2	162.5	159.0	147.6
1:5	147.0	144.0	139.8	152.9	139.5	159.3	152.8	144.3

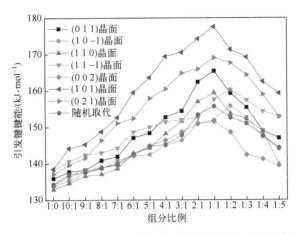

图 4-7　CL-20/FOX-7 共晶体系中引发键的键连双原子作用能

从表 4-7 与图 4-7 可以看出，在不同的体系中，纯 CL-20 晶体（组分比例为 1∶0）的引发键键能最小，表明其分子中引发键的强度最弱，感度最高，而 CL-20/FOX-7 共晶体系的引发键键能均有所增大。以（1 0 1）晶面为例，纯 CL-20 晶体的引发键键能为 138.6kJ/mol，在 CL-20/FOX-7 共晶炸药中，引发键键能的最大值与最小值分别为 177.6kJ/mol、144.2kJ/mol，此时体系中 CL-20 与 FOX-7 的组分比例分别为 1∶1、10∶1。与纯 CL-20 相比，引发键键能增大幅度为 5.6~39.0kJ/mol（4.04%~28.14%）。引发键键能增大，表明引发键的强度增大，引发键断裂时需要从外界吸收更多的能量，预示共晶炸药的感度降低，安全性增强。因此，向 CL-20 中加入钝感组分 FOX-7 可以降低 CL-20 的感度，使其安全性得到提高。对于（0 1 1）、（1 0 -1）、（1 1 0）、（1 1 -1）、（0 0 2）、（0 2 1）与随机取代模型，引发键的键能增大幅度分别为 1.40%~21.71%、1.20%~16.53%、1.28%~19.94%、1.81%~15.99%、1.72%~12.98%、1.90%~23.27%、2.08%~15.93%，即共晶炸药中引发键的键能均高于单纯组分的 CL-20 晶体中的引发键键能，预示共晶炸药的感度低于 CL-20。

此外，图 4-7 还表明，当共晶体系中 CL-20 分子中的引发键的键能达到最大值时，（1 0 -1）与（1 1 -1）晶面对应的组分比例（CL-20∶FOX-7）为 1∶2，而其他晶面与随机取代模型对应的组分比例均为 1∶1，即当 CL-20 与 FOX-7 的组分比例为 1∶1 或者 1∶2 时，体系中引发键的键能最大，引发键的强度最高，共晶炸药的感度最低，FOX-7 组分的降感效果最好。

4.3.4.3　内聚能密度

CED 也是预测含能材料感度的重要指标与参考依据，定义为物质由凝聚态转变为气态时需要从外界吸收的用以克服分子间的作用力做功的能量。CED由范德华力与静电力组成,在数值上等于二者之和。

通过计算,得到不同体系的内聚能密度、范德华力与静电力,其中表4-8中列出了(1 0 1)晶面的相关能量。为了与单纯组分的CL-20、FOX-7的能量进行对比,表4-8中还列出了不同组分的CL-20与FOX-7晶体对应的相关能量。

表4-8 不同组分比例的CL-20/FOX-7共晶体系的内聚能密度与相关能量

(kJ/cm^3)

参　　数	1:0	10:1	9:1	8:1	7:1	6:1	5:1	4:1
内聚能密度	0.638	0.658	0.669	0.684	0.701	0.714	0.729	0.741
范德华力	0.175	0.183	0.188	0.195	0.205	0.218	0.226	0.231
静电力	0.463	0.475	0.481	0.489	0.496	0.496	0.503	0.510
参　　数	3:1	2:1	1:1	1:2	1:3	1:4	1:5	0:1
内聚能密度	0.759	0.775	0.783	0.774	0.761	0.750	0.737	0.818
范德华力	0.238	0.244	0.249	0.245	0.239	0.235	0.229	0.267
静电力	0.521	0.531	0.534	0.529	0.522	0.515	0.508	0.551

注:内聚能密度=范德华力+静电力。

从表4-8可以看出,纯CL-20晶体(组分比例为1:0)对应的能量最低,其中内聚能密度为0.638kJ/cm^3,范德华力为0.175kJ/cm^3,静电力为0.463kJ/cm^3,而共晶炸药的能量均大于纯CL-20晶体对应的能量。在CL-20/FOX-7共晶体系中,当组分比例为10:1时,内聚能密度为0.658kJ/cm^3;当组分比例为1:1时,内聚能密度最大,为0.783kJ/cm^3;当组分比例为1:5时,内聚能密度为0.737kJ/cm^3。与CL-20相比,共晶炸药的内聚能密度增大幅度为0.020~0.145kJ/cm^3(3.13%~22.73%)。内聚能密度增大,表明体系中非键力作用增强,炸药由凝聚态变为气态时,需要吸收更多的能量,预示体系的稳定性增强,感度降低。因此,CL-20/FOX-7共晶炸药的感度低于CL-20,且当CL-20与FOX-7的组分比例为1:1时,内聚能密度最大,共晶炸药的感度最低。

此外,表4-8还表明,对于不同比例的共晶炸药体系,其内聚能密度均大于纯CL-20对应的能量。但是,低于纯组分的FOX-7对应的能量,说明向CL-20中加入钝感组分FOX-7可以降低CL-20的感度,使得共晶炸药的感度低于CL-20,安全性提高,但共晶炸药的感度高于FOX-7,即共晶炸药的感度介于FOX-7与CL-20之间。

4.3.5 爆轰性能

爆轰性能主要是用来反映含能材料的威力,评价其能量密度大小。本节中采用 2.3.5 节中提到的修正氮当量法[219]来计算炸药的爆轰参数，评价其威力大小。

根据修正氮当量理论，计算得到纯组分的 CL-20、FOX-7 与不同比例的 CL-20/FOX-7 共晶炸药爆轰参数，结果如表 4-9 所列。

表 4-9 CL-20、FOX-7 与 CL-20/FOX-7 共晶炸药的密度、爆轰参数

组分比例	氧平衡系数/%	密度/(g/cm³)	爆速/(m/s)	爆压/GPa	爆热/(kJ/kg)
1:0	-10.96	2.026	9500	46.47	6230
10:1	-11.31	2.019	9469	46.45	6198
9:1	-11.34	2.016	9451	46.41	6195
8:1	-11.39	2.009	9432	46.34	6191
7:1	-11.45	2.005	9426	46.22	6185
6:1	-11.53	2.001	9401	45.99	6178
5:1	-11.63	1.989	9377	44.78	6169
4:1	-11.79	1.972	9350	44.07	6155
3:1	-12.04	1.964	9324	43.58	6132
2:1	-12.50	1.956	9270	42.99	6090
1:1	-13.65	1.949	9223	42.12	5985
1:2	-15.26	1.928	9178	40.44	5839
1:3	-16.33	1.911	9103	38.78	5742
1:4	-17.09	1.901	9027	38.01	5673
1:5	-17.66	1.895	8975	37.51	5621
0:1	-21.62	1.893	8762	35.69	5261

从表 4-9 可以看出，纯 CL-20 晶体的密度与爆轰参数分别为 2.026g/cm³、9500m/s、46.47GPa、6230kJ/kg，表明 CL-20 的威力较高，能量特性较好。对于纯组分的 FOX-7，其密度与爆轰参数分别为 1.893g/cm³、8762m/s、35.69GPa、5261kJ/kg。在 CL-20/FOX-7 共晶炸药中，由于 FOX-7 的能量密度低于 CL-20，因此随着体系中 CL-20 组分所占质量分数的减小，共晶炸药的密度与爆轰参数呈现出逐渐减小的变化趋势。其中，当 CL-20 与 FOX-7 组分的组分比例为 10:1 时，共晶炸药的密度为 2.019g/cm³，爆轰参数为 9469m/s、46.45GPa、6198kJ/kg；当组分比例为 1:5 时，共晶炸药对应的参数分别为 1.895g/cm³、8975m/s、37.51GPa、5621kJ/kg。与纯 CL-20 相比，共晶炸药的密度减小 0.007~0.131g/cm³（0.35%~6.47%），爆速减小 31~525m/s（0.33%~5.53%），爆压减小 0.02~8.96GPa（0.04%~19.28%），爆热减小 32~609kJ/kg（0.51%~9.78%），表明共晶炸药的能量密度低于单纯组

分的 CL-20。

此外，从表 4-9 还可以看出，当 CL-20 与 FOX-7 的组分比例在 10∶1~1∶2 范围时，共晶炸药具有较高的密度与爆轰参数，能量密度满足 HEDC 的要求（密度大于 1.9g/cm³、爆速大于 9000m/s、爆压大于 40.0GPa）；当组分比例在 1∶3~1∶5 范围时，由于 FOX-7 所占的比重过大，使得共晶炸药的密度或爆轰参数减小幅度过大，此时共晶炸药的能量密度不满足 HEDC 的要求。因此，组分比例为 10∶1~1∶2 的 CL-20/FOX-7 共晶炸药可视为潜在的 HEDC，具有较好的应用前景。

4.3.6 力学性能

力学性能主要用来评价材料的刚性、硬度、柔韧性、塑性与延展性等性能，会影响材料的生产、加工、储存与使用等过程。根据 2.3.6 节中给出的力学参数的相关理论与计算公式，计算得到纯 CL-20、FOX-7 晶体以及不同比例的 CL-20/FOX-7 共晶炸药的力学性能。以 (１０１) 晶面为例，各种组分比例的共晶体系的弹性系数与力学参数如表 4-10 所列与图 4-8 所示。

表 4-10　CL-20/FOX-7 共晶炸药 (１０１) 晶面的力学参数

组分比例	1∶0	10∶1	9∶1	8∶1	7∶1	6∶1	5∶1	4∶1
C_{11}	25.295	24.607	23.181	21.655	18.716	17.215	16.916	15.315
C_{22}	17.253	16.668	16.152	14.562	13.681	13.737	12.418	11.067
C_{33}	15.082	14.015	13.636	13.185	11.023	10.953	10.875	9.567
C_{44}	9.325	8.388	6.641	5.316	3.811	3.136	2.817	2.383
C_{55}	6.501	5.902	5.438	4.606	4.108	4.527	3.246	3.125
C_{66}	4.442	4.303	3.925	3.719	3.515	3.326	2.552	2.447
C_{12}	6.735	6.672	6.105	5.622	5.373	5.235	5.026	4.851
C_{13}	7.328	7.009	6.288	6.013	5.722	5.701	4.623	4.057
C_{23}	8.107	7.955	7.236	6.988	6.505	5.818	5.394	4.655
C_{15}	-0.551	0.431	0.325	-0.238	-0.436	-0.248	0.135	0.328
C_{25}	-0.237	-0.182	0.307	0.282	-0.293	-0.168	-0.028	-0.415
C_{35}	0.466	-0.230	0.213	-0.341	-0.025	-0.152	-0.317	0.302
C_{46}	-0.214	-0.087	0.181	0.202	-0.037	-0.218	0.052	-0.267
拉伸模量	17.969	16.947	15.825	13.528	12.650	10.266	9.291	7.792
泊松比	0.227	0.231	0.229	0.228	0.231	0.228	0.230	0.231
体积模量	10.966	10.517	9.732	8.289	7.838	6.291	5.735	4.828
剪切模量	7.323	6.881	6.438	5.508	5.138	4.180	3.777	3.165
柯西压	-2.590	-1.716	-0.536	0.306	1.562	2.099	2.209	2.468

续表

组分比例	3:1	2:1	1:1	1:2	1:3	1:4	1:5	0:1
C_{11}	13.302	12.527	11.685	11.692	11.858	12.663	13.016	12.403
C_{22}	10.551	10.286	8.988	8.856	9.117	8.420	8.573	7.683
C_{33}	8.688	7.705	7.262	6.918	7.004	6.835	7.330	8.835
C_{44}	1.724	1.181	0.838	1.014	0.924	1.831	2.493	4.258
C_{55}	2.871	2.435	2.409	2.369	2.441	2.626	2.447	2.577
C_{66}	2.015	1.598	1.718	1.938	2.168	2.584	2.551	3.081
C_{12}	4.545	4.325	4.256	4.183	3.694	3.990	4.136	4.762
C_{13}	3.315	3.236	3.172	2.828	2.969	3.135	3.771	4.818
C_{23}	4.034	3.783	3.957	4.150	3.982	4.278	4.512	5.031
C_{15}	0.218	-0.125	-0.311	0.211	-0.126	0.204	-0.039	0.017
C_{25}	0.117	0.016	0.182	-0.035	0.178	0.145	0.125	-0.103
C_{35}	-0.257	-0.335	0.232	-0.167	-0.158	0.256	-0.049	-0.025
C_{46}	-0.092	0.009	0.113	0.183	0.120	-0.136	0.057	-0.011
拉伸模量	7.225	6.157	6.009	6.329	6.163	6.772	7.381	7.030
泊松比	0.228	0.231	0.233	0.232	0.232	0.229	0.230	0.255
体积模量	4.427	3.815	3.751	3.936	3.833	4.165	4.556	4.782
剪切模量	2.942	2.501	2.437	2.569	2.501	2.755	3.001	2.801
柯西压	2.821	3.144	3.418	3.169	2.770	2.159	1.643	0.504

注：除泊松比外，其他力学参数的单位均为 GPa。

从表 4-10 与图 4-8 可以看出，对于纯 CL-20 晶体，弹性系数与拉伸模量、体积模量、剪切模量的值较大，其中拉伸模量为 17.969GPa，体积模量为 10.966GPa，剪切模量为 7.323GPa，而柯西压为-2.590GPa。拉伸模量、体积模量、剪切模量的值较大，表明纯组分 CL-20 晶体的硬度与刚性较强，断裂强度较大。当受到外力作用时在晶体内部不容易产生形变，柯西压为负值，则表明 CL-20 晶体呈现出脆性，延展性较差。因此，CL-20 晶体的力学性能不够理想，不利于其在加工、使用等环节保持较好的性能。当向 CL-20 中加入 FOX-7 后，体系的弹性系数与模量有不同程度的减小，而柯西压则增大。例如，当 CL-20 与 FOX-7 的组分比例（CL-20∶FOX-7）为 10∶1 时，拉伸模量、体积模量、剪切模量分别为 16.947GPa、10.517GPa、6.881GPa，柯西压的值为-1.716GPa；对于组分比例为 1∶1 的共晶炸药模型，力学参数分别为 6.009GPa、3.751GPa、2.437GPa、3.418GPa；而当组分比例为 1∶5 时，对应的力学参数分别为 7.381GPa、4.556GPa、3.001GPa、1.643GPa。与 CL-20

第4章 CL-20/FOX-7共晶炸药的性能研究

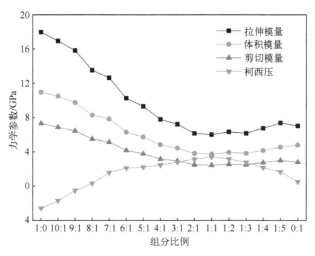

图4-8 CL-20/FOX-7共晶体系（1 0 1）晶面的力学性能

相比，CL-20/FOX-7共晶炸药的拉伸模量减小1.022~11.960GPa，体积模量减小0.449~7.215GPa，剪切模量减小0.442~4.886GPa，而柯西压增大0.874~6.008GPa。模量减小，表明体系的硬度减小，刚性减弱，断裂强度降低，而柯西压增大，则表明体系的延展性增强。因此，CL-20/FOX-7共晶炸药的刚性、硬度与断裂强度均低于CL-20，但延展性好于CL-20，即向CL-20中加入FOX-7，可以改善CL-20晶体的力学性能。

此外，图4-8中力学参数的变化趋势还表明，对于不同比例的共晶体系，当CL-20与FOX-7的比例为1:1时，拉伸模量、体积模量、剪切模量的值最小，但柯西压的值最大，表明组分比例为1:1的CL-20/FOX-7共晶炸药具有最佳的力学性能。

对于不同晶面与不同比例的CL-20/FOX-7共晶炸药模型，计算得到其力学性能参数，结果如表4-11所列。

表4-11 不同组分比例与不同取代类型的CL-20/FOX-7共晶体系的力学参数

组分比例	力学参数	(0 1 1)	(1 0 -1)	(1 1 0)	(1 1 -1)	(0 0 2)	(1 0 1)	(0 2 1)	随机取代
10:1	拉伸模量	14.403	16.230	18.170	15.020	16.562	16.947	17.678	16.483
	泊松比	0.234	0.229	0.231	0.236	0.233	0.231	0.228	0.231
	体积模量	9.025	9.982	11.258	9.482	10.338	10.517	10.832	10.212
	剪切模量	5.836	6.603	7.380	6.076	6.716	6.881	7.198	6.695
	柯西压	-0.717	-1.209	-2.454	-1.135	-1.544	-1.716	-1.908	-1.515

续表

组分比例	力学参数	(0 1 1)	(1 0 -1)	(1 1 0)	(1 1 -1)	(0 0 2)	(1 0 1)	(0 2 1)	随机取代
9:1	拉伸模量	14.156	14.861	16.450	14.494	15.619	15.825	16.062	15.089
	泊松比	0.231	0.231	0.230	0.235	0.231	0.229	0.230	0.233
	体积模量	8.771	9.208	10.155	9.115	9.677	9.732	9.915	9.419
	剪切模量	5.750	6.036	6.687	5.868	6.344	6.438	6.529	6.119
	柯西压	0.025	-0.252	-1.661	-0.054	-0.381	-0.536	-0.664	-0.279
8:1	拉伸模量	10.540	11.721	14.223	11.248	12.696	13.528	13.947	12.153
	泊松比	0.236	0.233	0.234	0.229	0.234	0.228	0.229	0.230
	体积模量	6.654	7.317	8.912	6.917	7.955	8.289	8.577	7.502
	剪切模量	4.264	4.753	5.763	4.576	5.144	5.508	5.674	4.940
	柯西压	1.181	0.941	-0.355	1.015	0.726	0.306	0.057	0.802
7:1	拉伸模量	9.948	11.298	14.117	10.901	12.007	12.650	13.376	11.693
	泊松比	0.230	0.232	0.231	0.236	0.230	0.231	0.231	0.234
	体积模量	6.141	7.026	8.746	6.882	7.412	7.838	8.288	7.326
	剪切模量	4.044	4.585	5.734	4.410	4.881	5.138	5.433	4.738
	柯西压	2.305	2.216	0.578	2.272	1.838	1.562	1.034	2.177
6:1	拉伸模量	8.297	8.815	11.315	8.642	9.780	10.266	10.816	9.421
	泊松比	0.235	0.235	0.232	0.230	0.229	0.228	0.233	0.228
	体积模量	5.218	5.544	7.037	5.335	6.015	6.291	6.752	5.773
	剪切模量	3.359	3.569	4.592	3.513	3.979	4.180	4.386	3.836
	柯西压	2.662	2.337	1.026	2.437	2.299	2.099	1.255	2.308
5:1	拉伸模量	6.266	7.462	9.938	6.643	8.359	9.291	9.353	8.095
	泊松比	0.234	0.229	0.229	0.231	0.234	0.230	0.232	0.231
	体积模量	3.926	4.589	6.112	4.116	5.238	5.735	5.817	5.015
	剪切模量	2.539	3.036	4.043	2.698	3.387	3.777	3.796	3.288
	柯西压	2.717	2.623	1.582	2.817	2.307	2.209	1.971	2.571
4:1	拉伸模量	5.663	6.640	8.514	6.345	7.307	7.792	8.023	6.991
	泊松比	0.236	0.231	0.229	0.233	0.236	0.231	0.229	0.233
	体积模量	3.575	4.114	5.236	3.961	4.613	4.828	4.934	4.364
	剪切模量	2.291	2.697	3.464	2.573	2.956	3.165	3.264	2.835
	柯西压	3.155	3.017	2.026	3.114	2.677	2.468	2.235	2.814
3:1	拉伸模量	4.753	5.747	7.958	5.484	6.736	7.225	7.697	6.125
	泊松比	0.237	0.229	0.233	0.233	0.231	0.228	0.230	0.230
	体积模量	3.012	3.535	4.968	3.423	4.173	4.427	4.751	3.781
	剪切模量	1.921	2.338	3.227	2.224	2.736	2.942	3.129	2.490
	柯西压	3.502	3.218	2.448	3.476	2.855	2.821	2.747	2.915

第4章 CL-20/FOX-7共晶炸药的性能研究

续表

组分比例	力学参数	(011)	(10-1)	(110)	(11-1)	(002)	(101)	(021)	随机取代
2:1	拉伸模量	3.914	5.148	7.276	5.018	5.852	6.157	6.728	5.473
	泊松比	0.233	0.234	0.232	0.231	0.232	0.231	0.234	0.235
	体积模量	2.443	3.225	4.525	3.109	3.639	3.815	4.216	3.442
	剪切模量	1.587	2.086	2.953	2.038	2.375	2.501	2.726	2.216
	柯西压	3.809	3.523	2.696	3.606	3.414	3.144	2.936	3.447
1:1	拉伸模量	3.285	5.023	7.116	4.578	5.560	6.009	6.478	5.209
	泊松比	0.235	0.230	0.229	0.234	0.234	0.233	0.232	0.231
	体积模量	2.066	3.101	4.377	2.868	3.484	3.751	4.029	3.227
	剪切模量	1.330	2.042	2.895	1.855	2.253	2.437	2.629	2.116
	柯西压	3.991	3.919	3.119	3.950	3.716	3.418	3.242	3.825
1:2	拉伸模量	4.449	5.425	7.493	4.476	6.137	6.329	6.892	5.114
	泊松比	0.229	0.230	0.233	0.229	0.230	0.232	0.232	0.229
	体积模量	2.736	3.349	4.677	2.753	3.788	3.936	4.286	3.145
	剪切模量	1.810	2.205	3.038	1.821	2.495	2.569	2.797	2.080
	柯西压	3.657	3.665	2.983	3.715	3.669	3.169	3.113	3.848
1:3	拉伸模量	5.121	5.629	8.292	5.388	6.203	6.163	7.590	5.859
	泊松比	0.232	0.228	0.232	0.231	0.229	0.232	0.233	0.231
	体积模量	3.185	3.449	5.157	3.338	3.815	3.833	4.738	3.630
	剪切模量	2.079	2.292	3.365	2.188	2.524	2.501	3.078	2.380
	柯西压	3.588	3.236	2.464	3.578	3.517	2.770	2.553	3.545
1:4	拉伸模量	5.678	6.213	9.237	5.880	6.638	6.772	8.480	6.403
	泊松比	0.229	0.228	0.231	0.232	0.231	0.229	0.228	0.229
	体积模量	3.492	3.807	5.723	3.657	4.113	4.165	5.196	3.938
	剪切模量	2.310	2.530	3.752	2.387	2.696	2.755	3.453	2.605
	柯西压	3.535	3.497	1.494	3.507	3.167	2.159	1.736	3.484
1:5	拉伸模量	5.937	6.446	11.189	6.030	6.835	7.381	10.380	6.717
	泊松比	0.228	0.231	0.229	0.232	0.231	0.230	0.229	0.232
	体积模量	3.638	3.994	6.881	3.750	4.235	4.556	6.384	4.177
	剪切模量	2.417	2.618	4.552	2.447	2.776	3.001	4.223	2.726
	柯西压	3.272	2.958	1.267	3.156	2.336	1.643	1.626	2.759

注：拉伸模量、体积模量、剪切模量与柯西压的单位均为GPa，泊松比无单位。

从表4-11可以看出，对于不同比例与不同取代类型的CL-20/FOX-7共晶炸药模型，总体上看，当CL-20与FOX-7的组分比例在10:1~1:1范围时，随着体系中CL-20含量的减小，共晶炸药的拉伸模量、体积模量、剪切模量呈逐渐减小趋势，而柯西压逐渐增大，当组分比例在1:1~1:5范围时，随着 FOX-7 含量的增加，拉伸模量、体积模量、剪切模量呈逐渐增大趋势，而柯西压逐渐减小，即当 CL-20 与 FOX-7 的比例在 1∶1 附近时，炸药的拉伸模量、体积模量、剪切模量最小，柯西压最大，表明共晶炸药模型的刚性最弱，断裂强度最低，但延展性最好，即组分的比例在 1∶1 附近时，共晶炸药的力学性能最为理想。

此外，表 4-11 还表明，在不同晶面的取代模型中，对于同种组分比例的共晶炸药模型，拉伸模量、体积模量、剪切模量的大小顺序为（１１０）>（０２１）>（１０１）>（００２）>随机取代>（１０ -１）>（１１ -１）>（０１１），而柯西压的变化趋势相反，表明（１１０）晶面的刚性最强，硬度最高，但延展性最差，而（０１１）晶面的刚性最弱，但延展性最强。

4.4 小　　结

本章分别以 CL-20 与 FOX-7 两种高能炸药为研究对象，建立了不同组分比例与不同取代类型的 CL-20/FOX-7 共晶炸药的模型，预测了各种模型的性能，并与 CL-20 的性能进行了比较，评价了共晶炸药的综合性能，探讨了组分比例对共晶炸药性能的影响情况，得到的主要结论如下。

（1）CL-20 与 FOX-7 的组分比例会影响共晶炸药的稳定性。其中，当 CL-20 与 FOX-7 的组分比例为 1∶1 或 1∶2 时，共晶炸药中 CL-20 与 FOX-7 分子之间的作用力最强，结合能最大，变化范围为 457.81~617.75kJ/mol，共晶炸药最稳定。在不同晶面的取代模型中，（１０１）晶面的结合能最大，稳定性更好，在该晶面上最容易形成共晶，而（１０ -１）晶面的结合能最小，稳定性最差，最不容易形成共晶。

（2）由于 FOX-7 的感度较低，将其加入到 CL-20 中，使得共晶炸药中 CL-20 分子中引发键的键长减小 0.001Å~0.056Å（0.06%~3.44%），而引发键键能增大 5.6~39.0kJ/mol（4.04%~28.14%），内聚能密度增大 0.020~0.145kJ/cm^3（3.13%~22.73%），共晶炸药的感度降低，安全性得到提高与改善。其中，当 CL-20 与 FOX-7 的比例为 1∶1 或 1∶2 时，共晶体系的感度最低，安全性最高，共晶炸药中 FOX-7 组分的降感效果最好。

（3）CL-20/FOX-7 共晶炸药的密度与爆轰参数小于 CL-20，威力减小，能量密度降低。但组分比例为 10∶1~1∶2 的共晶炸药仍具有较高的密度与爆轰参数，满足 HEDC 的要求（密度大于 1.9g/cm^3，爆速大于 9.0km/s，爆压大于 40.0GPa），而组分比例为 1∶3~1∶5 的共晶炸药，由于密度或爆轰参数减小幅度过大，能量密度不满足 HEDC 的要求。

(4) 纯 CL-20 晶体的模量较大，其中拉伸模量、体积模量、剪切模量分别为 17.969GPa、10.966GPa、7.323GPa，柯西压为负值 -2.590GPa，表明其刚性较强，断裂强度与硬度较大，但延展性较差，力学性能不够理想。向 CL-20 中加入 FOX-7，使得炸药的拉伸模量、体积模量、剪切模量分别减小 1.022~11.960GPa、0.449~7.215GPa、0.442~4.886GPa，柯西压增大 0.874~6.008GPa，力学性能得到改善。当 CL-20 与 FOX-7 的组分比例在 1∶1 附近时，CL-20/FOX-7 共晶炸药的模量最小，其中拉伸模量为 6.009GPa，体积模量为 3.751GPa，剪切模量为 2.437GPa，柯西压最大，为 3.418GPa，预示其刚性与硬度最弱，延展性最强，力学性能最好。

综上所述，当 CL-20 与 FOX-7 的组分比例为 1∶1 时，共晶炸药中 CL-20 与 FOX-7 分子间的作用力最强，稳定性最好，共晶炸药的感度最低，安全性能最好，同时共晶炸药的力学性能最优，并且能量密度满足 HEDC 的指标要求。因此，组分比例为 1∶1 的 CL-20/FOX-7 共晶炸药综合性能最好，是一种新型的 HEDC，也最具有研究价值与发展应用前景。

第5章 CL-20/NTO 共晶炸药的性能研究

在含能材料领域，能量密度与安全性之间的矛盾已成为制约高能炸药发展应用的突出障碍与瓶颈。对 HEDC 而言，这一矛盾往往更为突出，从而严重制约了 HEDC 的应用。因此，为了改善含能材料的性能，使其满足应用性与安全性的需求，需要降低 HEDC 的感度。由于共晶可以降低含能材料的感度，改善其性能，因此本章通过共晶来改善 CL-20 的性能，研究以 CL-20 为主体的高能钝感共晶炸药的性能。

5.1 引　　言

CL-20 是一种新型的 HEDC，由于能量密度高、威力大，一直是含能材料领域重点关注的对象，其综合性能优于很多高能炸药，具有极为广阔的发展前景与非常重要的应用价值。但由于 CL-20 合成工艺复杂，制备成本高，同时机械感度高，安全性能欠佳，导致其应用受到限制。NTO 是一种典型的高能钝感炸药，具有威力大、能量密度高、机械感度低、热稳定性好等显著优势，在高能炸药领域备受关注，国内外对其开展了相关的研究[245-250]。

由于共晶可以改善炸药的性能，在含能材料改性方面具有明显的优势，因此可以考虑向 CL-20 中加入一定量的 NTO，形成 CL-20/NTO 共晶炸药，从而达到降低 CL-20 感度，提高安全性的目的。一方面，由于 CL-20 与 NTO 都属于高能炸药，具有较好的能量特性，因此 CL-20/NTO 共晶炸药有望保持高能量密度；另一方面，由于 NTO 的机械感度较低，在共晶炸药中可以发挥降感的作用，从而使得 CL-20/NTO 共晶炸药具有较低的感度与较好的安全性。总之，CL-20/NTO 共晶炸药在保持高能量密度与高威力的同时，具有较低的机械感度，有望成为新型的高能钝感炸药。

鉴于此，本章分别以 CL-20 与 NTO 作为共晶炸药的主、客体组分，建立不同组分比例的 CL-20/NTO 共晶炸药模型，预测其性能，探讨钝感组分 NTO 对 CL-20 性能的影响，通过比较筛选出综合性能最优的共晶炸药，指导高能钝感共晶炸药的设计。

5.2 模型建立与计算方法

5.2.1 CL-20 与 NTO 模型的建立

CL-20 属于多硝基硝胺类的高能炸药，分子中具有 6 个活性基团（N—NO_2基团），分子呈现出笼形结构；NTO 属于环状结构的硝基化合物，分子中具有 C—NO_2 与羰基（—C=O）基团。CL-20 与 NTO 的晶体结构与晶格参数等信息列于表 5-1 中。

表 5-1　CL-20 与 NTO 的晶体结构与晶格参数

晶格参数	CL-20[153]	NTO[251]
化学式	$C_6H_6O_{12}N_{12}$	$C_2H_2O_3N_4$
相对分子质量	438	130
晶系	单斜	单斜
空间群	P21/A	P21/C
a/Å	13.696	9.325
b/Å	12.554	5.450
c/Å	8.833	9.040
α/(°)	90.00	90.00
β/(°)	111.18	101.47
γ/(°)	90.00	90.00
V/Å³	1416.15	450.25
ρ/(g/cm³)	2.035	1.923
Z	4	4

根据 CL-20 与 NTO 的晶体结构与晶格参数信息，分别建立其分子模型与单个晶胞模型，如图 5-1 和图 5-2 所示。

 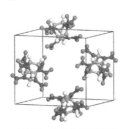

(a) CL-20 分子模型　　(b) CL-20 单个晶胞模型

图 5-1　CL-20 分子与单个晶胞模型

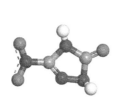 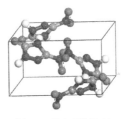

(a) NTO 分子模型　　　(b) NTO 单个晶胞模型

图 5-2　NTO 分子与单个晶胞模型

5.2.2　CL-20/NTO 共晶体系组分比例的选取

在 CL-20/NTO 共晶体系中，CL-20 的能量密度高于 NTO，但 NTO 的感度低于 CL-20，因此 CL-20 主要起到使共晶炸药保持高威力的作用，NTO 主要是发挥降感的作用。在共晶炸药中，主体组分（CL-20）与客体组分（NTO）的比例会影响炸药的综合性能，尤其是炸药的威力与安全性。当 CL-20 所占的比例过大时，对能量密度有利，但是会导致共晶炸药的感度过高，对安全性不利。相反，当 NTO 所占的比例过大时，对安全性有利，但对能量密度不利。因此，为了克服炸药的能量密度与安全性之间的矛盾，使共晶炸药具有较高的威力与合适的感度，CL-20 与 NTO 的组分比例应控制在合理的范围内。综合考虑到炸药的各项性能，同时为了探讨组分比例对共晶炸药的性能影响情况，在 CL-20/NTO 共晶体系中，CL-20 与 NTO 的组分比例（组分比例 CL-20∶NTO）设置为 10∶1～1∶5。对于不同组分比例的共晶炸药，体系中 CL-20 与 NTO 所占的质量分数如表 5-2 所列。

表 5-2　CL-20/NTO 共晶体系的组分比例与各组分的质量分数

序　号	组分比例 (CL-20∶NTO)	质量分数/%	
		w（CL-20）	w（NTO）
1	1∶0	100.00	0.00
2	10∶1	97.12	2.88
3	9∶1	96.81	3.19
4	8∶1	96.42	3.58
5	7∶1	95.93	4.07
6	6∶1	95.29	4.71
7	5∶1	94.40	5.60
8	4∶1	93.09	6.91

续表

序　号	组分比例 （CL-20∶NTO）	质量分数/%	
		w (CL-20)	w (NTO)
9	3∶1	91.00	9.00
10	2∶1	87.08	12.92
11	1∶1	77.11	22.89
12	1∶2	62.75	37.25
13	1∶3	52.90	47.10
14	1∶4	45.72	54.28
15	1∶5	40.26	59.74
16	0∶1	0.00	100.00

注：组分比例 1∶0 代表 CL-20；组分比例 0∶1 代表 NTO。

5.2.3　CL-20/NTO 共晶模型的建立

根据之前文献[101,112-113,115-117,119,122]中建立共晶炸药模型时所选用的方法，采用取代法建立 CL-20/NTO 共晶炸药的模型，即采用 NTO 分子取代一定数量的 CL-20 分子，从而得到共晶炸药的模型，其中取代分子（NTO）的数量根据共晶炸药中各组分的比例来确定。

在采用取代法建立共晶炸药的模型时，取代类型通常分为两种：①随机取代；②主要生长晶面的取代。所谓随机取代，是指采用 NTO 分子随机取代超晶胞模型中一定数量的 CL-20 分子；所谓主要生长晶面的取代，是指用 NTO 分子取代位于主要生长晶面上的 CL-20 分子。在 2.2.3 节中，已经预测得到 CL-20 的主要生长晶面有 7 个，分别为 (0 1 1)、(1 1 0)、(1 0 -1)、(0 0 2)、(1 1 -1)、(0 2 1) 与 (1 0 1) 晶面，因此本章中主要生长晶面的取代为上述 7 个晶面的取代。

根据共晶炸药中 CL-20 与 NTO 组分的比例，共晶体系中 CL-20 超晶胞的模型、共晶模型中包含的 CL-20 分子数、NTO 分子数与共晶模型中包含的原子总数等信息如表 5-3 所列。

表 5-3　CL-20/NTO 共晶体系中组分的比例与相关参数

组分比例	超晶胞模型	分子总数	CL-20 分子总数	NTO 分子总数	原子总数
1∶0	4×3×2	96	96	0	3456
10∶1	11×2×2	176	160	16	5936

续表

组分比例	超晶胞模型	分子总数	CL-20 分子总数	NTO 分子总数	原子总数
9:1	5×4×2	160	144	16	5360
8:1	4×3×3	144	128	16	4784
7:1	4×4×2	128	112	16	4208
6:1	7×2×2	112	96	16	3632
5:1	4×3×2	96	80	16	3056
4:1	5×2×2	80	64	16	2480
3:1	4×2×2	64	48	16	1904
2:1	3×2×2	48	32	16	1328
1:1	3×2×2	48	24	24	1128
1:2	3×2×2	48	16	32	928
1:3	4×2×2	64	16	48	1104
1:4	5×2×2	80	16	64	1280
1:5	4×3×2	96	16	80	1456
0:1	4×3×2	96	0	96	1056

根据共晶炸药中各组分的比例、超晶胞类型以及各组分的分子总数，共晶炸药模型建立的具体方法步骤如下。

（1）首先建立 CL-20 的单个晶胞模型，然后根据共晶炸药的比例，将其扩展为相应类型的超晶胞模型。

（2）用一定数量的 NTO 分子分别随机取代超晶胞模型中的 CL-20 分子以及位于 7 个主要生长晶面上的 CL-20 分子，其中取代的 NTO 分子数量根据共晶体系中 CL-20 与 NTO 组分的比例来确定。

（3）对建立的初始模型进行能量最小化处理，对其结构进行优化，使体系中的 CL-20 分子与 NTO 分子的排列方式更趋于合理与稳定，从而消除体系中分子之间内应力的影响。

以组分比例为 4:1，取代类型为（1 0 -1）主要生长晶面的 CL-20/NTO 共晶炸药模型为例，建立初始模型后，对其能量与结构进行优化。优化后得到的共晶炸药模型如图 5-3 所示。

为了与单纯组分的 CL-20、NTO 性能进行对比，研究共晶对炸药性能的影响，本章中还分别建立了 CL-20、NTO 的晶体模型。其中，表 5-3 中组分比例为 1:0 的体系即为 CL-20，其超晶胞模型为 24（4×3×2），体系中一共包含 96 个 CL-20 分子，3456 个原子。NTO 晶体对应的组分比例为 0:1，超晶胞

第5章 CL-20/NTO 共晶炸药的性能研究

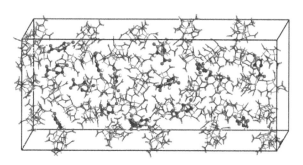

图 5-3 组分比例为 4∶1（1 0 -1）晶面取代的 CL-20/NTO 共晶炸药模型

模型为 24（4×3×2），体系中一共含有 96 个 NTO 分子，1056 个原子。在建立单纯组分的 CL-20 与 NTO 的超晶胞模型后，对其结构进行优化，能量进行最小化，使其模型达到稳定的构象。

5.2.4 计算条件设置

分别对建立的不同比例与不同取代类型的 CL-20/NTO 共晶炸药模型以及单纯组分的 CL-20、NTO 初始模型进行能量最小化处理，优化其晶体结构，同时消除内应力的影响，从而提高计算精度。优化过程结束后，进行分子动力学计算，选择恒温恒压（NPT）系综，即体系的温度、压力与模型中的原子总数在整个过程中始终保持恒定，压力设置为 0.0001GPa，温度设置为 295K。在计算时，为保证计算结果的精度与准确性，选择 COMPASS 力场[157,158]。一是 COMPASS 力场采用从头算法，其中的参数已经进行了修正，能够保证计算精度；二是该力场适合用于对凝聚态物质进行计算，预测其性能。在进行 MD 计算时，模型中分子的初始速度由 Maxwell-Boltzman 分布确定，采用周期性边界条件。为了减小 MD 仿真时温度与压力的计算偏差，确保计算精度，采用文献［159］中提出的 Andersen 方法来控制温度，采用 Parrinello 方法[160]来对压力进行控制，使温度与压力保持恒定。此外，采用 atom-based 方法[161]来计算范德华力的作用，而静电力的计算采用 Ewald 方法[162]。在计算中，时间步长设置为 1fs，总模拟计算时间设置为 200ps（$2×10^5$fs）。其中，前 100ps 主要用来对体系进行平衡计算，优化其结构，使其达到平衡状态；后 100ps 主要是用来对平衡体系进行计算，从而得到体系的各种能量、体系中分子的键长、键角以及静态参数等相关的信息。在整个模拟过程中，每隔 1ps 输出一步结果文件，一共得到 100 帧模型的轨迹文件。

5.3 结果分析

5.3.1 力场选择

在对模型进行 MD 计算时,力场的选择十分关键,直接决定了计算结果是否准确,结论是否合理。一方面,是因为各种力场中包含的算法与参数存在差异;另一方面,各种力场均对应特定的适用范围,计算结果的精度与所计算的物质种类、属性密切相关。因此,为了保证计算结果的合理性与准确性,需要选择对体系适用的力场。在本章中,需要对 CL-20、NTO 与 CL-20/NTO 共晶体系进行优化,预测各种体系的性能。在此,分别选择常见的 COMPASS 力场[157,158]、Universal 力场[163,164]、PCFF 力场[165,166]与 Dreiding 力场[167]对 CL-20 与 NTO 体系进行计算。在 2.3.1 节中,已经验证了 COMPASS 力场适用于对 CL-20 晶体进行计算,能够准确预测其性能。因此,本章中还需要考察 COMPASS 力场是否适用于 NTO 晶体。在不同的力场下,对建立的 NTO 模型进行计算,得到 NTO 晶体的晶格参数与密度,结果列于表 5-4 中。此外,为了与实验值进行对比,表 5-4 中还列出了采用实验方法得到的 NTO 晶体的晶格参数与密度。

表 5-4 不同力场下计算得到的 NTO 晶体的晶格参数与密度

晶格参数	实验值[251]	Universal	PCFF	Dreiding	COMPASS
$a/\text{Å}$	9.325	9.351	9.388	9.513	9.319
$b/\text{Å}$	5.450	5.474	5.493	5.569	5.461
$c/\text{Å}$	9.040	9.069	9.083	9.229	9.031
$\alpha/(°)$	90.00	89.15	88.23	93.04	90.00
$\beta/(°)$	101.47	102.35	99.74	102.38	101.74
$\gamma/(°)$	90.00	90.46	89.02	92.16	89.97
$\rho/(\text{g/cm}^3)$	1.923	1.898	1.881	1.802	1.918

从表 5-4 可以看出,采用 COMPASS 力场计算的 NTO 晶体的晶格参数为 $a=9.319\text{Å}$,$b=5.461\text{Å}$,$c=9.031\text{Å}$,$\alpha=90.00°$,$\beta=101.74°$,$\gamma=89.97°$,密度 $\rho=1.918\text{g/cm}^3$,与实验值具有高度的一致性,表明计算结果准确,精度较高,因此采用 COMPASS 力场计算的结果是合理的、可信的。同时,表 5-4 中的数据还表明,与实验值相比,在不同力场下计算的 NTO 晶体的晶格参数与密度的误差大小顺序为 Dreiding > PCFF > Universal > COMPASS,即采用

COMPASS 力场计算的结果误差小于 Dreiding、PCFF 与 Universal 力场的计算误差，预示该力场的计算结果精度最高，准确性最好，更适用于对 NTO 晶体进行计算。

综合考虑到 COMPASS 力场对 CL-20 与 NTO 晶体具有较好的适用性，因此本章中选择 COMPASS 力场来对单纯组分的 CL-20、NTO 晶体以及不同组分比例的 CL-20/NTO 共晶模型进行结构优化与 MD 计算，预测其性能。

5.3.2 体系平衡判别

在 MD 计算时，首先需要对体系的能量进行最小化处理，同时对其结构进行优化计算，从而使模型达到更加合理与稳定的构象。在优化计算过程中，体系的温度、能量、密度与模型结构等参数会发生变化。只有当体系达到平衡状态时，对其进行计算，预测其性能才有意义并保证准确性。体系的平衡通常通过模拟过程中模型的温度变化曲线与能量变化曲线来判别。通常认为，当模型的温度与能量波动的误差范围在 5%～10% 时，体系已经达到平衡状态。

以组分比例为 5:1，(0 0 2) 主要生长晶面取代的 CL-20/NTO 共晶炸药模型为例，图 5-4（a）中给出了整个优化计算过程中共晶炸药模型的温度变化曲线，图 5-4（b）中给出了优化计算过程中共晶炸药模型的能量变化曲线。

从图 5-4（a）可以看出，在对体系进行优化计算的过程中，模型的温度与能量均发生了相应的变化。其中，在优化计算的初期，由于对体系进行了能量最小化处理，使得模型的结构发生变化，分子排列方式发生改变，因此体系的温度升高，并且变化幅度较大。在 50ps 后，体系的温度逐渐趋于稳定，并且在随后的计算过程中，温度始终在 ±15K 范围内波动变化，预示体系的温度趋于稳定，达到平衡状态。图 5-4（b）中能量的变化曲线则表明，在计算初期，能量变化幅度较大，在 50ps 后，体系的势能与非键能能量变化很小，逐渐达到平衡状态。因此，可以判定体系已经达到平衡状态，可以对其进行后续的计算分析。对于其他组分比例与取代类型的共晶模型，计算时均采用判别温度平衡与能量平衡的方法来判别共晶体系是否达到平衡状态。

5.3.3 稳定性

对于共晶炸药，稳定性可以通过不同组分之间的结合能来反映或判别。结合能越大，说明共晶炸药中各组分之间的作用力越强，体系中分子结合得越紧密，预示共晶炸药的稳定性越好。同时，结合能越大，表明共晶能够形成并以稳定状态存在的概率越高。相反，结合能越小，则表明共晶体系中各组分之间的作用力越弱，预示共晶炸药的稳定性越差，组分间能够形成共晶的概率

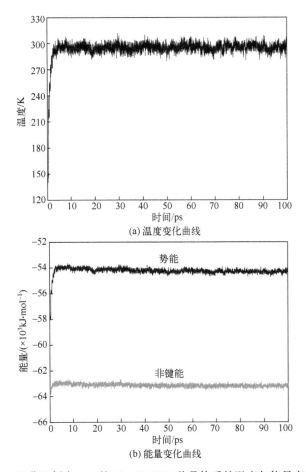

图 5-4 组分比例为 5∶1 的 CL-20/NTO 共晶体系的温度与能量变化曲线

越低。

对于 CL-20/NTO 共晶炸药，结合能定义为体系中 CL-20 与 NTO 分子间的作用能，计算公式如下：

$$E_b = -E_{inter} = -[E_{total}-(E_{CL-20}+E_{NTO})] \quad (5.1)$$

$$E_b^* = \frac{E_b \cdot N_0}{N_i} \quad (5.2)$$

式中：E_b 为 CL-20/NTO 共晶体系中 CL-20 与 NTO 分子之间的结合能（kJ/mol）；E_{inter} 为共晶炸药中组分之间的相互作用能（kJ/mol）；E_{total} 为共晶模型在处于平衡状态时对应的总能量（kJ/mol）；E_{CL-20} 是指去除平衡状态下共晶模型中的 NTO 分子后，CL-20 分子对应的总能量（kJ/mol）；E_{NTO} 为删除共晶模型中所有的 CL-20 分子后，NTO 分子的总能量（kJ/mol）；E_b^* 为共晶体系中 CL-20 与 NTO 分子之间的相对结合能（kJ/mol）；N_i 为第 i 种共晶模型中包含的 CL-20 与 NTO 分子总数；N_0 为参考的基准模型中包含的 CL-20 与 NTO 分子总数。

本章中，以组分比例为 1∶1 的 CL-20/NTO 共晶炸药模型作为基准模型，因此有 $N_0=48$。

在平衡状态下，根据计算得到的 CL-20/NTO 共晶体系的总能量以及单组分的 CL-20、NTO 分子对应的能量，计算得到不同比例与不同取代类型的 CL-20/NTO 共晶模型中分子之间的相对结合能，结果如表 5-5 所列与图 5-5 所示。

表 5-5　不同组分比例与不同取代类型的 CL-20/NTO 共晶体系的结合能

（单位：kJ/mol）

组分比例	(0 1 1)	(1 0 -1)	(1 1 0)	(1 1 -1)	(0 0 2)	(1 0 1)	(0 2 1)	随机取代
10∶1	387.11	325.32	335.47	412.85	356.17	437.55	393.74	378.12
9∶1	401.14	333.07	340.03	421.57	364.66	453.81	413.63	392.35
8∶1	431.69	347.98	360.57	463.04	378.19	480.36	447.06	400.67
7∶1	472.70	359.26	389.09	482.72	395.74	501.33	467.39	418.36
6∶1	491.27	386.71	404.52	530.46	426.04	539.67	512.45	433.71
5∶1	504.38	423.36	433.68	544.62	455.15	565.88	533.87	470.50
4∶1	535.31	448.69	467.25	568.59	480.73	582.02	552.06	489.16
3∶1	546.16	471.62	478.19	597.44	497.98	613.57	580.19	522.06
2∶1	570.67	484.69	497.06	617.66	511.36	636.27	596.34	534.73
1∶1	582.05	501.23	506.22	605.33	536.43	658.68	590.27	551.34
1∶2	571.28	491.14	528.36	590.24	524.08	624.05	578.33	567.09
1∶3	558.90	466.75	511.64	572.46	517.45	599.38	566.12	542.24
1∶4	541.34	459.38	487.33	563.13	499.26	580.06	547.50	530.03
1∶5	522.63	441.20	455.05	550.02	472.50	566.67	538.72	503.16

从表 5-5 与图 5-5 可以看出，对于不同生长晶面的取代模型，当 CL-20 与 NTO 的组分比例从 10∶1 变化至 2∶1 的过程中，结合能呈现出逐渐增大的变化趋势，表明共晶炸药中 CL-20 与 NTO 分子之间的作用力逐渐增强，预示共晶炸药的稳定性提高。当组分比例为 2∶1、1∶1 或 1∶2 时，结合能达到最大值，表明体系中分子间的作用力最强，然后结合能又呈现出逐渐减小的变化趋势，预示 CL-20 与 NTO 分子间作用力减小，共晶炸药的稳定性降低。在不同晶面的模型中，结合能的顺序为（1 0 1）>（1 1 -1）>（0 2 1）>（0 1 1）>随机

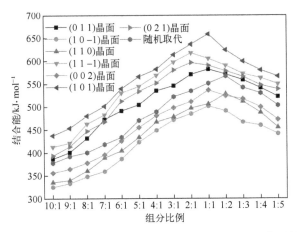

图 5-5　不同组分比例与不同取代类型的 CL-20/NTO 共晶体系的结合能

取代>（0 0 2）>（1 1 0）>（1 0 -1），表明（1 0 1）晶面的结合能最大，CL-20 与 NTO 分子间的作用力最强，共晶炸药的稳定性最好，共晶最容易在该晶面上形成，其次为（1 1 -1）晶面，而（1 0 -1）晶面的结合能最小，分子之间的作用力最弱，共晶炸药的稳定性最差，形成共晶的可能性最小。

此外，图 5-5 还表明，对于（1 0 1）、（0 1 1）、（0 0 2）与（1 0 -1）生长晶面取代的共晶模型，当体系中 CL-20 与 NTO 的组分比例为 1:1 时，结合能最大；对于（1 1 -1）与（0 2 1）晶面，结合能达到最大值时，体系中 CL-20 与 NTO 的组分比例为 2:1；对于（1 1 0）晶面与随机取代模型，当组分比例为 1:2 时，结合能最大，CL-20 与 NTO 组分之间的作用力最强，共晶炸药的稳定性最好。因此，当共晶炸药中 CL-20 与 NTO 组分的组分比例为 2:1、1:1 或 1:2 时，共晶炸药中组分之间的作用力最强，稳定性最好，形成共晶的可能性最大。

5.3.4　感度

感度是含能材料最重要的性能之一，主要用来评价含能材料在不同环境中的敏感程度，直接决定着武器弹药的安全性，同时也是含能材料在生产、加工、运输、储存与使用等各环节都应首先考虑的重要因素。肖等[195,197-202]长期以来一直从事含能材料的感度研究，指出含能材料的感度与其分子中引发键的键长、引发键的键能与内聚能密度之间有直接关系，并采用该理论成功预测了单质炸药以及多组分含能体系的感度。因此，本章中选择肖等[195,197-202]提出的理论，来预测不同比例与不同取代类型的 CL-20/NTO 共晶炸药的感度，评价其安全性。

5.3.4.1 引发键键长

对于含能材料来说,引发键是指其分子中键能最小、强度最低、最不稳定的化学键。当含能材料所处的环境受到外界撞击、热、摩擦等刺激时,分子从外界吸收能量,由于引发键的键能最小、强度最弱,当炸药分子吸收的能量达到一定极限时,引发键会优先发生断裂,释放能量,并引起其他的分子发生反应,使含能材料分解或爆炸。

对于 CL-20,分子中 N—NO_2 基团中的 N—N 键键能最小,强度最弱,比其他化学键更容易发生断裂或者破坏,因此 N—N 键是 CL-20 的引发键[204-206];对于 NTO,分子中 C—NO_2 基团中的 C—N 键强度最低,是 NTO 的引发键[252-255]。由于 CL-20 是高感度的含能材料,而 NTO 属于钝感含能材料,其机械感度远低于 CL-20。当共晶炸药受到外界的刺激时,体系中高感度的 CL-20 组分活性更强,更容易从外界吸收能量,引起 CL-20 分子中引发键(N—N 键)的断裂,从而引起共晶炸药的分解或起爆反应。因此,判别 CL-20/NTO 共晶炸药的感度时,应以体系中感度较高的 CL-20 组分作为依据与参考。本章选择 CL-20 分子中的引发键(N—N 键)来预测 CL-20/NTO 共晶炸药的感度,评价纯 CL-20 晶体以及不同比例的 CL-20/NTO 共晶炸药的安全性。

当共晶炸药模型达到平衡状态后,对其进行分析,可以得到体系中引发键的键长分布情况。以 CL-20 与 NTO 的组分比例为 5∶1,取代晶面为 (1 1 -1) 的 CL-20/NTO 共晶模型为例,平衡状态下体系中引发键的键长分布如图 5-6 所示。

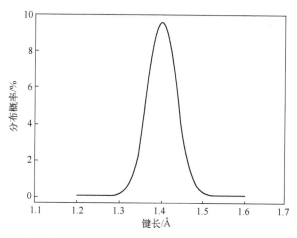

图 5-6 组分比例为 5∶1 的 CL-20/NTO 共晶体系中引发键的键长分布

对于（1 1 -1）晶面的取代模型，在平衡状态下，不同比例的 CL-20/NTO 共晶体系中 CL-20 分子中引发键对应的最可几键长、平均键长与最大键长列于表 5-6 中。

表 5-6 不同组分比例的 CL-20/NTO 共晶体系中引发键的键长

键　　长	1:0	10:1	9:1	8:1	7:1	6:1	5:1	4:1
最可几键长/Å	1.397	1.396	1.396	1.397	1.396	1.396	1.396	1.396
平均键长/Å	1.397	1.397	1.396	1.396	1.396	1.396	1.395	1.395
最大键长（Å）	1.627	1.625	1.624	1.619	1.611	1.605	1.596	1.590
键　　长	3:1	2:1	1:1	1:2	1:3	1:4	1:5	0:1
最可几键长/Å	1.395	1.395	1.395	1.395	1.395	1.396		
平均键长/Å	1.396	1.395	1.394	1.395	1.394	1.395	1.395	
最大键长/Å	1.587	1.583	1.579	1.577	1.581	1.575	1.574	

从图 5-6 可以看出，当 CL-20/NTO 共晶体系达到平衡状态时，模型中 CL-20 分子中的引发键（N—N 键）的分布呈现出高斯分布的特点，其中超过 90% 的引发键键长分布范围为 1.32~1.50Å。当 N—N 键的键长为 1.396Å 时，键长的分布概率最大，预示共晶模型中 N—N 键的键长为 1.396Å 的 CL-20 分子所占数量最多，比重最大。

从表 5-6 可以看出，在不同的模型中，单纯组分的 CL-20 晶体（组分比例为 1:0）对应的最可几键长、平均键长、最大键长最大，分别为 1.397Å、1.397Å、1.627Å。对于 CL-20/NTO 共晶体系，由于向 CL-20 中加入了钝感组分 NTO，使得引发键的键长均有不同程度的减小，其中不同比例的共晶体系中，最可几键长与平均键长近似相等，并且不同模型之间的差异很小，预示共晶体系中 CL-20 与 NTO 的组分比例对最可几键长与平均键长的影响很小，而不同模型对应的最大键长差异较大。在共晶炸药中，随着钝感组分 NTO 含量的增加，最大键长逐渐减小。例如，当 CL-20 与 NTO 的比例为 10:1 时，体系中引发键的最大键长为 1.625Å；当组分的比例为 1:5 时，引发键的键长最小（1.574Å）。与单纯组分的 CL-20 晶体相比，引发键最大键长减小 0.002~0.053Å（0.12%~3.26%）。引发键键长减小，表明与引发键相连的 N 原子之间的距离减小，原子之间的作用力增强，引发键的强度增大，预示炸药的感度降低，安全性得到提高。因此，向 CL-20 中加入感度较低的 NTO 组分后，使得 CL-20 分子中引发键的键长减小，引发键强度增大，从而起到了降低 CL-20 的感度，提高安全性的作用。

5.3.4.2 键连双原子作用能

键连双原子作用能也可以简称为引发键的键能,主要是反映含能材料分子中引发键的强度,是判别含能材料感度的重要依据。引发键的键能越大,说明引发键的强度越高,如果要断开引发键,需要外界施加的能量越多,预示在同等条件下,含能材料的引发键越稳定,感度越低;反之,引发键键能越小,说明引发键的强度越弱,发生断裂破坏的可能性越大,预示含能材料的感度越高,安全性越差。

键连双原子作用能 E_{N-N} 可以采用下式计算:

$$E_{N-N} = \frac{E_T - E_F}{n} \tag{5.3}$$

式中:E_{N-N} 为共晶体系中 CL-20 分子中引发键(N—N 键)的键能(kJ/mol);E_T 为共晶炸药模型达到平衡状态时整个体系对应的总能量(kJ/mol);E_F 为约束共晶模型中 CL-20 分子中所有的 N 原子后,体系对应的总能量(kJ/mol);n 为共晶炸药模型中所有的 CL-20 分子中包含的引发键的数量,可以根据组分的比例与 CL-20 分子的数量来确定。

根据 MD 计算时得到的共晶体系的总能量与约束 CL-20 分子中 N 原子后体系的能量以及模型中含有的 N—N 键的数量,计算得到不同比例与不同取代类型的 CL-20/NTO 共晶模型中 CL-20 分子中引发键的键连双原子作用能,结果如表 5-7 所列与图 5-7 所示。

表 5-7 CL-20/NTO 共晶体系中引发键的键连双原子作用能

(单位:kJ/mol)

组分比例	(0 1 1)	(1 0 -1)	(1 1 0)	(1 1 -1)	(0 0 2)	(1 0 1)	(0 2 1)	随机取代
1:0	137.6	132.5	135.7	141.2	136.9	144.8	143.4	139.9
10:1	139.5	132.8	137.4	144.6	138.1	149.2	145.0	140.7
9:1	140.1	133.7	138.9	146.4	139.6	151.1	145.8	143.9
8:1	140.8	134.4	139.9	146.9	140.5	154.5	149.7	145.2
7:1	143.2	136.9	141.4	151.0	144.8	155.6	152.2	149.6
6:1	149.9	138.1	141.8	153.7	148.5	161.0	152.9	151.0
5:1	151.3	138.6	142.6	157.2	150.2	161.7	155.4	151.5
4:1	152.2	140.8	143.7	158.9	150.7	164.6	159.6	155.8
3:1	152.8	142.2	145.9	159.1	151.6	165.4	160.2	156.1
2:1	155.9	143.9	146.6	159.8	151.8	165.9	160.9	157.4

续表

组分比例	(0 1 1)	(1 0 -1)	(1 1 0)	(1 1 -1)	(0 0 2)	(1 0 1)	(0 2 1)	随机取代
1:1	154.6	143.2	148.7	160.7	153.2	166.1	161.4	158.7
1:2	153.1	144.6	149.8	160.9	152.5	167.9	161.6	159.5
1:3	154.8	144.9	149.5	159.6	152.4	166.8	162.8	158.1
1:4	153.7	145.1	149.7	161.3	153.4	164.9	162.2	157.5
1:5	154.1	145.0	150.3	162.7	154.0	165.6	161.8	157.9

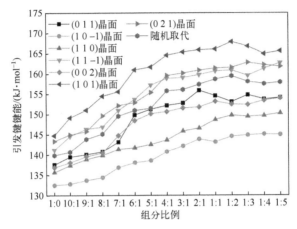

图 5-7　CL-20/NTO 共晶体系中引发键的键连双原子作用能

从表 5-7 与图 5-7 可以看出，在 CL-20 与不同比例的 CL-20/NTO 共晶模型中，单纯组分的 CL-20 分子中引发键的键能最小，而共晶炸药中 CL-20 分子中引发键的键能均有所增大，且随着共晶炸药中钝感组分 NTO 含量的增加，引发键的键能逐渐增大。以（1 1 -1）晶面的共晶模型为例，纯组分 CL-20 晶体（组分比例为 1:0）中引发键的键能为 141.2kJ/mol；当 CL-20 与 NTO 的比例为 10:1 时，引发键的键能为 144.6kJ/mol；当组分比例为 1:5 时，引发键的键能最大，为 162.7kJ/mol。与 CL-20 相比，引发键键能增大 3.4~21.5kJ/mol（2.41%~15.23%）。引发键键能增大，说明引发键的强度增大，当含能材料受到外界的刺激时，引发键需要从外界吸收更多的能量才能发生断裂破坏，预示共晶炸药的感度降低，安全性提高。因此，NTO 可以起到降低 CL-20 的感度，提高安全性的作用。对于（0 1 1）、（1 0 -1）、（1 1 0）、（0 0 2）、（1 0 1）、（0 2 1）晶面与随机取代的 CL-20/NTO 共晶模型，引发键的键能分别增大 1.38%~13.30%、0.23%~9.51%、1.25%~10.76%、0.88%~12.49%、3.04%~15.95%、1.12%~13.53%、0.57%~14.01%，预示 CL-20/NTO 共晶炸药的感度低于 CL-20，安全性得到提高。

此外，图 5-7 还表明，对于不同晶面的取代模型，总体上来看，引发键的键能变化顺序为（１０１）>（０２１）>（１１-１）>随机取代>（０１１）>（００２）>（１１０）>（１０-１），即在（１０１）晶面上，引发键的键能最大，预示共晶炸药的感度最低，其次为（０２１）晶面，而在（１０-１）晶面上，CL-20 分子中 N—N 键的键能最小，预示共晶炸药的感度最高，安全性最差。

从图 5-7 还可以看出，当 CL-20 与 NTO 的组分比例从 10:1 变化至 1:1 的过程中，引发键键能呈现出逐渐增大的变化趋势；当组分的比例从 1:1 变化至 1:5 时，引发键键能在一定范围内波动，变化幅度相对较小一些。对于（０１１）晶面，当引发键键能最大时，体系中 CL-20 与 NTO 组分的比例为 2:1；（１０-１）晶面键能最大时组分的比例为 1:4；（１１０）、（１１-１）与（００２）晶面的键能最大时，组分比例为 1:5；（１０１）晶面与随机取代模型则为 1:2；（０２１）晶面为 1:3。

5.3.4.3　内聚能密度

内聚能密度属于非键力能量，也可以用于预测含能材料的感度，评价其安全性。内聚能密度越大，表明含能材料分子中非键力作用的强度越大，非键力作用的影响越显著，预示其感度越低，安全性越好。相反，内聚能密度越小，表明含能材料分子中非键力作用越弱，炸药的稳定性越差，感度越高。

以（１１-１）主要生长晶面的取代模型为例，MD 计算时得到不同比例的 CL-20/NTO 共晶体系的内聚能密度与相关能量，结果如表 5-8 所列。

表 5-8　不同组分比例的 CL-20/NTO 共晶体系的内聚能密度与相关能量

（单位：kJ/cm^3）

参　　数	1:0	10:1	9:1	8:1	7:1	6:1	5:1	4:1
内聚能密度	0.644	0.647	0.655	0.666	0.671	0.687	0.716	0.734
范德华力	0.182	0.183	0.187	0.192	0.195	0.205	0.220	0.227
静电力	0.462	0.464	0.468	0.474	0.476	0.482	0.496	0.507
参　　数	3:1	2:1	1:1	1:2	1:3	1:4	1:5	0:1
内聚能密度	0.760	0.774	0.793	0.811	0.808	0.816	0.817	0.825
范德华力	0.238	0.246	0.255	0.265	0.263	0.268	0.268	0.273
静电力	0.522	0.528	0.538	0.546	0.545	0.548	0.549	0.552

注：内聚能密度=范德华力+静电力。

从表 5-8 可以看出，纯组分的 CL-20（组分比例为 1:0）内聚能密度、范德华力与静电力能量最小，分别为 $0.644kJ/cm^3$、$0.182kJ/cm^3$、$0.462kJ/cm^3$；

纯组分的 NTO（组分比例为 0:1）能量最高，其中内聚能密度为 0.825kJ/cm³，范德华力为 0.273kJ/cm³，静电力为 0.552kJ/cm³；CL-20/NTO 共晶炸药对应的能量介于 CL-20 与 NTO 之间。在 CL-20/NTO 共晶炸药中，当 CL-20 与 NTO 的组分比例为 10:1 时，对应的能量分别为 0.647kJ/cm³、0.183kJ/cm³、0.464kJ/cm³；当组分比例为 1:5 时，体系的能量最大，分别为 0.817kJ/cm³、0.268kJ/cm³、0.549kJ/cm³。与 CL-20 相比，内聚能密度增大 0.003~0.173kJ/cm³（0.47%~26.86%），范德华力增大 0.001~0.086kJ/cm³（0.55%~47.25%），静电力增大 0.002~0.087kJ/cm³（0.43%~18.83%）。内聚能密度增大，表明体系中非键力作用增强，炸药发生反应时，需要从外界吸收更多的能量以克服分子间的非键力作用，实现从凝聚态到气态的转变，从而预示共晶炸药的感度降低，安全性得到提高。因此，与 NTO 形成共晶后，使得 CL-20 的感度降低。

此外，表 5-8 还表明，在 CL-20/NTO 共晶炸药中，NTO 组分所占的比重越大，共晶炸药体系的内聚能密度越大，预示其感度越低，表明 NTO 组分的降感效果越明显，共晶炸药的安全性越好。

5.3.5 爆轰性能

爆轰性能主要反映含能材料的威力大小与能量密度高低，也可以用于预测武器弹药的威力与毁伤效能，通常采用炸药的密度与爆轰参数作为指标来进行判定。在本章中采用 2.3.5 节中提到的修正氮当量法[219]来计算炸药的爆轰参数，评价其能量密度与威力。

根据修正氮当量理论，计算得到单纯组分的 CL-20、NTO 以及不同组分比例的 CL-20/NTO 共晶炸药的爆轰参数，如表 5-9 所列。

表 5-9　CL-20、NTO 与 CL-20/NTO 共晶炸药的密度、爆轰参数

组分比例	氧平衡系数/%	密度/(g/cm³)	爆速/(m/s)	爆压/GPa	爆热/(kJ/kg)
1:0	-10.96	2.026	9500	46.47	6230
10:1	-11.35	2.023	9448	46.17	6169
9:1	-11.39	2.017	9423	46.00	6162
8:1	-11.45	2.014	9409	45.86	6154
7:1	-11.51	2.012	9388	45.67	6144
6:1	-11.60	2.009	9369	45.56	6130
5:1	-11.72	2.001	9334	45.33	6111
4:1	-11.90	1.997	9311	44.96	6084

续表

组分比例	氧平衡系数/%	密度/(g/cm³)	爆速/(m/s)	爆压/GPa	爆热/(kJ/kg)
3:1	-12.19	1.989	9294	44.56	6039
2:1	-12.72	1.983	9275	43.62	5956
1:1	-14.08	1.978	9258	42.44	5745
1:2	-16.05	1.957	9155	39.68	5440
1:3	-17.39	1.942	8996	38.14	5231
1:4	-18.37	1.938	8905	37.32	5079
1:5	-19.12	1.930	8818	36.51	4963
0:1	-24.62	1.918	8349	32.54	4110

从表5-9可以看出，在共晶炸药中，CL-20与NTO的组分比例会直接影响炸药的氧平衡系数、密度与爆轰参数。对于纯CL-20晶体，对应的参数分别为-10.96%、2.026g/cm³、9500m/s、46.47GPa、6230kJ/kg；NTO晶体对应的参数分别为-24.62%、1.918g/cm³、8349m/s、32.54GPa、4110kJ/kg。对于CL-20/NTO共晶炸药，由于NTO的密度与爆轰参数低于CL-20，因此共晶炸药的密度减小，爆轰参数也有不同程度减小且NTO组分的含量越多，共晶炸药的密度与爆轰参数越小。当CL-20与NTO的组分比例为10:1时，共晶炸药的密度为2.023g/cm³，爆速为9448m/s，爆压为46.17GPa，爆热为6169kJ/kg；对于组分比例为1:5的共晶模型，密度为1.930g/cm³，爆速为8818m/s，爆压为36.51GPa，爆热为4963kJ/kg。与CL-20相比，共晶炸药的密度减小0.003~0.096g/cm³（0.59%~5.16%），爆速减小52~682m/s（0.55%~7.18%），爆压减小0.30~9.96GPa（0.65%~21.43%），爆热减小61~1267kJ/kg（0.98%~20.34%）。密度减小，爆轰参数降低，表明含能材料的威力减小，因此向CL-20中加入NTO，使得共晶炸药的能量密度降低，且NTO组分的含量越多，共晶炸药的能量密度越低。

此外，表5-9还表明，当CL-20与NTO的组分比例在10:1~1:1范围时，虽然CL-20/NTO共晶炸药的密度与爆轰参数均低于单纯组分的CL-20，能量密度降低，但共晶炸药仍具有较高的密度与爆轰参数，满足HEDC对含能材料能量密度的要求（密度大于1.9g/cm³、爆速大于9000m/s、爆压大于40.0GPa）；当CL-20与NTO的组分比例在1:2~1:5范围时，由于NTO所占的比重过大，从而导致共晶炸药的密度减小，爆轰参数也急剧减小。此时，虽然共晶炸药的密度大于1.9g/cm³，但组分比例为1:2的共晶炸药，爆速大于9000m/s，爆压小于40.0GPa，而组分比例为1:3~1:5的共晶炸药爆速小于

9000m/s，爆压小于40.0GPa，即共晶炸药的能量密度已不满足HEDC的要求。因此，为了确保CL-20/NTO共晶炸药的能量密度满足HEDC的要求，应保证共晶炸药中CL-20组分占有较大的比重。

5.3.6 力学性能

力学性能主要用来评价材料的刚性、硬度、柔韧性、断裂强度与延展性等性能，会影响材料的生产、加工、储存与使用等过程。根据2.3.6节中给出的力学参数的相关理论与计算公式，计算得到CL-20、NTO以及不同比例的CL-20/NTO共晶炸药的力学性能。

以随机取代模型为例，纯CL-20晶体、NTO晶体与不同比例的CL-20/NTO共晶体系的弹性系数与力学参数如表5-10所列与图5-8所示。

表5-10 随机取代CL-20/NTO共晶体系的力学性能

组分比例	1:0	10:1	9:1	8:1	7:1	6:1	5:1	4:1
C_{11}	24.277	23.107	22.881	21.855	19.919	18.288	17.016	15.585
C_{22}	18.253	16.628	16.352	14.673	14.574	13.655	12.520	11.366
C_{33}	16.082	15.070	14.636	13.384	12.117	11.744	10.932	9.599
C_{44}	9.633	8.679	6.742	5.628	3.932	3.289	2.822	2.404
C_{55}	6.102	5.812	5.667	4.815	4.008	4.273	3.253	3.331
C_{66}	4.446	4.207	3.737	3.723	3.499	3.426	2.466	2.471
C_{12}	6.728	6.658	6.089	5.307	5.406	5.256	5.038	4.816
C_{13}	7.325	7.012	6.188	6.122	5.521	5.718	4.633	4.325
C_{23}	8.111	7.755	7.036	6.874	6.382	5.904	5.494	4.424
C_{15}	−0.502	0.221	0.125	−0.137	−0.236	−0.212	0.103	0.109
C_{25}	−0.117	−0.142	0.311	0.266	−0.093	−0.177	−0.015	−0.236
C_{35}	0.266	−0.209	0.147	−0.241	−0.072	−0.109	−0.199	0.117
C_{46}	−0.114	−0.043	0.126	0.177	−0.089	−0.118	0.073	−0.108
拉伸模量	17.677	16.989	16.543	15.439	14.068	12.181	10.205	10.063
泊松比	0.227	0.233	0.233	0.233	0.232	0.231	0.236	0.234
体积模量	10.774	10.606	10.337	9.651	8.738	7.552	6.453	6.302
剪切模量	7.206	6.889	6.707	6.259	5.711	4.947	4.127	4.078
柯西压	−2.905	−2.021	−0.653	−0.321	1.474	1.967	2.216	2.412

续表

组分比例	3:1	2:1	1:1	1:2	1:3	1:4	1:5	0:1
C_{11}	15.302	14.622	14.085	13.557	13.969	14.327	14.772	15.365
C_{22}	10.962	10.372	9.656	9.429	9.882	10.293	10.693	13.826
C_{33}	9.188	8.333	7.677	7.323	7.551	7.996	8.773	9.937
C_{44}	2.239	1.674	1.135	0.912	1.302	2.375	3.079	5.782
C_{55}	3.071	2.626	2.413	2.503	2.584	2.873	3.690	4.332
C_{66}	2.015	1.993	1.711	1.699	1.709	2.404	3.258	3.906
C_{12}	4.661	4.325	4.256	4.225	4.377	4.712	4.905	6.621
C_{13}	3.872	3.547	3.183	3.204	3.266	3.625	4.317	5.074
C_{23}	4.448	3.669	3.907	3.667	3.805	3.996	4.168	4.672
C_{15}	0.147	−0.107	−0.106	−0.115	−0.126	−0.117	0.069	0.237
C_{25}	0.106	0.103	0.093	0.026	−0.035	0.036	−0.215	−0.102
C_{35}	−0.236	−0.118	0.215	−0.103	0.125	−0.045	−0.029	−0.038
C_{46}	−0.080	0.026	0.117	0.216	−0.068	0.015	−0.124	−0.311
拉伸模量	8.995	7.950	7.167	5.814	6.834	8.468	9.740	11.668
泊松比	0.234	0.231	0.232	0.236	0.231	0.232	0.231	0.227
体积模量	5.628	4.932	4.456	3.669	4.234	5.258	6.037	7.123
剪切模量	3.646	3.228	2.909	2.352	2.776	3.438	3.956	4.755
柯西压	2.422	2.651	3.121	3.313	3.075	2.337	1.826	0.839

注：除泊松比外，其他的单位均为 GPa。

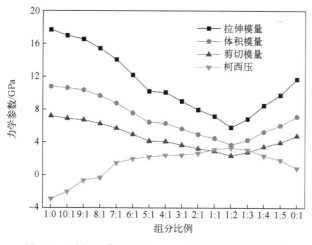

图 5-8　随机取代 CL-20/NTO 共晶模型的力学性能

从表 5-10 与图 5-8 可以看出，纯 CL-20 晶体（组分比例为 1∶0）的弹性系数与拉伸模量、体积模量、剪切模量的值均较大，但柯西压为负值，其中拉伸模量为 17.677GPa，体积模量为 10.774GPa，剪切模量为 7.206GPa，柯西压为 -2.905GPa。拉伸模量、体积模量、剪切模量均为正值，且数值较大，表明 CL-20 晶体的刚性较强，硬度较大。晶体产生形变或发生断裂破坏时，需要较大的外力作用；柯西压为负值，则表明纯 CL-20 晶体呈现出脆性材料的特征。在加工与受到外界作用力时，会发生脆性断裂，不利于炸药在压装、切削等环节保持较好的性能。因此，纯 CL-20 晶体的力学性能不够理想，有待改善与提高。对于纯 NTO 晶体，拉伸模量、体积模量、剪切模量与柯西压的值分别为 11.668GPa、7.123GPa、4.755GPa、0.839GPa，因此 NTO 晶体的力学性能优于 CL-20。

对于不同组分比例的 CL-20/NTO 共晶炸药模型，弹性系数有所减小，拉伸模量、体积模量、剪切模量的值小于纯 CL-20 晶体对应的模量值，而柯西压的值有所增大。例如，当 CL-20 与 NTO 的组分比例为 10∶1 时，拉伸模量、体积模量、剪切模量的值分别为 16.989GPa、10.606GPa、6.889GPa，柯西压为 -2.021GPa；当组分比例为 1∶2 时，拉伸模量、体积模量、剪切模量的值最小，而柯西压的值最大，分别为 5.814GPa、3.669GPa、2.352GPa、3.313GPa。与 CL-20 相比，拉伸模量减小 0.688~11.863GPa，体积模量减小 0.168~7.105GPa，剪切模量减小 0.317~4.854GPa，柯西压增大 0.884~6.218GPa。拉伸模量、体积模量、剪切模量减小，表明体系的刚性减弱，断裂强度降低，硬度减小，在外界作用下，晶体更容易产生形变；柯西压增大，则表明体系的延展性增强，柔韧性变好。因此，向 CL-20 晶体中加入 NTO，可以改善 CL-20 的力学性能，使其保持较好的综合性能。当 CL-20 与 NTO 的组分比例为 1∶2 时，共晶体系的模量最小，柯西压最大，表明体系的力学性能最好。

对于不同晶面与不同比例的 CL-20/NTO 共晶模型，计算得到其力学性能参数，结果如表 5-11 所列。

表 5-11　不同组分比例与不同取代类型的 CL-20/NTO 共晶体系的力学性能

组分比例	力学参数	(0 1 1)	(1 0 -1)	(1 1 0)	(1 1 -1)	(0 0 2)	(1 0 1)	(0 2 1)	随机取代
10∶1	拉伸模量	17.966	15.352	18.365	14.783	16.771	19.180	19.287	16.989
	泊松比	0.227	0.232	0.230	0.233	0.232	0.231	0.230	0.233
	体积模量	10.956	9.538	11.339	9.225	10.424	11.873	11.921	10.606
	剪切模量	7.323	6.232	7.465	5.995	6.807	7.792	7.838	6.889
	柯西压	-2.344	-1.976	-2.569	-1.958	-2.006	-3.004	-3.162	-2.021

续表

组分比例	力学参数	(0 1 1)	(1 0 -1)	(1 1 0)	(1 1 -1)	(0 0 2)	(1 0 1)	(0 2 1)	随机取代
9:1	拉伸模量	17.900	15.392	18.268	14.683	16.463	18.913	19.032	16.543
	泊松比	0.227	0.231	0.231	0.231	0.233	0.227	0.229	0.233
	体积模量	10.917	9.530	11.303	9.111	10.284	11.546	11.726	10.337
	剪切模量	7.296	6.253	7.422	5.962	6.675	7.707	7.740	6.707
	柯西压	-2.016	-1.641	-2.083	-1.337	-1.773	-2.717	-2.995	-0.653
8:1	拉伸模量	16.647	14.934	17.568	14.196	15.457	18.209	18.496	15.439
	泊松比	0.227	0.232	0.230	0.230	0.231	0.228	0.227	0.233
	体积模量	10.162	9.286	10.853	8.760	9.579	11.158	11.273	9.651
	剪切模量	6.784	6.061	7.140	5.771	6.278	7.414	7.540	6.259
	柯西压	-0.993	0.038	-1.045	0.269	-0.071	-1.836	-1.973	-0.321
7:1	拉伸模量	15.842	14.012	17.045	12.599	13.778	16.683	16.996	14.068
	泊松比	0.230	0.232	0.231	0.228	0.232	0.233	0.232	0.232
	体积模量	9.793	8.704	10.576	7.725	8.581	10.407	10.562	8.738
	剪切模量	6.438	5.688	6.921	5.129	5.590	6.766	6.899	5.711
	柯西压	0.282	1.772	-0.358	1.757	1.519	-0.783	-1.060	1.474
6:1	拉伸模量	15.195	11.167	15.547	11.271	11.573	16.008	16.204	12.181
	泊松比	0.229	0.228	0.230	0.228	0.227	0.229	0.228	0.231
	体积模量	9.336	6.843	9.589	6.915	7.057	9.863	9.935	7.552
	剪切模量	6.183	4.547	6.321	4.588	4.717	6.510	6.597	4.947
	柯西压	1.174	2.313	0.896	2.669	2.038	0.284	-0.017	1.967
5:1	拉伸模量	12.685	9.929	13.592	9.618	10.166	14.427	14.221	10.205
	泊松比	0.228	0.229	0.227	0.227	0.233	0.231	0.230	0.236
	体积模量	7.765	6.117	8.288	5.875	6.342	8.932	8.786	6.453
	剪切模量	5.166	4.038	5.540	3.919	4.123	5.861	5.780	4.127
	柯西压	1.816	2.420	1.737	2.838	2.384	1.262	0.738	2.216
4:1	拉伸模量	11.252	9.407	12.975	9.252	10.056	13.542	13.899	10.063
	泊松比	0.227	0.228	0.227	0.230	0.228	0.230	0.228	0.234
	体积模量	6.864	5.764	7.916	5.703	6.153	8.352	8.531	6.302
	剪切模量	4.586	3.830	5.288	3.762	4.096	5.506	5.657	4.078
	柯西压	2.035	2.595	1.840	2.826	2.483	1.667	0.793	2.412

续表

组分比例	力学参数	(0 1 1)	(1 0 -1)	(1 1 0)	(1 1 -1)	(0 0 2)	(1 0 1)	(0 2 1)	随机取代
3:1	拉伸模量	9.446	8.465	10.361	8.559	8.851	11.905	12.317	8.995
	泊松比	0.231	0.227	0.230	0.232	0.227	0.228	0.231	0.234
	体积模量	5.845	5.165	6.387	5.328	5.394	7.284	7.638	5.628
	剪切模量	3.838	3.446	4.213	3.473	3.608	4.849	5.002	3.646
	柯西压	2.173	2.717	2.402	3.004	2.807	1.935	1.237	2.422
2:1	拉伸模量	8.331	6.859	8.487	5.926	7.328	9.100	11.438	7.950
	泊松比	0.228	0.227	0.229	0.231	0.227	0.226	0.229	0.231
	体积模量	5.106	4.189	5.217	3.665	4.483	5.537	7.043	4.932
	剪切模量	3.392	2.795	3.453	2.408	2.985	3.711	4.652	3.228
	柯西压	2.390	2.773	2.559	3.185	2.956	2.538	1.506	2.651
1:1	拉伸模量	7.533	6.638	7.923	6.267	6.405	9.599	10.069	7.167
	泊松比	0.228	0.227	0.229	0.228	0.228	0.227	0.231	0.232
	体积模量	4.623	4.052	4.876	3.838	3.932	5.857	6.238	4.456
	剪切模量	3.066	2.705	3.223	2.552	2.607	3.912	4.090	2.909
	柯西压	2.895	3.253	2.730	2.877	3.468	2.186	1.814	3.121
1:2	拉伸模量	6.611	7.266	6.876	6.925	7.163	9.505	10.346	5.814
	泊松比	0.230	0.228	0.228	0.231	0.227	0.232	0.235	0.236
	体积模量	4.084	4.448	4.218	4.297	4.373	5.907	6.505	3.669
	剪切模量	2.687	2.959	2.799	2.812	2.919	3.858	4.189	2.352
	柯西压	2.857	2.696	3.404	2.303	2.915	1.772	1.736	3.313
1:3	拉伸模量	5.788	7.464	7.509	6.689	6.884	9.350	10.795	6.834
	泊松比	0.227	0.230	0.231	0.227	0.234	0.230	0.230	0.231
	体积模量	3.539	4.614	4.652	4.083	4.308	5.772	6.658	4.234
	剪切模量	2.358	3.033	3.050	2.726	2.790	3.801	4.389	2.776
	柯西压	3.114	2.033	1.926	2.004	1.808	1.437	1.550	3.075
1:4	拉伸模量	7.624	7.866	7.391	6.455	7.403	9.684	10.798	8.468
	泊松比	0.232	0.231	0.227	0.230	0.227	0.227	0.232	0.232
	体积模量	4.748	4.873	4.519	3.979	4.532	5.915	6.703	5.258
	剪切模量	3.093	3.195	3.011	2.625	3.015	3.946	4.384	3.438
	柯西压	2.276	1.938	1.533	1.720	1.312	1.458	1.036	2.337

续表

组分比例	力学参数	(011)	(10-1)	(110)	(11-1)	(002)	(101)	(021)	随机取代
1:5	拉伸模量	8.049	7.498	8.656	6.802	7.065	9.792	10.527	9.740
	泊松比	0.228	0.226	0.231	0.228	0.233	0.233	0.230	0.231
	体积模量	4.927	4.559	5.368	4.173	4.402	6.118	6.493	6.037
	剪切模量	3.278	3.058	3.515	2.769	2.866	3.970	4.280	3.956
	柯西压	1.541	1.385	1.162	1.034	0.875	1.003	0.397	1.826

注：拉伸模量、体积模量、剪切模量与柯西压的单位为GPa，泊松比无单位。

从表5-11可以看出，在共晶体系中，CL-20与NTO的组分比例以及取代晶面都会影响炸药的力学性能。综合来看，绝大部分共晶炸药模型在组分的比例较低时，拉伸模量、体积模量、剪切模量的值最小，而柯西压的值最大，预示在组分的比例较低时，共晶炸药模型具有相对较好的力学性能。例如，对于（021）、（002）与（10-1）晶面的共晶模型，力学性能最佳时，组分的比例为1:1，（110）与随机取代模型对应的比例为1:2，（101）与（11-1）晶面为2:1，而（011）晶面则为1:3。此外，根据表5-11中的力学性能数据可以看出，对于不同晶面的取代模型，在大部分情况下，共晶炸药的拉伸模量、体积模量、剪切模量的大小顺序为（021）>（101）>（110）>（011）>随机取代>（002）>（10-1）>（11-1），而柯西压则呈现出相反的变化趋势。即对于同种比例的共晶炸药模型，（021）晶面对应的模量最大，但柯西压最小，表明该晶面的刚性最强，硬度最大，断裂强度最高，抵抗变形的能量最强，但延展性最差，其次为（101）晶面，而（11-1）晶面的模量最小，但柯西压的值最大，预示该晶面的刚性最弱，硬度最低，断裂强度最小，但柔韧性与延展性最强，因此（11-1）晶面的力学性能最好。

5.4 小 结

本章以CL-20作为共晶炸药的主体组分，以NTO作为共晶炸药的客体组分，结合CL-20与NTO各自的性能特点，提出通过与NTO形成共晶炸药来降低CL-20的感度，提高安全性。在此基础上，建立了不同比例与不同类型的CL-20/NTO共晶炸药的模型，预测了各种模型的性能，探讨了组分比例对共晶炸药性能的影响情况，得到的主要结论如下。

（1）在共晶炸药中，组分的比例会影响CL-20与NTO分子间作用力的强度，即炸药的稳定性。当CL-20与NTO的组分比例为2:1、1:1或1:2时，分子之间的作用力最强，结合能最大，变化范围为 501.23~658.68kJ/mol，共晶炸药具有较好的稳定性。在该种比例条件下，CL-20 与 NTO 形成共晶的可能性最大。

（2）由于 NTO 属于钝感炸药，感度较低，将其加入到 CL-20 中，使得共晶炸药中 CL-20 分子中引发键的键长减小 0.002~0.053Å（0.12%~3.26%），引发键键能增大 3.4~21.5kJ/mol（2.41%~15.23%），内聚能密度增大 0.003~0.173kJ/cm^3（0.47%~26.86%），即 CL-20/NTO 共晶炸药的感度低于 CL-20，达到了降低 CL-20 的感度，提高安全性的目的。

（3）CL-20/NTO 共晶炸药的密度与爆轰参数低于 CL-20，威力减小，能量密度降低。当 CL-20 与 NTO 的组分比例在 10:1~1:1 范围时，共晶炸药的能量密度满足 HEDC 的要求（密度大于 1.9g/cm^3，爆速大于 9.0km/s，爆压大于 40.0GPa）；当组分的比例在 1:2~1:5 范围时，由于爆速或爆压减小幅度过大，导致共晶炸药的能量密度不满足 HEDC 的要求。

（4）与纯 CL-20 晶体相比，CL-20/NTO 共晶体系的拉伸模量、体积模量、剪切模量分别减小 0.688~11.863GPa、0.168~7.105GPa、0.317~4.854GPa，但柯西压增大 0.884~6.218GPa，表明共晶炸药的刚性与硬度降低，断裂强度减弱，晶体有"软化"趋势，但延展性增强。因此，向 CL-20 中加入 NTO，可以改善 CL-20 的力学性能，有利于其生产、加工等环节的可操作性。

综上所述，在 CL-20/NTO 共晶炸药中，当 CL-20 与 NTO 的组分比例为 2:1 或 1:1 时，共晶炸药的稳定性最好，感度最低，力学性能最好，能量密度满足 HEDC 的要求。在该种组分比例的条件下，共晶最容易形成且保持较好的综合性能。因此，组分比例为 2:1 或 1:1 的 CL-20/NTO 共晶炸药性能最好，可视为潜在的 HEDC，有望成为新型的高能钝感炸药并得到应用，也值得进一步深入研究。

第6章 CL-20/LLM-105 共晶炸药的性能研究

6.1 引　言

前面提到，CL-20 是目前综合性能最为优异的高能单质炸药之一，在高效毁伤与高能武器弹药领域非常具有应用价值与研究前景，但高机械感度制约了其发展应用。LLM-105 是一种高能钝感炸药，能量比 TATB 高 20%左右，耐热性能优于大多数高能炸药，具有较大的应用价值[256]。由于共晶可以改善炸药的性能，在含能材料改性方面具有明显的优势，因此可以考虑向 CL-20 中加入一定量的 LLM-105，形成 CL-20/LLM-105 共晶炸药，从而达到降低 CL-20 感度，提高安全性的目的。一方面，由于 CL-20 与 LLM-105 都属于高能炸药，具有较好的能量特性，因此 CL-20/LLM-105 共晶炸药有望保持高能量密度；另一方面，由于 LLM-105 的机械感度较低，在共晶炸药中可以发挥降感的作用，从而使得 CL-20/LLM-105 共晶炸药具有较低的感度与较好安全性。总之，CL-20/LLM-105 共晶炸药在保持高能量密度与高威力的同时，具有较低的机械感度，有望成为新型的高能钝感炸药。

鉴于此，本章分别以 CL-20 与 LLM-105 作为共晶炸药的主、客体组分，建立不同组分比例的 CL-20/LLM-105 共晶炸药模型，预测其性能，探讨钝感组分 LLM-105 对 CL-20 性能的影响，通过比较筛选出综合性能最优的共晶炸药，指导高能钝感共晶炸药的设计。

6.2　模型建立与计算方法

6.2.1　CL-20 与 LLM-105 模型的建立

CL-20 属于笼形结构的硝胺类化合物，分子中具有 6 个 N—NO_2 基团；LLM-105 属于环状结构的硝基类含能材料，分子中具有两个 C—NO_2 基团。

CL-20 与 LLM-105 的晶体结构、晶格参数等信息列于表 6-1 中。

表 6-1　CL-20 与 LLM-105 的晶体结构与晶格参数和密度

晶格参数	CL-20[153]	LLM-105[257]
化学式	$C_6H_6O_{12}N_{12}$	$C_4H_4O_5N_6$
相对分子质量	438	216
晶系	单斜	单斜
空间群	P21/A	C2/C
$a/Å$	13.696	14.864
$b/Å$	12.554	7.336
$c/Å$	8.833	7.509
$α/(°)$	90.00	90.00
$β/(°)$	111.18	111.67
$γ/(°)$	90.00	90.00
$V/Å^3$	1416.15	760.93
$ρ/(g/cm^3)$	2.035	1.878
Z	4	4

根据 CL-20 与 NTO 的晶体结构与晶格参数信息，分别建立其分子模型与单个晶胞模型，如图 6-1 和图 6-2 所示。

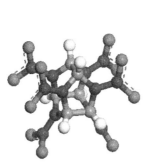
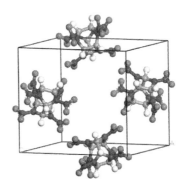

(a) CL-20 分子模型　　　　　　(b) CL-20 单个晶胞模型

图 6-1　CL-20 分子与单个晶胞模型

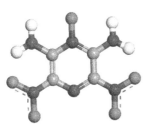
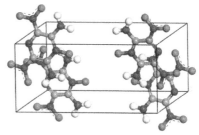

(a) LLM-105分子模型　　　(b) LLM-105单个晶胞模型

图 6-2　LLM-105 分子与单个晶胞模型

6.2.2　CL-20/LLM-105 共晶体系组分比例的选取

在 CL-20/LLM-105 共晶体系中，CL-20 的能量密度高于 LLM-105，但 LLM-105 的感度低于 CL-20，因此 CL-20 主要起到使共晶炸药保持高威力的作用，LLM-105 主要是发挥降感的作用。在共晶炸药中，主体组分（CL-20）与客体组分（LLM-105）的比例会影响炸药的综合性能，尤其是炸药的威力与安全性。当 CL-20 所占的比例过大时，对能量密度有利，但是会导致共晶炸药的感度过高，对安全性不利。相反，当 LLM-105 所占的比例过大时，对安全性有利，但对能量密度不利。因此，为了克服炸药的能量密度与安全性之间的矛盾，使共晶炸药具有较高的威力与合适的感度，CL-20 与 LLM-105 的组分比例应控制在合理的范围内。综合考虑到炸药的各项性能，同时为了探讨组分比例对共晶炸药的性能影响情况，在 CL-20/LLM-105 共晶体系中，CL-20 与 LLM-105 的组分比例（组分比例 CL-20∶LLM-105）设置为 10∶1~1∶5。对于不同组分比例的共晶炸药，体系中 CL-20 与 LLM-105 所占的质量分数如表 6-2 所列。

表 6-2　CL-20/LLM-105 共晶体系的组分比例与各组分的质量分数

序　号	组分比例 （CL-20∶LLM-105）	质量分数/%	
		w（CL-20）	w（LLM-105）
1	1∶0	100.00	0.00
2	10∶1	95.30	4.70
3	9∶1	94.81	5.19
4	8∶1	94.19	5.81
5	7∶1	93.42	6.58
6	6∶1	92.41	7.59

续表

序 号	组分比例 (CL-20:LLM-105)	质量分数/%	
		w(CL-20)	w(LLM-105)
7	5:1	91.02	8.98
8	4:1	89.02	10.98
9	3:1	85.88	14.12
10	2:1	80.22	19.78
11	1:1	66.97	33.03
12	1:2	50.34	49.66
13	1:3	40.33	59.67
14	1:4	33.64	66.36
15	1:5	28.85	71.15
16	0:1	0.00	100.00

注：组分比例1:0代表CL-20；组分比例0:1代表LLM-105。

6.2.3 CL-20/LLM-105共晶模型的建立

根据文献[101-113,115-117,119,122]中建立共晶炸药模型时所选用的方法，采用取代法建立CL-20/LLM-105共晶炸药的模型，即采用LLM-105分子取代一定数量的CL-20分子，从而得到共晶炸药的模型，其中取代分子（LLM-105）的数量根据共晶炸药中各组分的比例来确定。

在采用取代法建立共晶炸药的模型时，取代类型通常分为两种：①随机取代；②主要生长晶面的取代。所谓随机取代，是指采用LLM-105分子随机取代超晶胞模型中一定数量的CL-20分子；所谓主要生长晶面的取代，是指用LLM-105分子取代位于主要生长晶面上的CL-20分子。在2.2.3节中，已经预测得到CL-20的主要生长晶面有7个，分别为（0 1 1）、（1 1 0）、（1 0 -1）、（0 0 2）、（1 1 -1）、（0 2 1）与（1 0 1）晶面，因此本章中主要生长晶面的取代即为上述7个晶面的取代。

根据共晶炸药中CL-20与LLM-105组分的比例，共晶体系中CL-20超晶胞的模型、共晶模型中包含的CL-20分子数、LLM-105分子数与共晶模型中包含的原子总数等信息如表6-3所列。

表 6-3　CL-20/LLM-105 共晶体系中组分的比例与相关参数

组分比例	超晶胞模型	分子总数	CL-20 分子总数	LLM-105 分子总数	原子总数
1∶0	4×3×2	96	96	0	3456
10∶1	11×2×2	176	160	16	6064
9∶1	5×4×2	160	144	16	5488
8∶1	4×3×3	144	128	16	4912
7∶1	4×4×2	128	112	16	4336
6∶1	7×2×2	112	96	16	3760
5∶1	4×3×2	96	80	16	3184
4∶1	5×2×2	80	64	16	2608
3∶1	4×2×2	64	48	16	2032
2∶1	3×2×2	48	32	16	1456
1∶1	2×2×2	32	16	16	880
1∶2	3×2×2	48	16	32	1184
1∶3	4×2×2	64	16	48	1488
1∶4	5×2×2	80	16	64	1792
1∶5	4×3×2	96	16	80	2096
0∶1	4×4×4	256	0	256	4864

根据共晶炸药中各组分的比例、超晶胞类型以及各组分的分子总数，共晶炸药模型建立的具体方法步骤如下。

（1）首先建立 CL-20 的单个晶胞模型；然后根据共晶炸药的比例，将其扩展为相应类型的超晶胞模型。

（2）用一定数量的 LLM-105 分子分别随机取代超晶胞模型中的 CL-20 分子以及位于 7 个主要生长晶面上的 CL-20 分子，其中取代的 LLM-105 分子数量根据共晶体系中 CL-20 与 LLM-105 组分的比例来确定。

（3）对建立的初始模型进行能量最小化处理，对其结构进行优化，使体系中的 CL-20 分子与 LLM-105 分子的排列方式更趋于合理与稳定，从而消除体系中分子之间内应力的影响。

以组分比例为 3∶1，取代类型为（1 1 0）主要生长晶面的 CL-20/LLM-105 共晶炸药模型为例，建立初始模型后，对其能量与结构进行优化。优化后得到的共晶炸药模型如图 6-3 所示。

为了与单纯组分的 CL-20、LLM-105 性能进行对比，研究共晶对炸药性能的影响，本章中还分别建立了 CL-20、LLM-105 的晶体模型。其中，表 6-3 中

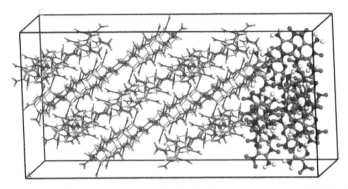

图 6-3 组分比例为 3∶1 (1 1 0) 晶面取代的 CL-20/LLM-105 共晶炸药模型

组分比例为 1:0 的体系即为 CL-20，其超晶胞模型为 24（4×3×2），体系中一共包含 96 个 CL-20 分子，3456 个原子。LLM-105 晶体对应的组分比例为 0:1，超晶胞模型为 64（4×4×4），体系中一共含有 256 个 LLM-105 分子，4864 个原子。在建立单纯组分的 CL-20 与 LLM-105 的超晶胞模型后，对其结构进行优化，能量进行最小化，使其模型达到稳定的构象。

6.2.4 计算条件设置

分别对建立的不同比例与不同取代类型的 CL-20/LLM-105 共晶炸药模型以及单纯组分的 CL-20、LLM-105 初始模型进行能量最小化处理，优化其晶体结构，同时消除内应力的影响，从而提高计算精度。优化过程结束后，进行分子动力学计算，选择恒温恒压（NPT）系综，即体系的温度、压力与模型中的原子总数在整个过程中始终保持恒定，压力设置为 0.0001GPa，温度设置为 295K。在计算时，为保证计算结果的精度与准确性，选择 COMPASS 力场[157-158]：一是 COMPASS 力场采用从头算法，其中的参数已经进行了修正，能够保证计算精度；二是该力场适合用于对凝聚态物质进行计算，预测其性能。在进行 MD 计算时，模型中分子的初始速度由 Maxwell-Boltzman 分布确定，采用周期性边界条件。为了减小 MD 仿真时温度与压力的计算偏差，确保计算精度，采用文献［159］中提出的 Andersen 方法来控制温度，采用 Parrinello 方法[160]来对压力进行控制，使温度与压力保持恒定。此外，采用 atom-based 方法[161]来计算范德华力的作用，而静电力的计算采用 Ewald 方法[162]。在计算中，时间步长设置为 1fs，总模拟计算时间设置为 200ps（2×10^5fs）。其中前 100ps 主要用来对体系进行平衡计算，优化其结构，使其达到平衡状态；后 100ps 主要是用来对平衡体系进行计算，从而得到体系的各种能量、体系中分子的键长、键角以及静态参数等相关的信息。在整个模拟过程中,每隔1ps输出一步结果文件,一共得到100帧模型的轨迹文件。

6.3 结 果 分 析

6.3.1 力场选择

在对模型进行 MD 计算时,力场的选择十分关键,直接决定了计算结果是否准确,结论是否合理。一方面,是因为各种力场中包含的算法与参数存在差异;另一方面,各种力场均对应特定的适用范围,计算结果的精度与所计算的物质种类、属性密切相关。因此,为了保证计算结果的合理性与准确性,需要选择对体系适用的力场。在本章中,需要对 CL-20、LLM-105 与 CL-20/LLM-105 共晶体系进行优化,预测各种体系的性能。在此,分别选择常见的 COMPASS 力场[157-158]、Universal 力场[163-164]、PCFF 力场[165-166]与 Dreiding 力场[167]对 CL-20 与 LLM-105 体系进行计算。在 2.3.1 节中,已经验证了 COMPASS 力场适用于对 CL-20 晶体进行计算,能够准确预测其性能。因此,本章中还需要考察 COMPASS 力场是否适用于 LLM-105 晶体。在不同的力场下,对建立的 LLM-105 晶体进行计算,得到 LLM-105 晶体的晶格参数与密度,结果列于表 6-4 中。此外,为了与实验值进行对比,表 6-4 中还列出了采用实验方法得到的 LLM-105 晶体的晶格参数与密度。

表 6-4 不同力场下计算得到的 LLM-105 晶体的晶格参数与密度

参 数	实验值[257]	Universal	PCFF	Dreiding	COMPASS
a/Å	14.864	14.925	14.968	14.890	14.872
b/Å	7.336	7.366	7.387	7.349	7.340
c/Å	7.509	7.540	7.562	7.522	7.513
α/(°)	90.00	90.05	89.78	90.00	90.00
β/(°)	111.67	110.48	111.04	112.23	111.59
γ/(°)	90.00	90.00	90.26	89.89	90.00
ρ/(g/cm³)	1.878	1.855	1.839	1.868	1.875

从表 6-4 可以看出,采用 COMPASS 力场计算的 LLM-105 晶体的晶格参数为 a = 14.872Å, b = 7.340Å, c = 7.513Å, α = 90.00°, β = 111.59°, γ =

90.00°，密度 $\rho=1.875\text{g/cm}^3$，与实验值具有高度的一致性，表明计算结果准确，精度较高，因此采用 COMPASS 力场计算的结果是合理的、可信的。同时，表 6-4 中的数据还表明，与实验值相比，在不同力场下计算的 LLM-105 晶体的晶格参数与密度的误差大小顺序为 Dreiding > PCFF > Universal > COMPASS，即采用 COMPASS 力场计算的结果误差小于 Dreiding、PCFF 与 Universal 力场的计算误差，预示该力场的计算结果精度最高，准确性最好，更适用于对 LLM-105 晶体进行计算。

综合考虑到 COMPASS 力场对 CL-20 与 LLM-105 晶体具有较好的适用性，因此本章中选择 COMPASS 力场来对单纯组分的 CL-20、LLM-105 晶体以及不同组分比例的 CL-20/LLM-105 共晶模型进行结构优化与 MD 计算，预测其性能。

6.3.2 体系平衡判别

在 MD 计算时，首先需要对体系的能量进行最小化处理，同时对其结构进行优化计算，从而使模型达到更加合理与稳定的构象。在优化计算过程中，体系的温度、能量、密度与模型结构等参数会发生变化。只有当体系达到平衡状态时，对其进行计算，预测其性能才有意义并保证准确性。体系的平衡通常通过模拟过程中模型的温度变化曲线与能量变化曲线来判别。通常认为，当模型的温度与能量波动的误差范围在±5%~10%时，体系已经达到平衡状态。

以组分比例为 4∶1，（0 2 1）主要生长晶面取代的 CL-20/LLM-105 共晶炸药模型为例，图 6-4（a）中给出了优化计算过程中共晶炸药模型的温度变化曲线，图 6-4（b）中给出了优化计算过程中共晶炸药模型的能量变化曲线。

从图 6-4（a）可以看出，在对体系进行优化计算的过程中，模型的温度与能量均发生了相应的变化。其中，在优化计算的初期，由于对体系进行了能量最小化处理，使得模型的结构发生变化，分子排列方式发生改变，因此体系的温度升高，并且变化幅度较大。在 50ps 后，体系的温度逐渐趋于稳定，并且在随后的计算过程中，温度始终在±15K 范围内波动变化，预示体系的温度趋于稳定，达到平衡状态。图 6-4（b）中能量的变化曲线则表明，在计算初期，能量变化幅度较大，在 50ps 后，体系的势能与非键能能量变化很小，逐渐达到平衡状态。因此，可以判定体系已经达到平衡状态，可以对其进行后续的计算分析。对于其他组分比例与取代类型的共晶模型，计算时均采用判别温度平衡与能量平衡的方法来判别共晶体系是否达到平衡状态。

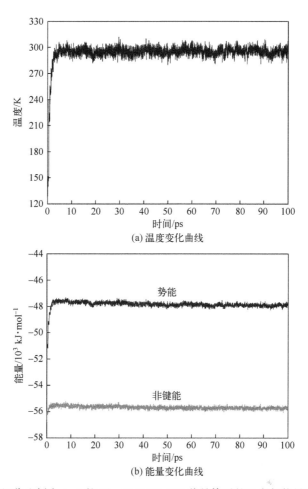

图 6-4 组分比例为 4∶1 的 CL-20/LLM-105 共晶体系的温度与能量变化曲线

6.3.3 稳定性

对于共晶炸药，稳定性可以通过不同组分之间的结合能来反映或判别。结合能越大，说明共晶炸药中各组分之间的作用力越强，体系中分子结合得越紧密，预示共晶炸药的稳定性越好。同时，结合能越大，表明共晶能够形成并以稳定状态存在的概率越高。相反，结合能越小，则表明共晶体系中各组分之间的作用力越弱，预示共晶炸药的稳定性越差，组分间能够形成共晶的概率越低。

对于 CL-20/LLM-105 共晶炸药，结合能定义为体系中 CL-20 与 LLM-105 分子间的作用力，计算公式如下：

$$E_b = -E_{inter} = -[E_{total} - (E_{CL-20} + E_{LLM-105})] \quad (6.1)$$

$$E_b^* = \frac{E_b \cdot N_0}{N_i} \quad (6.2)$$

式中：E_b 为 CL-20/LLM-105 共晶体系中 CL-20 与 LLM-105 分子之间的结合能（kJ/mol）；E_{inter} 为共晶炸药中组分之间的相互作用力（kJ/mol）；E_{total} 为共晶模型在处于平衡状态时对应的总能量（kJ/mol）；E_{CL-20} 是指去除平衡状态下共晶模型中的 LLM-105 分子后，CL-20 分子对应的总能量（kJ/mol）；$E_{LLM-105}$ 为删除共晶模型中所有的 CL-20 分子后，LLM-105 分子的总能量（kJ/mol）；E_b^* 为共晶体系中 CL-20 与 LLM-105 分子之间的相对结合能（kJ/mol）；N_i 为第 i 种共晶模型中包含的 CL-20 与 LLM-105 分子总数；N_0 为参考的基准模型中包含的 CL-20 与 LLM-105 分子总数。

本章中，以组分比例为 1∶1 的 CL-20/LLM-105 共晶炸药模型作为基准模型，因此有 $N_0 = 32$。

在平衡状态下，根据计算得到的 CL-20/LLM-105 共晶体系的总能量以及单组分的 CL-20、LLM-105 分子对应的能量，计算得到不同比例与不同取代类型的 CL-20/LLM-105 共晶模型中分子之间的相对结合能，结果如表 6-5 所列与图 6-5 所示。

表 6-5 不同组分比例与不同取代类型的 CL-20/LLM-105 共晶体系的结合能

（单位：kJ/mol）

组分比例	(0 1 1)	(1 0 -1)	(1 1 0)	(1 1 -1)	(0 0 2)	(1 0 1)	(0 2 1)	随机取代
10∶1	478.24	519.53	415.87	459.96	451.73	407.65	430.41	518.51
9∶1	508.30	540.02	422.93	481.89	458.50	412.38	448.26	538.52
8∶1	530.98	568.36	436.14	500.97	472.58	418.70	452.44	548.57
7∶1	552.99	601.98	456.51	514.82	483.65	445.51	461.35	599.19
6∶1	571.68	627.35	466.16	552.61	508.46	449.44	472.53	622.35
5∶1	600.41	662.39	486.38	561.55	519.85	458.62	502.32	641.40
4∶1	640.43	715.56	499.46	579.91	527.59	479.58	524.18	662.32
3∶1	678.06	731.31	520.98	601.03	551.53	496.51	533.69	717.34
2∶1	710.85	759.66	548.26	633.61	569.54	523.26	535.44	743.52
1∶1	696.25	750.02	529.39	626.41	578.62	505.39	551.67	729.11
1∶2	665.72	744.40	519.49	595.77	556.87	500.97	530.29	710.84
1∶3	654.07	730.62	505.35	578.70	546.83	495.23	523.58	701.83
1∶4	625.97	720.68	495.37	556.86	523.28	482.61	504.52	680.56
1∶5	557.45	705.77	476.33	527.16	506.23	453.28	497.77	659.87

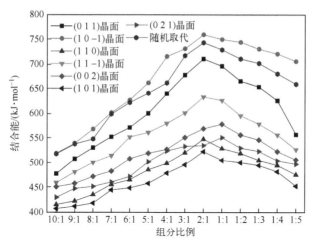

图6-5 不同组分比例与不同取代类型的CL-20/LLM-105共晶体系的结合能

从表6-5与图6-5可以看出，对于不同生长晶面的取代模型，当CL-20与LLM-105的组分比例从10∶1变化至2∶1的过程中，结合能呈现出逐渐增大的变化趋势，表明共晶炸药中CL-20与LLM-105分子之间的作用力逐渐增强，预示共晶炸药的稳定性提高。当组分比例为2∶1、1∶1时，结合能达到最大值，表明体系中分子间的作用力最强，而后结合能又呈现出逐渐减小的变化趋势，预示CL-20与LLM-105分子间作用力减小，共晶炸药的稳定性降低。在不同晶面的模型中，结合能的顺序为（1 0 -1）>随机取代>（0 1 1）>（1 1 -1）>（0 0 2）>（0 2 1）>（1 1 0）>（1 0 1），表明（1 0 -1）晶面的结合能最大，CL-20与LLM-105分子间的作用力最强，共晶炸药的稳定性最好，共晶最容易在该晶面上形成，其次为随机取代模型，而（1 0 1）晶面的结合能最小，分子之间的作用力最弱，共晶炸药的稳定性最差，形成共晶的可能性最小。

此外，图6-5还表明，对于（0 1 1）、（1 1 -1）、（1 1 0）、（1 0 1）、（1 0 -1）晶面与随机取代模型，当体系中CL-20与LLM-105的组分比例为2∶1时，结合能最大；对于（0 0 2）、（0 2 1）晶面，结合能达到最大值时，体系中CL-20与LLM-105的组分比例为1∶1。因此，当共晶炸药中CL-20与LLM-105组分的组分比例为2∶1或1∶1时，共晶炸药中组分之间的作用力最强，稳定性最好，形成共晶的可能性最大。

6.3.4 感度

感度主要是用来反映含能材料对外界的刺激或者意外事故的敏感程度，是含能材料安全性的指标，同时也是含能材料最关键、最重要的性能之一。根据含能材料感度预测的理论，本章中采用肖等[195,197-202]提出的引发键键长、引发键键能与内聚能密度理论来判别不同比例的 CL-20/LLM-105 共晶炸药的感度，从而评价其安全性。

6.3.4.1 引发键键长

对含能材料来说，引发键定义为分子中强度最弱、键能最小的化学键。在炸药分子所有的化学键中，由于引发键的活性最强、能量最小，在外界作用下，引发键发生断裂破坏的可能性最大。在 CL-20/LLM-105 共晶炸药中，CL-20 与 LLM-105 均属于高能炸药，分子中都存在活性基团与各自的引发键。由于 CL-20 是高感度炸药，而 LLM-105 属于钝感炸药，因此 LLM-105 的感度远低于 CL-20，在外界刺激下，共晶炸药中的 CL-20 分子活性更强，将先于 LLM-105 分子发生反应，CL-20 分子中的引发键将优先发生断裂破坏，从而导致 CL-20/LLM-105 共晶炸药发生分解或爆炸等相关的反应。因此，选择 CL-20 分子中的引发键来预测 CL-20/LLM-105 共晶炸药的感度。对于 CL-20 来说，分子中 N—NO_2 基团中的 N—N 键的强度最低，发生断裂破坏的可能性最大，即 N—N 键是 CL-20 分子的引发键[204-206]。

当 CL-20/LLM-105 共晶体系达到平衡状态时，选择体系中 CL-20 分子中的 N—N 键对其进行分析，可以得到引发键的键长分布情况。以组分比例为 5:1，(1 0 -1) 主要生长晶面的取代模型为例，在体系处于平衡状态时，N—N 键的键长分布如图 6-6 所示（图 6-6 中横坐标表示 N—N 键的键长值，纵坐标表示键长对应的分布概率）。

表 6-6 中列出了取代晶面为 (1 0 -1) 晶面时，对于不同组分比例的 CL-20/LLM-105 共晶炸药，体系中 CL-20 分子的引发键键长分布情况。

表 6-6 不同组分比例的 CL-20/LLM-105 共晶体系中引发键的键长

键　　长	1:0	10:1	9:1	8:1	7:1	6:1	5:1	4:1
最可几键长/Å	1.398	1.397	1.397	1.396	1.395	1.396	1.395	1.395
平均键长/Å	1.398	1.396	1.396	1.396	1.395	1.396	1.396	1.396
最大键长/Å	1.634	1.630	1.628	1.625	1.619	1.614	1.605	1.594
键　　长	3:1	2:1	1:1	1:2	1:3	1:4	1:5	0:1
最可几键长/Å	1.396	1.394	1.394	1.394	1.396	1.395	1.394	
平均键长/Å	1.395	1.396	1.395	1.395	1.395	1.394	1.395	
最大键长/Å	1.586	1.580	1.587	1.590	1.592	1.596	1.605	

第6章 CL-20/LLM-105 共晶炸药的性能研究

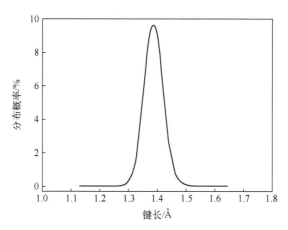

图 6-6　组分比例为 5∶1 的 CL-20/LLM-105 共晶体系中引发键的键长分布

从图 6-6 可以看出，在平衡状态下，CL-20/LLM-105 共晶体系中 CL-20 分子中的引发键（N—N 键）的分布类似于高斯分布，其中绝大部分（大于 90%）引发键的键长分布在 1.30Å~1.50Å 范围内。当 N—N 键的键长为 1.395Å 时，键长的分布概率最大，预示共晶炸药模型中 N—N 键的键长为 1.395Å 的 CL-20 分子所占数量最多。

从表 6-6 可以看出，对于不同比例的共晶炸药，在平衡状态下，CL-20 分子中对应的最可几键长与平均键长的数值差异较小，表明 CL-20 与 LLM-105 的组分比例对最可几键长与平均键长的影响程度很小，影响效果很弱，而不同模型之间的最大键长差异较大。对于纯 CL-20 晶体，最大键长为 1.634Å，对于 CL-20/LLM-105 共晶体系，最大键长均小于 CL-20 晶体对应的键长。其中，当组分比例为 10∶1 时，最大键长为 1.630Å；当组分比例为 2∶1 时，最大键长达到最小值 1.580Å。与纯 CL-20 晶体相比，最大键长减小幅度为 0.004Å~0.054Å（0.24%~3.30%）。最大键长减小，表明 N—N 键的键长缩短，与引发键直接相连的 N 原子之间的距离减小，N 原子之间的作用力增强，N—N 键的强度增大，预示共晶炸药的感度降低。因此，CL-20/LLM-105 共晶炸药的感度低于 CL-20，即通过与 LLM-105 形成共晶，可以降低 CL-20 的机械感度，提高安全性。

此外，表 6-6 中引发键的变化趋势也表明，当 CL-20 与 LLM-105 的比例从 10∶1 变化至 2∶1 的过程中，最大键长呈下降趋势，当组分比例从 2∶1 变化至 1∶5 的过程中，最大键长呈增大趋势，即 CL-20 与 LLM-105 的组分比例为 2∶1 时，最大键长最小，引发键的强度最大，共晶炸药的感度最低，此时，共晶炸药的安全性最好。

6.3.4.2 键连双原子作用能

键连双原子作用能是预测含能材料的感度、判别其安全性的重要参考指标，主要用来反映引发键的键能大小与强度高低。键连双原子作用能越大，表明引发键的强度越高，引发键断裂时需要从外界吸收的能量越多，预示炸药的感度越低，安全性越好。

对于纯 CL-20 晶体与 CL-20/LLM-105 共晶炸药，以 CL-20 分子中的 N—N 键作为体系的引发键，其键能的计算公式为

$$E_{\text{N-N}} = \frac{E_\text{T} - E_\text{F}}{n} \tag{6.3}$$

式中：$E_{\text{N-N}}$ 为 CL-20 分子中引发键（N—N 键）的键能（kJ/mol）；E_T 为 CL-20/LLM-105 共晶炸药模型达到平衡状态时整个体系对应的总能量（kJ/mol）；E_F 为约束体系中 CL-20 分子中所有的 N 原子后，体系对应的总能量（kJ/mol）；n 为体系中 CL-20 分子中含有的引发键的数量。

根据 MD 计算时得到的共晶模型的总能量、约束 N 原子后体系的能量以及体系中包含的引发键的数量，计算得到体系中 CL-20 分子引发键的键连双原子作用能，结果如表 6-7 所列与图 6-7 所示。

表 6-7 CL-20/LLM-105 共晶体系中引发键的键连双原子作用能

（单位：kJ/mol）

组分比例	(0 1 1)	(1 0 -1)	(1 1 0)	(1 1 -1)	(0 0 2)	(1 0 1)	(0 2 1)	随机取代
1:0	138.2	138.6	132.9	135.9	134.1	133.7	134.3	137.1
10:1	138.8	141.3	133.1	137.3	135.4	134.0	136.8	137.9
9:1	139.7	141.6	133.3	137.5	137.0	135.3	138.2	138.4
8:1	140.6	142.0	133.7	138.4	138.1	135.9	138.4	139.5
7:1	140.8	142.7	134.4	139.9	138.2	137.1	138.9	141.9
6:1	144.3	148.2	137.5	140.6	138.8	138.2	139.4	142.4
5:1	146.4	148.4	137.8	143.8	140.3	138.4	141.1	145.0
4:1	147.0	150.3	139.0	144.8	142.0	141.9	141.7	145.2
3:1	149.5	153.7	140.4	150.2	142.4	144.6	142.6	149.1
2:1	154.3	158.4	145.4	153.1	145.9	148.2	146.3	153.4
1:1	152.7	157.2	142.3	151.4	147.3	145.7	147.9	151.6
1:2	150.9	156.9	141.1	147.0	144.2	145.2	145.6	148.3

续表

组分比例	(0 1 1)	(1 0 -1)	(1 1 0)	(1 1 -1)	(0 0 2)	(1 0 1)	(0 2 1)	随机取代
1:3	150.4	154.4	138.7	145.1	141.0	143.4	145.3	147.6
1:4	149.2	149.0	137.6	143.9	139.6	137.5	140.7	144.3
1:5	147.7	148.3	136.9	142.6	138.5	136.0	139.2	142.9

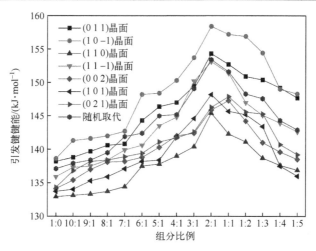

图 6-7 CL-20/LLM-105 共晶体系中引发键的键连双原子作用能

从表 6-7 与图 6-7 可以看出，在不同的体系中，纯 CL-20 晶体（组分比例为 1:0）的引发键键能最小，表明其分子中引发键的强度最弱，感度最高，而 CL-20/LLM-105 共晶体系的引发键键能均有所增大。以（1 0 -1）晶面为例，纯 CL-20 晶体的引发键键能为 138.6kJ/mol，在 CL-20/LLM-105 共晶炸药中，引发键键能的最大值与最小值分别为 158.4kJ/mol、141.3kJ/mol，此时体系中 CL-20 与 LLM-105 的组分比例分别为 2:1、10:1。与纯 CL-20 相比，引发键键能增大幅度为 2.7~19.8kJ/mol（1.95%~14.29%）。引发键键能增大，表明引发键的强度增大，引发键断裂时需要从外界吸收更多的能量，预示共晶炸药的感度降低，安全性增强。因此，向 CL-20 中加入钝感组分 LLM-105 可以降低 CL-20 的感度，使其安全性得到提高。对于（0 1 1）、（1 0 -1）、（1 1 0）、（1 1 -1）、（0 0 2）、（0 2 1）与随机取代模型，引发键的键能均有不同程度的增大，即共晶炸药中引发键的键能均高于单纯组分的 CL-20 晶体中引发键键能，预示共晶炸药的感度低于 CL-20。

此外，图 6-7 还表明，当共晶体系中 CL-20 分子中的引发键的键能达到最大值时，（0 1 1）、（1 0 -1）、（1 1 0）、（1 1 -1）（1 0 1）晶面与随机取代模型对应的组分比例（CL-20:LLM-105）为2:1，（0 0 2）与（0 2 1）晶面对应的组分比例为1:1，即当CL-20与LLM-105的组分比例为2:1或者1:1时，体系中引发键的键能最大，引发键的强度最高，共晶炸药的感度最低，LLM-105组分的降感效果最好。

6.3.4.3 内聚能密度

CED也是预测含能材料感度的重要指标与参考依据，定义为物质由凝聚态转变为气态时需要从外界吸收的用以克服分子间的作用力做功的能量。CED由范德华力与静电力组成，在数值上等于二者之和。

通过计算，得到不同体系的内聚能密度、范德华力与静电力，其中表6-8中列出了（1 0 -1）晶面的相关能量。为了与单纯组分的CL-20、LLM-105的能量进行对比，表6-8中还列出了纯组分的CL-20与LLM-105晶体对应的相关能量。

表6-8 不同组分比例的CL-20/LLM-105共晶体系的内聚能密度与相关能量

（单位：kJ/cm^3）

参　数	1:0	10:1	9:1	8:1	7:1	6:1	5:1	4:1
内聚能密度	0.645	0.656	0.668	0.678	0.689	0.698	0.710	0.731
范德华力	0.179	0.183	0.187	0.193	0.205	0.206	0.211	0.225
静电力	0.466	0.473	0.481	0.485	0.484	0.492	0.499	0.506
参　数	3:1	2:1	1:1	1:2	1:3	1:4	1:5	0:1
内聚能密度	0.748	0.791	0.776	0.763	0.756	0.747	0.740	0.823
范德华力	0.233	0.249	0.245	0.241	0.239	0.242	0.233	0.265
静电力	0.515	0.542	0.531	0.522	0.517	0.505	0.507	0.558

注：内聚能密度=范德华力+静电力。

从表6-8可以看出，纯CL-20晶体（组分比例为1:0）对应的能量最低，其中内聚能密度为0.645kJ/cm^3，范德华力为0.179kJ/cm^3，静电力为0.466kJ/cm^3，而共晶炸药的能量均大于纯CL-20晶体对应的能量。在CL-20/LLM-105共晶体系中，当组分比例为10:1时，内聚能密度为0.656kJ/cm^3；当组分比例为2:1时，内聚能密度最大，为0.791kJ/cm^3；当组分比例为1:5时，内聚能密度为0.740kJ/cm^3。与CL-20相比，共晶炸药的内聚能密度增大幅度为0.011kJ/cm^3~0.146kJ/cm^3（1.71%~22.64%）。内聚能密度增大，表明体系中非键力作用增强，炸药由凝聚态变为气态时，需要吸收更多的能量，预示体系的稳定性增强，感度降低。因此，CL-20/LLM-105共晶炸药的感度低于CL-20，且当CL-20与LLM-105的组分比例为2:1时，内聚能密度最大，共晶炸药的感度最低。

此外，表 6-8 还表明，对于不同比例的共晶炸药体系，其内聚能密度均大于纯 CL-20 对应的能量。但是，低于纯组分的 LLM-105 对应的能量，说明向 CL-20 中加入钝感组分 LLM-105 可以降低 CL-20 的感度，使得共晶炸药的感度低于 CL-20，安全性提高，但共晶炸药的感度高于 LLM-105，即共晶炸药的感度介于 LLM-105 与 CL-20 之间。

6.3.5 爆轰性能

爆轰性能主要是用来反映含能材料的威力，评价其能量密度大小。本节中采用 2.3.5 节中提到的修正氮当量法[219]来计算炸药的爆轰参数，评价其威力大小。

根据修正氮当量理论，计算得到纯组分的 CL-20、LLM-105 与不同比例的 CL-20/LLM-105 共晶炸药爆轰参数，结果如表 6-9 所列。

表 6-9 CL-20、LLM-105 与 CL-20/LLM-105 共晶炸药的密度、爆轰参数

组分比例	氧平衡系数/%	密度/(g/cm³)	爆速/(m/s)	爆压/GPa	爆热/(kJ/kg)
1:0	-10.96	2.026	9550	46.47	6230
10:1	-12.18	2.013	9520	45.43	6218
9:1	-12.31	2.004	9482	44.98	6217
8:1	-12.47	1.989	9420	44.24	6215
7:1	-12.68	1.976	9364	43.58	6214
6:1	-12.94	1.963	9306	42.91	6211
5:1	-13.30	1.950	9245	42.21	6208
4:1	-13.82	1.936	9174	41.43	6203
3:1	-14.64	1.922	9093	40.55	6195
2:1	-16.12	1.914	9010	40.02	6181
1:1	-19.57	1.912	8879	38.58	6149
1:2	-23.91	1.907	8706	37.04	6109
1:3	-26.52	1.889	8550	35.55	6085
1:4	-28.26	1.881	8460	34.74	6068
1:5	-29.51	1.879	8409	34.30	6057
0:1	-37.04	1.875	8329	32.02	5987

从表 6-9 可以看出，纯 CL-20 晶体的密度与爆轰参数分别为 2.026g/cm³、9550m/s、46.47GPa、6230kJ/kg，表明 CL-20 的威力较高，能量特性较好。对于纯组分的 LLM-105，其密度与爆轰参数分别为 1.875g/cm³、8329m/s、32.02GPa、5987kJ/kg。在 CL-20/LLM-105 共晶炸药中，由于 LLM-105 的能量密度低于 CL-20，因此随着体系中 CL-20 组分所占质量分数的减小，共晶炸药的密度与爆轰参数呈现出逐渐减小的变化趋势。其中，当 CL-20 与 LLM-105 组分的组分比例为 10∶1 时，共晶炸药的密度为 2.013g/cm³，爆轰参数为 9520m/s、45.43GPa、6218kJ/kg；当组分比例为 1∶5 时，共晶炸药对应的参数分别为 1.879g/cm³、8409m/s、34.30GPa、6057kJ/kg。与纯 CL-20 相比，共晶炸药的密度减小 0.013~0.147g/cm³（0.64%~7.26%），爆速减小 30~1141m/s（0.31%~11.95%），爆压减小 1.04~12.17GPa（2.24%~26.19%），爆热减小 12~173kJ/kg（0.19%~2.78%），表明共晶炸药的能量密度低于单纯组分的 CL-20。

此外，从表 6-9 还可以看出，当 CL-20 与 LLM-105 的组分比例在 10∶1~2∶1 范围时，共晶炸药具有较高的密度与爆轰参数，能量密度满足 HEDC 的要求（密度大于 1.9g/cm³、爆速大于 9000m/s、爆压大于 40.0GPa）；当组分比例在 1∶1~1∶5 范围时，由于 LLM-105 所占的比重过大，使得共晶炸药的密度或爆轰参数减小幅度过大，此时共晶炸药的能量密度不满足 HEDC 的要求。因此，组分比例为 10∶1~2∶1 的 CL-20/LLM-105 共晶炸药可视为潜在的 HEDC，具有较好的应用前景。

6.3.6 力学性能

力学性能主要用来评价材料的刚性、硬度、柔韧性、塑性与延展性等性能，会影响材料的生产、加工、储存与使用等过程。根据 2.3.6 节中给出的力学参数的相关理论与计算公式，计算得到纯 CL-20、LLM-105 晶体以及不同比例的 CL-20/LLM-105 共晶炸药的力学性能。以（１０１）晶面为例，各种组分比例的共晶体系的弹性系数与力学参数如表 6-10 所列与图 6-8 所示。

表 6-10　CL-20/LLM-105 共晶炸药（１０１）晶面的力学参数

组分比例	1∶0	10∶1	9∶1	8∶1	7∶1	6∶1	5∶1	4∶1
C_{11}	23.518	22.367	21.125	20.516	19.234	17.466	16.784	15.236
C_{22}	18.032	16.989	16.519	15.710	14.097	14.239	12.905	11.327
C_{33}	16.299	14.972	13.520	13.621	12.383	11.585	11.167	10.893

续表

组分比例	1:0	10:1	9:1	8:1	7:1	6:1	5:1	4:1
C_{44}	9.387	8.738	7.604	6.621	6.116	4.917	4.104	3.204
C_{55}	6.773	6.510	6.219	6.001	5.259	5.467	5.360	4.394
C_{66}	5.818	5.732	5.234	5.393	4.992	4.529	4.420	4.317
C_{12}	6.521	6.316	5.917	5.730	5.818	5.369	5.198	5.077
C_{13}	7.234	7.070	6.915	6.320	6.004	5.163	5.381	5.612
C_{23}	7.533	7.112	7.236	7.118	6.320	6.456	5.902	5.236
C_{15}	0.032	-0.491	0.219	-0.235	0.237	-0.401	0.228	0.502
C_{25}	0.190	-0.238	-0.398	0.139	-0.126	0.227	0.230	-0.138
C_{35}	0.318	0.129	0.296	0.204	0.030	-0.127	-0.391	0.226
C_{46}	0.047	-0.223	0.191	-0.185	0.225	0.506	0.076	-0.182
拉伸模量	18.497	17.989	17.286	16.007	15.344	14.353	12.934	12.377
泊松比	0.231	0.229	0.230	0.233	0.234	0.235	0.236	0.234
体积模量	11.460	11.063	10.671	9.992	9.614	9.027	8.165	7.755
剪切模量	7.513	7.318	7.027	6.491	6.217	5.811	5.232	5.015
柯西压	-2.866	-2.422	-1.687	-0.891	-0.298	0.452	1.094	1.873
组分比例	3:1	2:1	1:1	1:2	1:3	1:4	1:5	0:1
C_{11}	14.239	13.238	13.254	13.670	13.967	14.239	14.732	16.258
C_{22}	11.201	10.239	9.997	10.517	10.603	10.771	10.589	12.358
C_{33}	9.230	8.711	8.917	8.819	9.230	9.453	10.628	11.720
C_{44}	2.945	2.469	2.846	3.318	3.882	4.262	4.493	6.116
C_{55}	3.919	3.489	3.503	3.772	3.901	4.231	4.511	6.511
C_{66}	4.138	4.232	4.527	4.701	4.653	5.016	5.822	6.320
C_{12}	5.115	5.072	5.233	5.337	5.602	5.559	5.728	6.817
C_{13}	5.017	4.523	4.296	4.418	4.721	4.329	4.519	5.722
C_{23}	4.932	4.671	4.882	5.032	5.105	5.901	5.810	6.193
C_{15}	0.225	-0.153	-0.203	0.210	0.226	0.189	-0.321	-0.115
C_{25}	0.239	0.331	0.155	0.101	-0.350	0.117	0.312	0.133
C_{35}	-0.317	-0.210	-0.158	-0.389	-0.081	-0.221	-0.030	-0.155
C_{46}	-0.524	0.228	0.390	-0.258	0.032	-0.255	0.325	-0.290

续表

组分比例	3:1	2:1	1:1	1:2	1:3	1:4	1:5	0:1
拉伸模量	10.715	9.815	10.224	10.952	11.339	11.545	12.861	14.036
泊松比	0.237	0.238	0.236	0.233	0.232	0.235	0.234	0.241
体积模量	6.790	6.244	6.455	6.836	7.052	7.261	8.058	9.032
剪切模量	4.331	3.964	4.136	4.441	4.602	4.674	5.211	5.655
柯西压	2.170	2.603	2.387	2.019	1.720	1.297	1.235	0.701

注：除泊松比外，其他力学参数的单位均为 GPa。

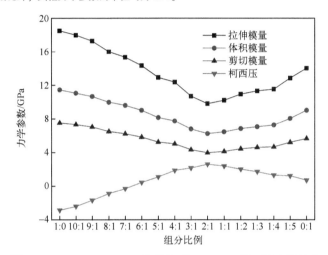

图 6-8　CL-20/LLM-105 共晶体系（1 0 1）晶面的力学性能

从表 6-10 与图 6-8 可以看出，对于纯 CL-20 晶体，弹性系数与拉伸模量、体积模量、剪切模量的值较大，其中拉伸模量为 18.497GPa，体积模量为 11.460GPa，剪切模量为 7.513GPa，而柯西压为-2.866GPa。拉伸模量、体积模量、剪切模量的值较大，表明纯组分 CL-20 晶体的硬度与刚性较强，断裂强度较大当受到外力作用时在晶体内部不容易产生形变，柯西压为负值，则表明 CL-20 晶体呈现出脆性，延展性较差。因此，CL-20 晶体的力学性能不够理想，不利于其在加工、使用等环节保持较好的性能。当向 CL-20 中加入 LLM-105 后，体系的弹性系数与模量有不同程度的减小，而柯西压则增大。例如，当 CL-20 与 LLM-105 的组分比例（CL-20：LLM-105）为 10:1 时，拉伸模量、体积模量、剪切模量分别为 17.989GPa、11.063GPa、7.318GPa，柯西压的值为-2.422GPa；对于组分比例为 2:1 的共晶炸药模型，力学参数分别为 9.815GPa、6.244GPa、3.964GPa、2.603GPa；而当组分比例为 1:5 时，对应的力学参数分别为 12.861GPa、8.058GPa、5.211GPa、1.235GPa。与 CL-20 相比，CL-20/LLM-105 共晶炸药的拉伸模量减小 0.508~8.682GPa，体积模量减小 0.397~5.216GPa，剪切模量减小 0.195~3.549GPa，而柯西压增大 0.444~5.469GPa。模量减小，表明体系的硬度减小，刚性减弱，断裂强度降低，而柯西压增大，则表明体系的延展性增强。因此，CL-20/LLM-105 共晶炸药的刚性、硬度与断裂强度均低于 CL-20，但延展性好于 CL-20，即向 CL-20 中加入 LLM-105，可以改善 CL-20 晶体的力学性能。

此外，图 6-8 中力学参数的变化趋势还表明，对于不同比例的共晶体系，当 CL-20 与 LLM-105 的比例为 2:1 时，拉伸模量、体积模量、剪切模量的值最小，但柯西压的值最大，表明组分比例为 2:1 的共晶炸药具有最佳的力学性能。

对于不同晶面与不同比例的 CL-20/LLM-105 共晶炸药模型，计算得到其力学性能参数，结果如表 6-11 所列。

表 6-11　不同组分比例与不同取代类型的 CL-20/LLM-105 共晶体系的力学参数

组分比例	力学参数	(0 1 1)	(1 0 -1)	(1 1 0)	(1 1 -1)	(0 0 2)	(1 0 1)	(0 2 1)	随机取代
10:1	拉伸模量	15.881	16.442	17.188	14.943	16.998	17.989	17.843	18.012
	泊松比	0.228	0.225	0.227	0.230	0.227	0.229	0.228	0.232
	体积模量	9.731	9.965	10.493	9.224	10.377	11.063	10.933	11.201
	剪切模量	6.466	6.711	7.004	6.074	6.926	7.318	7.265	7.309
	柯西压	-1.630	-1.818	-2.593	-1.529	-2.121	-2.422	-3.297	-1.752
9:1	拉伸模量	15.346	16.054	16.411	14.974	16.500	17.286	17.278	17.233
	泊松比	0.229	0.227	0.229	0.228	0.230	0.230	0.227	0.229
	体积模量	9.438	9.801	10.093	9.175	10.185	10.671	10.548	10.598
	剪切模量	6.243	6.542	6.677	6.097	6.707	7.027	7.041	7.011
	柯西压	-0.303	-1.144	-2.036	-0.114	-1.732	-1.687	-2.436	-1.269
8:1	拉伸模量	13.079	14.319	15.582	12.704	15.633	16.007	15.760	15.674
	泊松比	0.232	0.231	0.231	0.233	0.232	0.233	0.233	0.228
	体积模量	8.134	8.872	9.654	7.930	9.722	9.992	9.838	9.604
	剪切模量	5.308	5.816	6.329	5.152	6.345	6.491	6.391	6.382
	柯西压	0.418	-0.731	-1.371	0.679	-0.858	-0.891	-1.774	-0.528

续表

组分比例	力学参数	(0 1 1)	(1 0 -1)	(1 1 0)	(1 1 -1)	(0 0 2)	(1 0 1)	(0 2 1)	随机取代
7:1	拉伸模量	12.871	14.140	15.109	12.182	14.990	15.344	15.611	15.363
	泊松比	0.230	0.229	0.231	0.234	0.230	0.234	0.231	0.236
	体积模量	7.945	8.696	9.361	7.633	9.253	9.614	9.672	9.699
	剪切模量	5.232	5.753	6.137	4.936	6.093	6.217	6.341	6.215
	柯西压	1.239	-0.212	-0.915	1.604	-0.457	-0.298	-1.238	0.152
6:1	拉伸模量	9.963	12.434	14.305	9.587	12.498	14.353	14.934	14.014
	泊松比	0.228	0.230	0.227	0.229	0.228	0.235	0.227	0.228
	体积模量	6.105	7.675	8.733	5.896	7.658	9.027	9.117	8.587
	剪切模量	4.057	5.054	5.829	3.900	5.089	5.811	6.085	5.706
	柯西压	2.026	1.005	0.457	2.257	0.638	0.452	-0.417	0.993
5:1	拉伸模量	8.779	10.409	12.351	9.263	10.680	12.934	13.870	13.326
	泊松比	0.231	0.227	0.234	0.231	0.229	0.236	0.230	0.233
	体积模量	5.439	6.355	7.739	5.739	6.569	8.165	8.562	8.319
	剪切模量	3.566	4.242	5.005	3.762	4.345	5.232	5.638	5.404
	柯西压	1.936	1.835	1.398	2.440	1.660	1.094	1.034	1.614
4:1	拉伸模量	8.223	9.212	11.688	7.560	10.891	12.377	12.707	12.330
	泊松比	0.232	0.234	0.230	0.234	0.229	0.234	0.231	0.235
	体积模量	5.114	5.772	7.215	4.737	6.698	7.755	7.873	7.755
	剪切模量	3.337	3.733	4.751	3.063	4.431	5.015	5.161	4.992
	柯西压	2.536	2.003	1.692	2.698	1.771	1.873	1.550	1.837
3:1	拉伸模量	7.050	8.578	10.288	6.626	9.621	10.715	10.621	9.820
	泊松比	0.229	0.226	0.228	0.230	0.229	0.237	0.230	0.239
	体积模量	4.336	5.218	6.304	4.090	5.917	6.790	6.556	6.271
	剪切模量	2.868	3.498	4.189	2.693	3.914	4.331	4.317	3.963
	柯西压	2.887	2.236	2.183	3.015	2.437	2.170	1.915	2.265
2:1	拉伸模量	5.658	7.269	8.192	5.709	8.223	9.815	9.348	8.175
	泊松比	0.233	0.227	0.229	0.228	0.232	0.238	0.228	0.233
	体积模量	3.532	4.438	5.038	3.498	5.114	6.244	5.728	5.103
	剪切模量	2.295	2.962	3.333	2.325	3.337	3.964	3.806	3.315
	柯西压	3.350	2.663	2.527	3.203	2.577	2.603	2.195	2.962

续表

组分比例	力学参数	(0 1 1)	(1 0 -1)	(1 1 0)	(1 1 -1)	(0 0 2)	(1 0 1)	(0 2 1)	随机取代
1:1	拉伸模量	6.052	7.457	8.473	5.470	7.557	10.224	9.491	8.743
	泊松比	0.227	0.228	0.234	0.231	0.233	0.236	0.229	0.229
	体积模量	3.695	4.569	5.309	3.389	4.717	6.455	5.837	5.377
	剪切模量	2.466	3.036	3.433	2.221	3.064	4.136	3.861	3.557
	柯西压	3.177	2.602	2.344	3.501	2.188	2.387	2.015	2.464
1:2	拉伸模量	6.096	7.619	8.908	5.956	7.694	10.952	9.668	9.077
	泊松比	0.229	0.232	0.231	0.227	0.233	0.233	0.228	0.232
	体积模量	3.749	4.738	5.519	3.636	4.803	6.836	5.924	5.645
	剪切模量	2.480	3.092	3.618	2.427	3.120	4.441	3.936	3.684
	柯西压	3.190	2.495	2.269	3.487	2.130	2.019	2.136	2.461
1:3	拉伸模量	6.405	7.618	8.819	6.057	7.923	11.339	9.491	9.475
	泊松比	0.229	0.228	0.227	0.231	0.230	0.232	0.229	0.234
	体积模量	3.939	4.668	5.384	3.753	4.891	7.052	5.837	5.936
	剪切模量	2.606	3.102	3.594	2.460	3.221	4.602	3.861	3.839
	柯西压	2.826	2.154	1.857	3.110	1.969	1.720	1.794	1.783
1:4	拉伸模量	7.231	7.911	9.223	6.745	8.351	11.545	9.497	10.230
	泊松比	0.232	0.233	0.230	0.227	0.228	0.235	0.231	0.231
	体积模量	4.497	4.938	5.693	4.118	5.117	7.261	5.884	6.338
	剪切模量	2.935	3.208	3.749	2.749	3.400	4.674	3.857	4.155
	柯西压	2.629	1.904	1.738	2.737	1.695	1.297	1.387	1.361
1:5	拉伸模量	8.101	9.386	9.616	7.450	9.376	12.861	10.188	11.665
	泊松比	0.232	0.227	0.230	0.232	0.228	0.234	0.232	0.236
	体积模量	5.038	5.730	5.936	4.633	5.745	8.058	6.336	7.365
	剪切模量	3.288	3.825	3.909	3.023	3.818	5.211	4.135	4.719
	柯西压	2.062	1.618	1.217	2.219	1.446	1.235	1.204	1.262

注：拉伸模量、体积模量、剪切模量与柯西压的单位为GPa，泊松比无单位。

从表6-11可以看出，对于不同比例与不同取代类型的CL-20/LLM-105共晶炸药模型，总体上看，当CL-20与LLM-105的组分比例在10:1~2:1范围时，随着体系中CL-20含量的减小，共晶炸药的拉伸模量、体积模量、剪切模量呈逐渐减小趋势，而柯西压逐渐增大。当组分比例在1:1~1:5范围时，随着LLM-105含量的增加，拉伸模量、体积模量、剪切模量呈逐渐增大趋势，而柯西压逐渐减小，即当 CL-20 与 LLM-105 的比例在 2:1 或 1:1 附近时，炸药的模量最小。柯西压最大，表明共晶炸药模型的刚性最弱，断裂强度最低，但延展性最好，即组分的比例为 2:1 或 1:1 时，共晶炸药的力学性能最为理想。

此外，表 6-11 还表明，在不同晶面的取代模型中，（0 1 1）、（1 1 0）、（1 0 1）、（1 0 -1）、（0 2 1）晶面与随机取代模型在组分比例为 2:1 时，拉伸模量、体积模量与剪切模量达到最小值，柯西压达到最大值，力学性能最优，（1 1 -1）与（0 0 2）晶面在组分比例为 1:1 时力学性能最优，因此当 CL-20 与 LLM-105 的比例为 2:1 或 1:1 时，共晶炸药具有较为理想的力学性能。

6.4 小　　结

本章分别以 CL-20 与 LLM-105 两种高能炸药为研究对象，建立了不同组分比例与不同取代类型的 CL-20/LLM-105 共晶炸药的模型，预测了各种模型的性能，并与 CL-20 的性能进行了比较，评价了共晶炸药的综合性能，探讨了组分比例对共晶炸药性能的影响情况，得到的主要结论如下。

(1) CL-20 与 LLM-105 的组分比例会影响共晶炸药的稳定性。其中，当 CL-20 与 LLM-105 的组分比例为 2:1 或 1:1 时，共晶炸药中 CL-20 与 LLM-105 分子之间的作用力最强，结合能最大，共晶炸药最稳定。在不同晶面的取代模型中，（1 0 -1）晶面的结合能最大，稳定性更好，在该晶面上最容易形成共晶，而（1 0 1）晶面的结合能最小，稳定性最差，最不容易形成共晶。

(2) 由于 LLM-105 的感度较低，将其加入到 CL-20 中，使得共晶炸药中 CL-20 分子中引发键的键长减小 0.004~0.054Å（0.24%~3.30%），而引发键键能增大 2.7~19.8kJ/mol（1.95%~14.29%），内聚能密度增大 0.011~0.146kJ/cm^3（1.71%~22.64%），共晶炸药的感度降低，安全性得到提高与改善。其中，当 CL-20 与 LLM-105 的比例为 2:1 或 1:1 时，共晶体系的感度最低，安全性最好，共晶炸药中 LLM-105 组分的降感效果最好。

(3) CL-20/LLM-105 共晶炸药的密度与爆轰参数小于 CL-20，威力减小，能量密度降低。但组分比例为 10:1~2:1 的共晶炸药仍具有较高的密度与爆轰参数，满足 HEDC 的要求（密度大于 1.9g/cm^3，爆速大于 9.0km/s，爆压大于 40.0GPa），而组分比例为 1:1~1:5 的共晶炸药，由于密度或爆轰参数减小幅度过大，能量密度不满足 HEDC 的要求。

(4) 纯 CL-20 晶体的模量较大，其中拉伸模量、体积模量、剪切模量分别为 18.497GPa、11.460GPa、7.513GPa，柯西压为负值 -2.866GPa，表明其刚性较强，断裂强度与硬度较大，但延展性较差，力学性能不够理想。向 CL-20 中加入 LLM-105，使得炸药的拉伸模量、体积模量、剪切模量分别减小 0.508~8.682GPa、0.397~5.216GPa、0.195~3.549GPa，柯西压增大 0.444~5.469GPa，力学性能得到改善。当 CL-20 与 LLM-105 的组分比例在 2:1 附近时，CL-20/LLM-105 共晶炸药的模量最小，其中拉伸模量为 9.815GPa，体积模量为 6.244GPa，剪切模量为 3.964GPa，柯西压最大，为 2.603GPa，说明其刚性与硬度最弱，延展性最强，力学性能最好。

综上所述，当 CL-20 与 LLM-105 的组分比例为 2:1 时，共晶炸药中 CL-20 与 LLM-105 分子间的作用力最强，稳定性最好，共晶炸药的感度最低，安全性能最好，同时共晶炸药的力学性能最优，并且能量密度满足 HEDC 的指标要求。因此，组分比例为 2:1 的 CL-20/LLM-105 共晶炸药综合性能最好，是一种新型的 HEDC，也最具有研究价值与发展应用前景。

第7章 CL-20/TNAD 共晶炸药的性能研究

7.1 引 言

CL-20 是一种新型的 HEDC，由于能量密度高、威力大，一直是含能材料领域重点关注的对象，其综合性能优于很多高能炸药，具有极为广阔的发展前景与非常重要的应用价值。但由于 CL-20 合成工艺复杂，制备成本高，同时机械感度高，安全性能欠佳，导致其应用受到限制。TNAD 是一种环状结构的多硝基硝胺类炸药，其能量密度较高，热稳定性很好，撞击感度比 RDX 与 HMX 低，潜在应用价值较大[258]。由于共晶可以改善炸药的性能，在含能材料改性方面具有明显的优势，因此可以考虑向 CL-20 中加入一定量的 TNAD，形成 CL-20/TNAD 共晶炸药，从而达到降低 CL-20 感度，提高安全性的目的。一方面，由于 CL-20 与 TNAD 都属于高能炸药，具有较好的能量特性，因此 CL-20/TNAD 共晶炸药有望保持高能量密度；另一方面，由于 TNAD 的机械感度较低，在共晶炸药中可以发挥降感的作用，从而使得 CL-20/TNAD 共晶炸药具有较低的感度与较好安全性。总之，CL-20/TNAD 共晶炸药在保持高能量密度与高威力的同时，具有较低的机械感度，有望成为新型的高能钝感炸药。

鉴于此，本章分别以 CL-20 与 TNAD 作为共晶炸药的主、客体组分，建立不同组分比例的 CL-20/TNAD 共晶炸药模型，预测其性能，探讨钝感组分 TNAD 对 CL-20 性能的影响，通过比较筛选出综合性能最优的共晶炸药，指导高能钝感共晶炸药的设计。

7.2 模型建立与计算方法

7.2.1 CL-20 与 TNAD 模型的建立

CL-20 属于多硝基硝胺类的高能炸药，分子中具有 6 个活性基团（N—

第7章 CL-20/TNAD 共晶炸药的性能研究

NO_2 基团),分子呈现出笼形结构;TNAD 属于环状结构的硝胺类化合物,分子中具有 N—NO_2 基团。CL-20 与 TNAD 的晶体结构与晶格参数等信息列于表 7-1 中。

根据 CL-20 与 TNAD 的晶体结构与晶格参数信息,分别建立其分子模型与单个晶胞模型,如图 7-1、图 7-2 所示。

表 7-1 CL-20 与 TNAD 的晶体结构与晶格参数和密度

晶格参数	CL-20[153]	TNAD[258]
化学式	$C_6H_6O_{12}N_{12}$	$C_6H_{10}O_8N_8$
相对分子质量	438	322
晶系	单斜	三斜
空间群	P21/A	P-1
a/Å	13.696	6.461
b/Å	12.554	6.845
c/Å	8.833	7.542
α/(°)	90.00	74.01
β/(°)	111.18	75.00
γ/(°)	90.00	68.53
V/Å^3	1416.15	288.23
ρ/(g/cm^3)	2.035	1.822
Z	4	1

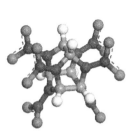
(a) CL-20 分子模型

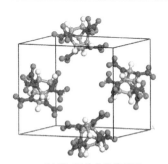
(b) CL-20 单个晶胞模型

图 7-1 CL-20 分子与单个晶胞模型

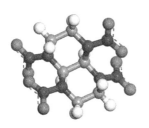

(a) TNAD分子模型　　　　　　(b) TNAD单个晶胞模型

图 7-2　TNAD 分子与单个晶胞模型

7.2.2　CL-20/TNAD 共晶体系组分比例的选取

在 CL-20/TNAD 共晶体系中，CL-20 的能量密度高于 TNAD，但 TNAD 的感度低于 CL-20，因此 CL-20 主要起到使共晶炸药保持高威力的作用，TNAD 主要是发挥降感的作用。在共晶炸药中，主体组分（CL-20）与客体组分（TNAD）的比例会影响炸药的综合性能，尤其是炸药的威力与安全性。当 CL-20 所占的比例过大时，对能量密度有利，但是会导致共晶炸药的感度过高，对安全性不利。相反，当 TNAD 所占的比例过大时，对安全性有利，但对能量密度不利。因此，为了克服炸药的能量密度与安全性之间的矛盾，使共晶炸药具有较高的威力与合适的感度，CL-20 与 TNAD 的组分比例应控制在合理的范围内。综合考虑到炸药的各项性能，同时为了探讨组分比例对共晶炸药的性能影响情况，在 CL-20/TNAD 共晶体系中，CL-20 与 TNAD 的组分比例（组分比例 CL-20∶TNAD）设置为 10∶1~1∶5。对于不同组分比例的共晶炸药，体系中 CL-20 与 TNAD 所占的质量分数如表 7-2 所列。

表 7-2　CL-20/TNAD 共晶体系的组分比例与各组分的质量分数

序　号	组分比例 (CL-20∶TNAD)	质量分数/%	
		w（CL-20）	w（TNAD）
1	1∶0	100.00	0.00
2	10∶1	93.15	6.85
3	9∶1	92.45	7.55
4	8∶1	91.58	8.42
5	7∶1	90.50	9.50

续表

序　号	组分比例 (CL-20:TNAD)	质量分数/%	
		w(CL-20)	w(TNAD)
6	6:1	89.08	10.92
7	5:1	87.18	12.82
8	4:1	84.47	15.53
9	3:1	80.32	19.68
10	2:1	73.12	26.88
11	1:1	57.63	42.37
12	1:2	40.48	59.52
13	1:3	31.20	68.80
14	1:4	25.38	74.62
15	1:5	21.39	78.61
16	0:1	0.00	100.00

注：组分比例1:0代表CL-20；组分比例0:1代表TNAD。

7.2.3　CL-20/TNAD 共晶模型的建立

在建立 CL-20/TNAD 共晶炸药模型时，参考之前的研究工作[101,112,113,115-117,119,122]中所选取的方法，本章中采用取代法建立 CL-20/TNAD 共晶炸药的模型，即采用 TNAD 分子取代一定数量的 CL-20 分子，从而得到共晶炸药的模型，其中取代分子的数量根据共晶炸药中各组分的比例来确定。

在采用取代法建立共晶炸药的模型时，取代类型通常分为两种：①随机取代；②主要生长晶面的取代。所谓随机取代，是指采用 TNAD 分子随机取代超晶胞模型中一定数量的 CL-20 分子；所谓主要生长晶面的取代，是指用 TNAD 分子取代位于主要生长晶面上的 CL-20 分子。在 2.2.3 节中，已经预测得到 CL-20 的主要生长晶面有 7 个，分别为 (0 1 1)、(1 1 0)、(1 0 -1)、(0 0 2)、(1 1 -1)、(0 2 1) 与 (1 0 1) 晶面，因此本章中主要生长晶面的取代即为上述 7 个晶面的取代。

根据共晶炸药中 CL-20 与 TNAD 组分的比例，从而确定共晶体系中 CL-20 超晶胞的模型、共晶模型中包含的 CL-20 分子数、TNAD 分子数与共晶模型中包含的原子总数等信息，结果如表 7-3 所列。

表 7-3 CL-20/TNAD 共晶体系的组分比例与相关参数

组分比例	超晶胞模型	分子总数	CL-20 分子总数	TNAD 分子总数	原子总数
1:0	3×3×2	72	72	0	2592
10:1	11×2×2	176	160	16	6272
9:1	5×4×2	160	144	16	5696
8:1	4×3×3	144	128	16	5120
7:1	4×4×2	128	112	16	4544
6:1	7×2×2	112	96	16	3968
5:1	4×3×2	96	80	16	3392
4:1	5×2×2	80	64	16	2816
3:1	4×2×2	64	48	16	2240
2:1	3×2×2	48	32	16	1664
1:1	2×2×2	32	16	16	1088
1:2	3×2×2	48	16	32	1600
1:3	4×2×2	64	16	48	2112
1:4	5×2×2	80	16	64	2624
1:5	4×3×2	96	16	80	3136
0:1	4×4×4	64	0	64	2048

以组分比例为 2:1 的 CL-20/TNAD 共晶炸药模型为例，建立共晶炸药模型的具体方法与步骤如下。

（1）根据 CL-20 的晶体结构与晶格参数，建立其单个晶胞模型，而后将单个晶胞模型扩展为 12（3×2×2）的超晶胞模型，一共包含 48 个 CL-20 分子。

（2）用 16 个 TNAD 分子分别取代超晶胞模型中的 16 个 CL-20 分子，或者取代位于 7 个主要生长晶面上的 CL-20 分子，得到含 32 个 CL-20 分子与 16 个 TNAD 分子的共晶炸药模型。

（3）分别对建立的模型进行能量最小化处理，优化其晶体结构。以随机取代模型为例，图 7-3 给出了优化后的共晶炸药模型。

7.2.4 计算条件设置

在建立 CL-20、TNAD 以及不同比例与不同取代类型的 CL-20/TNAD 共晶炸药的初始模型后，对 CL-20、TNAD 与 CL-20/TNAD 共晶的初始模型进行能量最小化处理，优化其晶体结构，使模型中分子的排列位置发生改变，模型结构更趋于稳定与合理,同时消除内应力的影响,从而提高计算精度。优化过程结束后,进行分子动力学计算,选择恒温恒压(NPT)系综,即体系的温度、压力与模型中的原子总数在整个过程中始终保持恒定,压力设置为0.0001GPa,温度设置为295K。在计算时,为保证计算结果的精度与准确性,选择COMPASS力场[157,158]:一是COMPASS力场采用从头算法,其中的参数已经进行了修正,能够保证计算精度;二是该力场适合用于对凝聚态物质进行计算,预测其性能。在进行计算时,模型中分子的初始速度由Maxwell-Boltzman分布确定,采用周期性边界条件。为了使温度与压力保持在一定的范围内,采用Andersen控温方法[159],压力采用Parrinello方法进行控制[160]。此外,采用atom-based方法[161]来计算范德华力的作用,而静电力的计算采用Ewald方法[162]。在计算中,时间步长设置为1fs,总模拟计算时间设置为200ps(2×10^5fs)。其中,前100ps主要用来对体系进行平衡计算,优化其结构,使其达到平衡状态;后100ps主要是用来对平衡体系进行计算,从而得到各种能量、体系中分子的各种化学键键长、键能与静态性能等相关的参数。在整个模拟过程中,每隔1ps输出一步结果文件,一共得到100帧体系的轨迹文件。

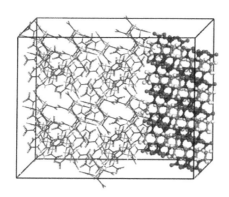

图7-3 组分比例为2:1的(1 1 -1)晶面取代
CL-20/TNAD共晶炸药模型

7.3 结果分析

7.3.1 力场选择

在对CL-20、TNAD以及CL-20/TNAD共晶模型进行MD计算时,为了使计算结果准确，需要选择合适的力场，即考察力场对于计算模型的适用性。对含能材料，MD 计算时通常选择的力场主要有 COMPASS 力场[157,158]、Universal 力场[163,164]、PCFF 力场[165,166] 与 Dreiding 力场[167]。因此，分别选择 COMPASS、Universal、PCFF 与 Dreiding 力场对 CL-20 与 TNAD 晶体进行计算，得到相应的晶格参数与密度。在 2.3.1 节中已经验证了 COMPASS 力场适用于对 CL-20 进行计算，因此本节中主要考察各种力场对 TNAD 晶体的适用性。在不同力场下，计算得到的 TNAD 晶体的晶格参数与密度如表 7-4 所列。

表 7-4　不同力场下计算的 TNAD 晶体的晶格参数与密度

晶格参数	实验值[258]	Universal	PCFF	Dreiding	COMPASS
$a/Å$	6.461	6.482	6.562	6.504	6.477
$b/Å$	6.845	6.868	6.952	6.891	6.832
$c/Å$	7.542	7.567	7.660	7.592	7.550
$\alpha/(°)$	74.01	73.86	72.02	75.11	74.12
$\beta/(°)$	75.00	75.33	76.57	76.24	75.00
$\gamma/(°)$	68.53	68.82	67.15	66.96	68.66
$\rho/(g/cm^3)$	1.822	1.804	1.739	1.786	1.819

从表 7-4 可以看出，与实验值相比，在不同的力场下，计算得到的 TNAD 晶体的晶格参数与密度之间存在一定的偏差，偏差大小顺序为 PCFF>Dreiding>Universal>COMPASS，即采用 COMPASS 力场计算得到的参数与实验值最为接近，相对误差最小，而采用 PCFF 力场计算的结果误差最大。因此，COMPASS 力场对 TNAD 晶体具有较好的适用性。此外，表 7-4 也表明，COMPASS 力场计算的结果与实验值非常接近，表明计算结果准确可信，预示该力场能够准确预测 TNAD 晶体的性能。

综合考虑到 COMPASS 力场能够准确预测 CL-20 与 TNAD 晶体的性能，对 CL-20 与 TNAD 晶体具有较好的适用性，因此本章中采用 COMPASS 力场来对 CL-20/TNAD 共晶体系的结构进行优化与 MD 计算并预测其性能。

7.3.2　体系平衡判别

在 MD 计算时，首先需要对体系的能量进行最小化处理，同时对其结构进行优化计算，从而使模型达到更加合理与稳定的构象。在优化计算过程中，体系的温度、能量、密度与模型结构等参数会发生变化。只有当体系达到平衡状态时,对其进行计算,预测其性能才有意义并保证准确性。体系的平衡通常通过模拟过程中模型的温度变化曲线与能量变化曲线来判别。通常认为,当模型的温度与能量波动的误差范围在±5%~10%时,体系已经达到平衡状态。

以组分比例为6:1,(0 2 1)主要生长晶面取代的CL-20/TNAD共晶炸药模型为例,图7-4(a)中给出了整个优化计算过程中共晶炸药模型的温度变化曲线,图7-4(b)中给出了优化计算过程中共晶炸药模型的能量变化曲线。

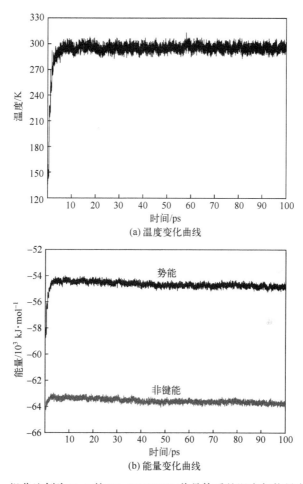

(a) 温度变化曲线

(b) 能量变化曲线

图7-4 组分比例为6:1的CL-20/TNAD共晶体系的温度与能量变化曲线

从图7-4(a)可以看出,在对体系进行优化计算的过程中,模型的温度与能量均发生了相应的变化。其中,在优化计算的初期,由于对体系进行了能量最小化处理,使得模型的结构发生变化,分子排列方式发生改变,因此体系的温度升高,并且变化幅度较大。在50ps后,体系的温度逐渐趋于稳定,并且在随后的计算过程中,温度始终在±15K范围内波动变化,预示体系的温度趋于稳定,达到平衡状态。图7-4(b)中能量的变化曲线则表明,在计算初期,能量变化幅度较大,在50ps后,体系的势能与非键能能量变化很小,逐渐达到平衡状态。因此,可以判定体系已经达到平衡状态,可以对其进行后续的计算分析。对于其他组分比例与取代类型的共晶模型,计算时均采用判别温度平衡与能量平衡的方法来判别共晶体系是否达到平衡状态。

7.3.3 稳定性

对于共晶炸药,稳定性可以通过不同组分之间的结合能来判别。结合能越大,说明共晶炸药中各组分之间的作用力越强,体系中分子结合得越紧密,预示共晶炸药的稳定性越好。同时,结合能越大,表明共晶能够形成并以稳定状态存在的概率越高。相反,结合能越小,则表明共晶体系中各组分之间的作用力越弱,预示共晶炸药的稳定性越差,组分间能够形成共晶的概率越低。

对于CL-20/TNAD共晶炸药,结合能定义为体系中CL-20与TNAD分子间的作用力,计算公式如下:

$$E_b = -E_{inter} = -[E_{total} - (E_{CL-20} + E_{TNAD})] \tag{7.1}$$

$$E_b^* = \frac{E_b \times N_0}{N_i} \tag{7.2}$$

式中:E_b为CL-20/TNAD共晶体系中CL-20与TNAD分子之间的结合能(kJ/mol);E_{inter}为共晶炸药中组分之间的相互作用力(kJ/mol);E_{total}为共晶模型在处于平衡状态时对应的总能量(kJ/mol);E_{CL-20}为去除平衡状态下共晶模型中的TNAD分子后,CL-20分子对应的总能量(kJ/mol);E_{TNAD}为删除共晶模型中所有的CL-20分子后,TNAD分子的总能量(kJ/mol);E_b^*为共晶体系中CL-20与TNAD分子之间的相对结合能(kJ/mol);N_i为第i种共晶模型中包含的CL-20与TNAD分子总数;N_0为参考的基准模型中包含的CL-20与TNAD分子总数。本章中,以组分比例为1:1的CL-20/TNAD共晶炸药模型作为基准模型,因此有$N_0=32$。

在平衡状态下,根据计算得到的CL-20/TNAD共晶体系的总能量以及单组分的CL-20、TNAD分子对应的能量,计算得到不同比例与不同取代类型的CL-20/TNAD共晶模型中分子之间的相对结合能,结果如表7-5所列与图7-5所示。

第7章　CL-20/TNAD共晶炸药的性能研究

表7-5　不同组分比例与不同取代类型的CL-20/TNAD共晶体系的结合能

（单位：kJ/mol）

组分比例	(011)	(10-1)	(110)	(11-1)	(002)	(101)	(021)	随机取代
10:1	418.18	370.59	378.06	434.76	410.66	472.30	471.37	391.28
9:1	438.09	374.89	384.48	462.09	416.82	490.93	489.56	407.51
8:1	455.43	380.64	396.49	482.71	429.62	516.69	498.70	411.31
7:1	468.09	405.01	415.01	502.72	439.68	547.26	544.72	419.41
6:1	502.37	408.58	423.78	519.71	462.24	570.32	565.77	429.57
5:1	510.50	416.91	442.16	545.82	472.59	602.18	583.09	456.65
4:1	527.27	435.98	454.06	582.21	479.63	650.51	602.11	476.53
3:1	546.39	451.37	473.62	616.42	501.39	664.82	652.13	485.17
2:1	569.46	459.45	481.26	632.94	517.76	681.27	666.84	486.76
1:1	576.01	475.81	498.42	646.23	526.02	699.69	683.74	492.43
1:2	541.61	455.43	472.27	647.93	506.25	690.92	673.49	482.08
1:3	526.09	450.21	459.41	594.61	497.12	664.20	647.11	475.98
1:4	506.24	438.74	450.32	569.07	475.71	655.15	618.69	458.65
1:5	479.24	412.07	433.03	506.77	460.21	641.61	599.88	452.52

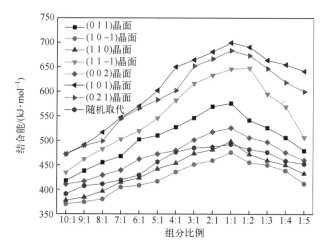

图7-5　不同组分比例与不同取代类型的CL-20/TNAD共晶体系的结合能

从表7-5与图7-5可以看出，对于不同生长晶面的取代模型，当CL-20与TNAD的组分比例从10:1变化至1:1的过程中，结合能呈现出逐渐增大的变化趋势，表明共晶炸药中CL-20与TNAD分子之间的作用力逐渐增强，预示共晶炸药的稳定性提高。当组分比例为1∶1或1∶2时，结合能达到最大值，表明体系中分子间的作用力最强，而后结合能又呈现出逐渐减小的变化趋势，预示CL-20与TNAD分子间作用力减小，共晶炸药的稳定性降低。在不同晶面的模型中，结合能的顺序为（1 0 1）>（0 2 1）>（1 1 -1）>（0 1 1）>（0 0 2）>随机取代>（1 1 0）>（1 0 -1），表明（1 0 1）晶面的结合能最大，CL-20与TNAD分子间的作用力最强，共晶炸药的稳定性最好，共晶最容易在该晶面上形成，其次为（0 2 1）晶面，而（1 0 -1）晶面的结合能最小，分子之间的作用力最弱，共晶炸药的稳定性最差，形成共晶的可能性最小。

此外，图7-5还表明，对于（0 1 1）、（1 0 -1）、（1 1 0）、（0 0 2）、（1 0 1）、（0 2 1）晶面与随机取代模型，当体系中CL-20与TNAD的组分比例为1∶1时，结合能最大；对于（1 1 -1）晶面，结合能达到最大值时，体系中CL-20与TNAD的组分比例为1∶2。因此，当共晶炸药中CL-20与TNAD组分的组分比例为1∶1或1∶2时，共晶炸药中组分之间的作用力最强，稳定性最好，形成共晶的可能性最大。

7.3.4 感度

感度主要是用来反映含能材料对外界的刺激或者意外事故的敏感程度，是含能材料安全性的指标，同时也是含能材料最关键、最重要的性能之一。根据含能材料感度预测的理论，本章中采用肖等[195,197-202]提出的引发键键长、引发键键能与内聚能密度理论来判别不同比例的CL-20/LLM-105共晶炸药的感度，从而评价其安全性。

7.3.4.1 引发键键长

对含能材料来说，引发键定义为分子中强度最弱、键能最小的化学键。在炸药分子所有的化学键中，由于引发键的活性最强、能量最小，在外界作用下，引发键发生断裂破坏的可能性最大。在CL-20/TNAD共晶炸药中，CL-20与TNAD均属于高能炸药，分子中都存在活性基团与各自的引发键。由于CL-20是高感度炸药，而TNAD属于钝感炸药，因此TNAD的感度远低于CL-20，在外界刺激下，共晶炸药中的CL-20分子活性更强，将先于TNAD分子发生反应，CL-20分子中的引发键将优先发生断裂破坏，从而导致CL-20/TNAD共晶炸药发生分解或爆炸等相关的反应。因此，选择CL-20分子中的引发键来预测CL-20/TNAD共晶炸药的感度。对于CL-20来说，分子中N—NO_2基团中的N—N键的强度最低，发生断裂破坏的可能性最大，即N—N键是CL-20分子的引发键[174-176]。

第7章 CL-20/TNAD共晶炸药的性能研究

当CL-20/TNAD共晶体系达到平衡状态时,选择体系中CL-20分子中的N—N键对其进行分析,可以得到引发键的键长分布情况。以组分比例为3:1,(１０１)主要生长晶面的取代模型为例,在体系处于平衡状态时,N—N键的键长分布如图7-6所示(图7-6中横坐标表示N—N键的键长值,纵坐标表示键长对应的分布概率)。

表7-6中列出了取代晶面为(１０１)晶面时,对于不同组分比例的CL-20/TNAD共晶炸药,体系中CL-20分子的引发键键长分布情况。

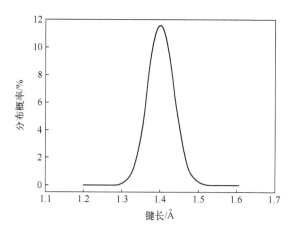

图7-6 组分比例为3∶1的CL-20/TNAD
共晶体系中引发键的键长分布

表7-6 不同组分比例的CL-20/TNAD共晶体系中引发键的键长

键长	1:0	10:1	9:1	8:1	7:1	6:1	5:1	4:1
最可几键长/Å	1.396	1.395	1.396	1.395	1.397	1.396	1.396	1.397
平均键长/Å	1.397	1.397	1.396	1.396	1.397	1.395	1.395	1.395
最大键长/Å	1.630	1.628	1.625	1.623	1.622	1.617	1.608	1.595
键长	3:1	2:1	1:1	1:2	1:3	1:4	1:5	0:1
最可几键长/Å	1.396	1.395	1.395	1.396	1.395	1.396	1.395	—
平均键长/Å	1.396	1.396	1.396	1.396	1.395	1.395	1.395	—
最大键长/Å	1.590	1.587	1.581	1.593	1.597	1.606	1.612	—

从图 7-6 可以看出，在平衡状态下，CL-20/TNAD 共晶体系中 CL-20 分子中的引发键（N—N 键）的分布类似于高斯分布，其中绝大部分（大于 90%）引发键的键长分布在 1.30Å～1.50Å 范围内。当 N—N 键的键长为 1.396Å 时，键长的分布概率最大，预示共晶炸药模型中 N—N 键的键长为 1.396Å 的 CL-20 分子所占数量最多。

从表 7-6 可以看出，对于不同比例的共晶炸药，在平衡状态下，CL-20 分子中对应的最可几键长与平均键长的数值差异较小，表明 CL-20 与 TNAD 的组分比例对最可几键长与平均键长的影响程度很小，影响效果很弱，而不同模型之间的最大键长差异较大。对于纯 CL-20 晶体，最大键长为 1.630Å，对于 CL-20/TNAD 共晶体系，最大键长均小于 CL-20 晶体对应的键长。其中，当组分比例为 10:1 时，最大键长为 1.628Å；当组分比例为 1:1 时，最大键长达到最小值 1.581Å。与纯 CL-20 晶体相比，最大键长减小幅度为 0.002～0.049Å（0.12%～3.01%）。最大键长减小，表明 N—N 键的键长缩短，与引发键直接相连的 N 原子之间的距离减小，N 原子之间的作用力增强，N—N 键的强度增大，预示共晶炸药的感度降低。因此，CL-20/TNAD 共晶炸药的感度低于 CL-20，即通过与 TNAD 形成共晶，可以降低 CL-20 的机械感度，提高安全性。

此外，表 7-6 中引发键的变化趋势还表明，当 CL-20 与 TNAD 的比例从 10:1 变化至 1:1 的过程中，最大键长呈下降趋势，当组分比例从 1:1 变化至 1:5 的过程中，最大键长呈增大趋势，即 CL-20 与 TNAD 的组分比例为 1:1 时，最大键长最小，引发键的强度最大，共晶炸药的感度最低，此时，共晶炸药的安全性最好。

7.3.4.2 键连双原子作用能

键连双原子作用能也可以简称为引发键的键能，主要是反映含能材料分子中引发键的强度，是判别含能材料感度的重要依据。引发键的键能越大，说明引发键的强度越高，如果要断开引发键，需要外界施加的能量越多，预示在同等条件下，含能材料的引发键越稳定，感度越低；反之，引发键键能越小，说明引发键的强度越弱，发生断裂破坏的可能性越大，预示含能材料的感度越高，安全性越差。

键连双原子作用能 E_{N-N} 可用下式计算：

$$E_{N-N}=\frac{E_T-E_F}{n} \tag{7.3}$$

式中：E_{N-N} 为共晶体系中 CL-20 分子中引发键（N—N 键）的键能（kJ/mol）；E_T 为共晶炸药模型达到平衡状态时整个体系对应的总能量（kJ/mol）；E_F 为约束共晶模型中 CL-20 分子中所有的 N 原子后，体系对应的总能量（kJ/mol）；

n 为共晶炸药模型中所有的 CL-20 分子中包含的引发键的数量,可以根据组分的比例与 CL-20 分子的数量来确定。

根据 MD 计算时得到的共晶体系的总能量与约束 CL-20 分子中 N 原子后体系的能量以及模型中含有的 N—N 键的数量,计算得到不同比例与不同取代类型的 CL-20/TNAD 共晶模型中 CL-20 分子中引发键的键连双原子作用能,结果如表 7-7 所列与图 7-7 所示。

表 7-7　CL-20/TNAD 共晶体系中引发键的键连双原子作用能　（单位：kJ/mol）

组分比例	(0 1 1)	(1 0 -1)	(1 1 0)	(1 1 -1)	(0 0 2)	(1 0 1)	(0 2 1)	随机取代
1:0	135.9	133.7	132.9	138.2	134.1	138.6	137.1	134.3
10:1	137.3	134.0	133.1	138.8	135.4	141.3	137.9	136.8
9:1	137.5	135.3	133.3	139.7	137.0	141.6	138.4	138.2
8:1	138.4	135.9	133.7	140.6	138.1	142.0	139.5	138.4
7:1	139.9	137.1	134.4	140.8	138.2	142.7	141.9	138.9
6:1	140.6	138.2	137.5	144.3	138.8	148.2	142.4	139.4
5:1	143.5	138.4	137.8	146.4	140.3	148.4	145.0	141.1
4:1	144.8	141.9	139.0	147.0	142.0	150.3	145.2	141.7
3:1	150.2	142.6	140.4	149.5	142.4	153.7	147.1	142.6
2:1	151.4	145.2	144.3	150.9	145.9	156.9	151.6	146.3
1:1	153.1	145.7	146.9	154.3	147.9	161.4	155.7	149.8
1:2	147.0	147.2	142.1	154.3	144.2	157.2	148.3	145.6
1:3	145.1	143.4	138.7	151.1	141.0	154.4	147.6	145.3
1:4	143.9	137.5	137.6	150.2	139.6	149.0	148.0	140.7
1:5	142.6	136.0	136.9	147.7	138.5	148.3	146.6	139.2

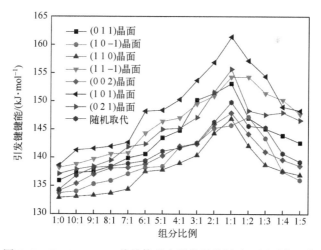

图 7-7　CL-20/TNAD 共晶体系中引发键的键连双原子作用能

从表 7-7 与图 7-7 可以看出，在 CL-20 与不同比例的 CL-20/TNAD 共晶模型中，单纯组分的 CL-20 分子中引发键的键能最小，而共晶炸药中 CL-20 分子中引发键的键能均有所增大，且随着共晶炸药中钝感组分 TNAD 含量的增加，引发键的键能逐渐增大。以（１０１）晶面的共晶模型为例，纯组分 CL-20 晶体（组分比例为 1∶0）中引发键的键能为 138.6kJ/mol；当 CL-20 与 TNAD 的比例为 10∶1 时，引发键的键能为 141.3kJ/mol；当组分比例为 1∶1 时，引发键的键能最大，为 161.4kJ/mol。与 CL-20 相比，引发键键能增大 2.7~22.8kJ/mol（1.95%~16.45%）。引发键键能增大，说明引发键的强度增大，当含能材料受到外界的刺激时，引发键需要从外界吸收更多的能量才能发生断裂破坏，预示共晶炸药的感度降低，安全性提高。因此，TNAD 可以起到降低 CL-20 的感度，提高安全性的作用。对于（０１１）、（１０ -1）、（１１０）、（１１ -1）、（００２）、（０２１）晶面与随机取代的 CL-20/TNAD 共晶模型，引发键的键能均增大，预示 CL-20/TNAD 共晶炸药的感度低于 CL-20，安全性得到提高。

此外，图 7-7 还表明，当 CL-20 与 TNAD 的组分比例从 10∶1 变化至 1∶1 的过程中，引发键键能呈现出逐渐增大的变化趋势；当组分的比例从 1∶1 变化至 1∶5 时，引发键键能又逐渐减小。对于（０１１）、（１１０）、（００２）、（１０１）、（０２１）晶面与随机取代模型，当引发键键能最大时，体系中 CL-20 与 TNAD 组分的比例为 1∶1；（１１ -1）与（１０ -1）晶面键能最大时组分的比例为 1∶2。因此，当 CL-20 与 TNAD 的比例为 1∶1 或 1∶2 时，共晶炸药的感度最低，安全性最好。

7.3.4.3 内聚能密度

内聚能密度属于非键力能量，也可以用于预测含能材料的感度，评价其安全性。内聚能密度越大，表明含能材料分子中非键力作用的强度越大，非键力作用的影响越显著，预示其感度越低，安全性越好。相反，内聚能密度越小，表明含能材料分子中非键力作用越弱，炸药的稳定性越差，感度越高。

以（１０１）主要生长晶面的取代模型为例，MD 计算时得到不同比例的 CL-20/TNAD 共晶体系的内聚能密度与相关能量，结果如表 7-8 所列。

表 7-8　不同组分比例的 CL-20/TNAD 共晶体系的内聚能密度与相关能量

单位：kJ/cm^3

参　　数	1∶0	10∶1	9∶1	8∶1	7∶1	6∶1	5∶1	4∶1
内聚能密度	0.627	0.639	0.643	0.651	0.669	0.677	0.684	0.693

续表

参　数	1:0	10:1	9:1	8:1	7:1	6:1	5:1	4:1
范德华力	0.171	0.172	0.177	0.177	0.187	0.187	0.203	0.210
静电力	0.456	0.467	0.466	0.474	0.482	0.490	0.481	0.483

参　数	3:1	2:1	1:1	1:2	1:3	1:4	1:5	0:1
内聚能密度	0.714	0.729	0.743	0.735	0.722	0.718	0.711	0.830
范德华力	0.217	0.226	0.230	0.227	0.223	0.223	0.226	0.269
静电力	0.497	0.503	0.513	0.508	0.499	0.495	0.485	0.561

注：内聚能密度=范德华力+静电力。

从表7-8可以看出，纯组分的CL-20（组分比例为1:0）内聚能密度、范德华力与静电力能量最小，分别为 $0.627kJ/cm^3$、$0.171kJ/cm^3$、$0.456kJ/cm^3$；纯组分的TNAD（组分比例为0:1）能量最高，其中内聚能密度为 $0.830kJ/cm^3$，范德华力为 $0.269kJ/cm^3$，静电力为 $0.561kJ/cm^3$；CL-20/TNAD共晶炸药对应的能量介于CL-20与TNAD之间。在CL-20/TNAD共晶炸药中，当CL-20与TNAD的组分比例为10:1时，对应的能量分别为 $0.639kJ/cm^3$、$0.172kJ/cm^3$、$0.467kJ/cm^3$；当组分比例为1:1时，体系的能量最大，分别为 $0.743kJ/cm^3$、$0.230kJ/cm^3$、$0.513kJ/cm^3$。与CL-20相比，内聚能密度增大 $0.012\sim0.116kJ/cm^3$（1.88%~18.50%），范德华力增大 $0.001\sim0.059kJ/cm^3$（0.58%~34.50%），静电力增大 $0.011\sim0.057kJ/cm^3$（2.41%~12.50%）。内聚能密度增大，表明体系中非键力作用增强，炸药发生反应时，需要从外界吸收更多的能量以克服分子间的非键力作用，实现从凝聚态到气态的转变，从而预示共晶炸药的感度降低，安全性得到提高。因此，与TNAD形成共晶后，使得CL-20的感度降低。

7.3.5　爆轰性能

爆轰性能主要是反映含能材料的威力大小与能量密度高低，也可以用于预测武器弹药的威力与毁伤效能，通常采用炸药的密度与爆轰参数作为指标来进行判定。本章采用2.3.5节中提到的修正氮当量法[219]来计算炸药的爆轰参数，评价其能量密度与威力。

根据修正氮当量理论，计算得到单纯组分的CL-20、TNAD以及不同组分比例的CL-20/TNAD共晶炸药的爆轰参数，结果如表7-9所列。

表7-9 CL-20、TNAD 与 CL-20/TNAD 共晶炸药的密度和爆轰参数

组分比例	氧平衡系数/%	密度/(g/cm^3)	爆速/(m/s)	爆压/GPa	爆热/(kJ/kg)
1:0	-10.96	2.026	9510	46.47	6230
10:1	-13.27	2.012	9471	45.52	6188
9:1	-13.51	2.008	9454	45.31	6183
8:1	-13.80	1.987	9375	44.31	6178
7:1	-14.17	1.975	9327	43.72	6171
6:1	-14.64	1.962	9274	43.08	6162
5:1	-15.29	1.951	9226	42.51	6150
4:1	-16.20	1.938	9179	41.82	6132
3:1	-17.60	1.920	9156	40.87	6104
2:1	-20.03	1.915	9145	40.37	6054
1:1	-25.26	1.912	9122	40.03	5937
1:2	-31.05	1.897	9070	38.35	5789
1:3	-34.19	1.880	8967	37.30	5700
1:4	-36.15	1.859	8866	36.24	5641
1:5	-37.50	1.833	8755	35.07	5598
0:1	-44.72	1.791	8420	31.85	5343

从表7-9可以看出，在共晶炸药中，CL-20与TNAD的组分比例会直接影响炸药的氧平衡系数、密度与爆轰参数。对于纯CL-20晶体，对应的参数分别为-10.96%、2.026g/cm^3、9510m/s、46.47GPa、6230kJ/kg；TNAD晶体对应的参数分别为-44.72%、1.791g/cm^3、8420m/s、31.85GPa、5343kJ/kg。对于CL-20/TNAD共晶炸药，由于TNAD的密度与爆轰参数低于CL-20，因此共晶炸药的密度减小，爆轰参数也有不同程度减小且TNAD组分的含量越多，共晶炸药的密度与爆轰参数越小。当CL-20与TNAD的组分比例为10:1时，共晶炸药的密度为2.012g/cm^3，爆速为9471m/s，爆压为45.52GPa，爆热为6188kJ/kg；对于组分比例为1:5的共晶模型，密度为1.833g/cm^3，爆速为8755m/s，爆压为35.07GPa，爆热为5598kJ/kg。与CL-20相比，共晶炸药的密度减小0.014~0.193g/cm^3（0.69%~9.53%），爆速减小39~755m/s（0.41%~7.94%），爆压减小0.95~11.40GPa（2.04%~24.53%），爆热减小

42~632kJ/kg（0.67%~10.14%）。密度减小，爆轰参数降低，表明含能材料的威力减小，因此向 CL-20 中加入 TNAD，使得共晶炸药的能量密度降低，且 TNAD 的含量越多，共晶炸药的能量密度越低。

此外，表 7-9 中的数据也表明，当 CL-20 与 TNAD 的组分比例在 10∶1~1∶1 范围时，虽然 CL-20/TNAD 共晶炸药的密度与爆轰参数均低于单纯组分的 CL-20，能量密度降低，但共晶炸药仍具有较高的密度与爆轰参数，满足 HEDC 指标要求（密度大于 1.9g/cm³、爆速大于 9000m/s、爆压大于 40.0GPa）；当 CL-20 与 TNAD 的组分比例在 1∶2~1∶5 范围时，由于 TNAD 所占的比重过大，从而导致共晶炸药的密度减小，爆轰参数也急剧减小。此时，共晶炸药的能量密度已不满足 HEDC 的要求。因此，为了确保 CL-20/TNAD 共晶炸药的能量密度满足 HEDC 的要求，应保证共晶炸药中 CL-20 组分占有较大的比重。

7.3.6 力学性能

力学性能主要用来评价材料的刚性、硬度、柔韧性、断裂强度与延展性等性能，会影响材料的生产、加工、贮存与使用等过程。根据 2.3.6 节中给出的力学参数的相关理论与计算公式，计算得到 CL-20、TNAD 以及不同比例的 CL-20/TNAD 共晶炸药的力学性能。

以（1 0 1）晶面的共晶模型为例，纯 CL-20 晶体、TNAD 晶体与不同比例的 CL-20/TNAD 共晶体系的弹性系数与力学参数如表 7-10 所列与图 7-8 所示。

表 7-10　CL-20/TNAD 共晶体系的力学性能

组分比例	1∶0	10∶1	9∶1	8∶1	7∶1	6∶1	5∶1	4∶1
C_{11}	25.456	24.418	22.856	22.218	19.166	17.155	16.656	15.709
C_{22}	17.189	17.032	16.098	15.101	13.335	13.630	11.908	11.678
C_{33}	15.366	13.997	13.520	13.662	11.283	11.005	10.947	10.234
C_{44}	9.392	8.541	7.708	6.382	5.627	4.209	3.531	2.981
C_{55}	6.441	6.211	6.001	5.714	5.112	5.177	4.782	4.226
C_{66}	5.232	5.004	4.474	4.620	4.338	3.938	3.235	3.423
C_{12}	6.650	6.703	6.239	5.871	5.795	5.219	5.116	4.855
C_{13}	7.811	7.155	6.447	6.268	5.909	5.477	5.533	5.330

续表

组分比例	1:0	10:1	9:1	8:1	7:1	6:1	5:1	4:1
C_{23}	8.009	7.836	7.510	7.534	7.105	6.099	5.764	5.787
C_{15}	-0.190	0.551	-0.325	0.518	0.380	0.350	-0.128	-0.495
C_{25}	-0.234	-0.290	0.389	-0.327	0.190	-0.162	-0.230	-0.401
C_{35}	0.620	0.603	-0.296	0.280	-0.030	-0.103	-0.390	0.323
C_{46}	-0.301	-0.077	-0.190	-0.223	-0.245	-0.506	-0.076	0.182
拉伸模量	18.460	17.760	17.201	15.392	15.156	13.854	13.274	12.216
泊松比	0.230	0.232	0.228	0.229	0.233	0.230	0.230	0.232
体积模量	11.395	11.045	10.540	9.466	9.460	8.552	8.193	7.597
剪切模量	7.504	7.208	7.004	6.262	6.146	5.632	5.396	4.958
柯西压	-2.742	-1.838	-1.469	-0.511	0.168	1.010	1.585	1.874
组分比例	3:1	2:1	1:1	1:2	1:3	1:4	1:5	0:1
C_{11}	13.652	13.327	12.156	12.553	12.977	13.479	14.550	14.755
C_{22}	11.038	10.455	9.230	9.369	9.574	10.203	11.261	12.269
C_{33}	8.767	8.118	8.001	7.997	7.855	8.730	8.974	11.556
C_{44}	2.855	2.094	1.848	1.582	1.624	2.261	3.019	6.204
C_{55}	3.776	3.535	3.417	3.508	3.771	3.747	4.188	5.633
C_{66}	3.413	2.997	2.892	3.230	3.215	3.518	3.744	4.936
C_{12}	4.890	4.555	4.679	4.233	3.781	4.016	4.281	6.768
C_{13}	4.219	3.771	3.572	3.606	3.703	3.177	3.938	5.977
C_{23}	5.045	4.818	4.803	4.905	5.002	5.232	5.406	6.211
C_{15}	-0.225	0.153	0.303	-0.130	0.189	-0.226	-0.125	-0.329
C_{25}	-0.109	-0.001	-0.155	-0.201	0.117	-0.081	0.133	0.325
C_{35}	0.515	0.310	-0.258	-0.420	-0.255	-0.350	-0.155	-0.030
C_{46}	-0.510	-0.205	0.189	-0.032	-0.221	0.037	-0.236	0.612
拉伸模量	11.588	10.877	9.431	9.889	10.008	10.467	11.373	12.808

续表

组分比例	3:1	2:1	1:1	1:2	1:3	1:4	1:5	0:1
泊松比	0.232	0.231	0.229	0.231	0.232	0.230	0.232	0.241
体积模量	7.206	6.739	5.800	6.127	6.224	6.461	7.073	8.274
剪切模量	4.703	4.418	3.837	4.017	4.062	4.255	4.616	5.156
柯西压	2.035	2.461	2.831	2.651	2.157	1.755	1.262	0.564

注：除泊松比外，其他力学参数的单位均为 GPa。

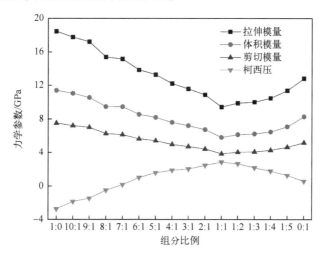

图 7-8 CL-20/TNAD 共晶模型的力学性能

从表 7-10 与图 7-8 可以看出，纯 CL-20 晶体（组分比例为 1:0）的弹性系数与拉伸模量、体积模量、剪切模量的值均较大，但柯西压为负值，其中拉伸模量为 18.460GPa，体积模量为 11.395GPa，剪切模量为 7.504GPa，柯西压为 -2.742GPa。拉伸模量、体积模量、剪切模量均为正值，且数值较大，表明 CL-20 晶体的刚性较强，硬度较大，晶体产生形变或发生断裂破坏时，需要较大的外力作用；柯西压为负值，则表明纯 CL-20 晶体呈现出脆性材料的特征，在加工与受到外界作用力时，会发生脆性断裂，不利于炸药在压装、切削等环节保持较好的性能。因此，纯 CL-20 晶体的力学性能不够理想，有待改善与提高。对于纯 TNAD 晶体，拉伸模量、体积模量、剪切模量与柯西压的值分别为 12.808GPa、8.274GPa、5.156GPa、0.564GPa，因此 TNAD 晶体的力学性能优于 CL-20。

对于不同组分比例的 CL-20/TNAD 共晶炸药模型，弹性系数有所减小，拉伸模量、体积模量、剪切模量的值小于纯 CL-20 晶体对应的模量值,而柯西压的值有所增大。例如,当 CL-20 与 TNAD 的组分比例为 10∶1 时,拉伸模量、体积模量、剪切模量的值分别为 17.760GPa、11.045GPa、7.208GPa,柯西压为 -1.838GPa;当组分比例为 1∶1 时,拉伸模量、体积模量、剪切模量的值最小,而柯西压的值最大,分别为 9.431GPa、5.800GPa、3.837GPa、2.831GPa。与 CL-20 相比,拉伸模量减小 0.700~9.029GPa,体积模量减小 0.350~5.595GPa,剪切模量减小 0.296~3.667GPa,柯西压增大 0.904~5.573GPa。拉伸模量、体积模量、剪切模量减小,表明体系的刚性减弱,断裂强度降低,硬度减小,在外界作用下,晶体更容易产生形变;柯西压增大,则表明体系的延展性增强,柔韧性变好。因此,向 CL-20 晶体中加入 TNAD,可以改善 CL-20 的力学性能,使其保持较好的综合性能。当 CL-20 与 TNAD 的组分比例为 1∶1 时,共晶体系的模量最小,柯西压最大,表明体系的力学性能最好。

对于不同晶面与不同比例的 CL-20/TNAD 共晶模型,计算得到其力学性能参数,结果如表 7-11 所列。

表 7-11 不同组分比例与不同取代类型的 CL-20/TNAD 共晶体系的力学性能

组分比例	力学参数	(0 1 1)	(1 0 -1)	(1 1 0)	(1 1 -1)	(0 0 2)	(1 0 1)	(0 2 1)	随机取代
10∶1	拉伸模量	15.907	16.619	17.482	15.858	17.125	17.760	18.609	16.793
	泊松比	0.228	0.230	0.226	0.228	0.231	0.232	0.228	0.229
	体积模量	9.747	10.259	10.634	9.717	10.610	11.045	11.402	10.327
	剪切模量	6.477	6.756	7.130	6.457	6.956	7.208	7.577	6.832
	柯西压	-1.808	-1.757	-2.422	-1.930	-2.243	-1.838	-3.177	-1.866
9∶1	拉伸模量	15.392	16.166	16.282	14.937	16.735	17.201	17.641	15.994
	泊松比	0.230	0.227	0.227	0.229	0.230	0.228	0.227	0.229
	体积模量	9.501	9.869	9.940	9.186	10.330	10.540	10.770	9.836
	剪切模量	6.257	6.588	6.635	6.077	6.803	7.004	7.189	6.507
	柯西压	-1.003	-1.259	-2.177	-0.379	-1.638	-1.469	-2.385	-1.357
8∶1	拉伸模量	13.314	14.541	15.310	12.907	15.197	15.392	15.433	15.660
	泊松比	0.231	0.229	0.229	0.233	0.230	0.229	0.229	0.230
	体积模量	8.249	8.943	9.416	8.056	9.381	9.466	9.491	9.666
	剪切模量	5.408	5.916	6.229	5.234	6.178	6.262	6.279	6.366
	柯西压	0.309	-0.804	-1.270	0.592	-0.827	-0.511	-1.657	-0.430

续表

组分比例	力学参数	(0 1 1)	(1 0 -1)	(1 1 0)	(1 1 -1)	(0 0 2)	(1 0 1)	(0 2 1)	随机取代
7:1	拉伸模量	12.803	13.948	14.818	11.920	14.693	15.156	15.308	14.896
	泊松比	0.229	0.230	0.231	0.232	0.230	0.233	0.231	0.234
	体积模量	7.874	8.610	9.181	7.413	9.070	9.460	9.484	9.333
	剪切模量	5.209	5.670	6.019	4.838	5.973	6.146	6.218	6.036
	柯西压	1.172	-0.209	-0.817	1.563	-0.408	0.168	-1.256	0.204
6:1	拉伸模量	9.913	12.255	14.087	9.603	12.208	13.854	14.787	14.301
	泊松比	0.229	0.230	0.228	0.230	0.229	0.230	0.227	0.229
	体积模量	6.096	7.565	8.632	5.928	7.508	8.552	9.027	8.794
	剪切模量	4.033	4.982	5.736	3.904	4.967	5.632	6.026	5.818
	柯西压	1.797	1.017	0.363	2.163	0.599	1.010	-0.316	0.935
5:1	拉伸模量	8.578	10.695	12.706	9.171	11.581	13.274	14.037	13.523
	泊松比	0.230	0.228	0.232	0.230	0.231	0.230	0.229	0.229
	体积模量	5.295	6.553	7.902	5.661	7.175	8.193	8.633	8.317
	剪切模量	3.487	4.355	5.157	3.728	4.704	5.396	5.711	5.502
	柯西压	1.956	1.828	1.267	2.417	1.620	1.585	1.105	1.577
4:1	拉伸模量	8.267	9.279	11.312	8.574	11.073	12.216	12.849	12.860
	泊松比	0.231	0.232	0.231	0.233	0.229	0.232	0.231	0.233
	体积模量	5.122	5.771	7.009	5.352	6.810	7.597	7.961	8.027
	剪切模量	3.358	3.766	4.595	3.477	4.505	4.958	5.219	5.215
	柯西压	2.432	1.971	1.604	2.576	1.802	1.874	1.525	1.890
3:1	拉伸模量	7.802	8.647	10.488	8.081	10.313	11.588	11.758	11.972
	泊松比	0.228	0.227	0.229	0.230	0.229	0.232	0.231	0.232
	体积模量	4.781	5.279	6.450	4.988	6.343	7.206	7.285	7.445
	剪切模量	3.177	3.524	4.267	3.285	4.196	4.703	4.776	4.859
	柯西压	2.865	2.230	2.156	2.934	2.006	2.035	1.817	2.013
2:1	拉伸模量	7.058	7.765	9.485	7.489	9.434	10.877	10.888	10.658
	泊松比	0.231	0.228	0.230	0.229	0.230	0.231	0.229	0.231
	体积模量	4.373	4.758	5.855	4.606	5.823	6.739	6.696	6.603
	剪切模量	2.867	3.162	3.856	3.047	3.835	4.418	4.430	4.329
	柯西压	3.150	2.404	2.325	3.187	2.329	2.461	2.150	2.377

续表

组分比例	力学参数	(011)	(10-1)	(110)	(11-1)	(002)	(101)	(021)	随机取代
1:1	拉伸模量	6.319	7.469	8.168	6.648	8.509	9.431	9.702	9.003
	泊松比	0.228	0.229	0.231	0.228	0.230	0.229	0.230	0.231
	体积模量	3.872	4.594	5.061	4.073	5.252	5.800	5.989	5.578
	剪切模量	2.573	3.039	3.318	2.707	3.459	3.837	3.944	3.657
	柯西压	3.368	2.501	2.655	3.518	2.102	2.831	2.258	2.516
1:2	拉伸模量	6.726	7.269	8.673	7.088	7.770	9.889	10.085	9.472
	泊松比	0.228	0.230	0.231	0.232	0.231	0.231	0.229	0.228
	体积模量	4.122	4.487	5.373	4.408	4.814	6.127	6.202	5.804
	剪切模量	2.739	2.955	3.523	2.877	3.156	4.017	4.103	3.857
	柯西压	3.394	2.905	2.364	3.316	2.464	2.651	2.034	2.277
1:3	拉伸模量	7.165	7.412	8.581	8.007	8.595	10.008	11.186	10.389
	泊松比	0.229	0.228	0.228	0.230	0.229	0.232	0.229	0.231
	体积模量	4.406	4.541	5.258	4.942	5.286	6.224	6.879	6.437
	剪切模量	2.915	3.018	3.494	3.255	3.497	4.062	4.551	4.220
	柯西压	2.855	2.245	2.006	3.004	1.955	2.157	1.635	1.828
1:4	拉伸模量	8.038	8.135	9.291	8.372	9.183	10.467	11.977	10.722
	泊松比	0.231	0.230	0.229	0.228	0.229	0.230	0.229	0.231
	体积模量	4.980	5.021	5.714	5.130	5.647	6.461	7.366	6.643
	剪切模量	3.265	3.307	3.780	3.409	3.736	4.255	4.873	4.355
	柯西压	2.516	1.917	1.877	2.736	1.690	1.755	1.402	1.507
1:5	拉伸模量	8.459	9.377	9.918	9.742	9.666	11.373	12.391	11.437
	泊松比	0.231	0.228	0.230	0.231	0.228	0.232	0.231	0.233
	体积模量	5.241	5.745	6.122	6.036	5.923	7.073	7.677	7.139
	剪切模量	3.436	3.818	4.032	3.957	3.936	4.616	5.033	4.638
	柯西压	2.266	1.608	1.426	2.204	1.433	1.262	1.304	1.419

注：拉伸模量、体积模量、剪切模量与柯西压的单位为GPa，泊松比无单位。

从表7-11可以看出，对于不同比例与不同取代类型的CL-20/TNAD共晶炸药模型，总体上看，当CL-20与TNAD的组分比例在10:1~1:1范围时，随着体系中CL-20含量的减小，共晶炸药的拉伸模量、体积模量、剪切模量呈逐渐减小趋势，而柯西压逐渐增大，当组分比例在1:2~1:5范围时，随着 TNAD 含量的增加，模量呈逐渐增大趋势，而柯西压逐渐减小，即当 CL-20 与 TNAD 的比例在 1:1 或 1:2 附近时，炸药的模量最小，柯西压最大，表明共晶炸药模型的刚性最弱，断裂强度最低，但延展性最好，即组分的比例为1:1或1:2时，共晶炸药的力学性能最为理想。此外，表7-11还表明，在不同晶面的取代模型中，（0 1 1）、（1 1 0）、（1 1 -1）、（1 0 1）、（0 2 1）晶面与随机取代模型在组分比例为1:1时，拉伸模量、体积模量与剪切模量达到最小值，柯西压达到最大值，力学性能最优，（1 0 -1）与（0 0 2）晶面在组分比例为1:2时力学性能最优，因此当 CL-20 与 TNAD 的比例为1:1或1:2时，共晶炸药具有较为理想的力学性能。

7.4 小　　结

本章以 CL-20 作为共晶炸药的主体组分，以 TNAD 作为共晶炸药的客体组分，结合 CL-20 与 TNAD 各自的性能特点，提出通过与 TNAD 形成共晶炸药来降低 CL-20 的感度，提高安全性。在此基础上，建立了不同比例与不同类型的 CL-20/TNAD 共晶炸药的模型，预测了各种模型的性能，探讨了组分比例对共晶炸药性能的影响情况，得到的主要结论如下。

（1）在共晶炸药中，组分的比例会影响 CL-20 与 TNAD 分子间作用力的强度，即炸药的稳定性。当 CL-20 与 TNAD 的组分比例为 1:1 或 1:2 时，分子之间的作用力最强，结合能最大，共晶炸药具有较好的稳定性。在该种比例条件下，CL-20 与 TNAD 形成共晶的可能性最大。

（2）由于 TNAD 属于钝感炸药，感度较低，将其加入到 CL-20 中，使得共晶炸药中 CL-20 分子中引发键的键长减小 0.002~0.049Å（0.12%~3.01%），引发键键能增大 2.7~22.8kJ/mol（1.95%~16.45%），内聚能密度增大 0.012~0.116kJ/cm^3（1.88%~18.50%），即 CL-20/TNAD 共晶炸药的感度低于 CL-20，达到了降低 CL-20 的感度，提高安全性的目的。

（3）CL-20/TNAD 共晶炸药的密度与爆轰参数低于 CL-20，威力减小，能量密度降低。当 CL-20 与 TNAD 的组分比例在 10:1~1:1 范围时，共晶炸药的能量密度满足 HEDC 的要求（密度大于 1.9g/cm^3，爆速大于 9.0km/s，爆压大于 40.0GPa）；当组分的比例在 1:2~1:5 范围时，由于密度与爆轰参数减小幅度过大，导致共晶炸药的能量密度不满足 HEDC 的要求。

（4）与纯 CL-20 晶体相比，CL-20/TNAD 共晶体系的拉伸模量、体积模量、剪切模量分别减小 0.700~9.029GPa、0.350~5.595GPa、0.296~

3.667GPa，但柯西压增大 0.904~5.573GPa，表明共晶炸药的刚性与硬度降低，断裂强度减弱，晶体有"软化"趋势，但延展性增强。因此，向 CL-20 中加入 TNAD，可以改善 CL-20 的力学性能，有利于其生产、加工等环节的可操作性。

综上所述，在 CL-20/TNAD 共晶炸药中，当 CL-20 与 TNAD 的组分比例为 1:1 时，共晶炸药的稳定性最好，感度最低，力学性能最好，能量密度满足 HEDC 的要求。在该种组分比例的条件下，共晶最容易形成且保持较好的综合性能。因此，组分比例为 1:1 的 CL-20/TNAD 共晶炸药性能最好，可视为潜在的 HEDC，有望成为新型的高能钝感炸药并得到应用，也值得进一步深入研究。

第8章 CL-20/TNT/HMX 共晶炸药的性能研究

由于共晶在含能材料降感与改性等方面具有较好的优势，因此国内外对含能共晶开展了相关的研究，目前已成功合成了一部分共晶炸药并测试了其性能。之前报道的含能共晶，多为两种组分之间形成的共晶。与原料相比，虽然共晶炸药的部分性能得到一定程度的改善，但两组分共晶炸药的某些性能仍然不够理想，有待进一步改善与提高。鉴于此，本章在两组分共晶炸药的基础上，通过综合分析共晶炸药的性能优缺点，提出三组分共晶炸药的概念，并建立不同比例的三组分共晶炸药模型，预测其性能，筛选出综合性能最佳的三组分共晶炸药，确定其组分比例。此外，通过与原料、两组分共晶炸药的性能进行比较，评估三组分共晶炸药的性能以及改性效果。

8.1 引　　言

2011年，Bolton等[26]采用溶液法，制备了CL-20/TNT共晶炸药，测试了共晶炸药的性能。结果表明，通过与TNT形成共晶，使得CL-20的感度降低很多，安全性能得到大幅度改善。同时，CL-20/TNT共晶炸药具有较好的稳定性。随后，Yang等[48-49]也成功制备了CL-20/TNT共晶炸药，测试了其结构、感度、热性能并与原料（CL-20、TNT）进行了比较，预测了共晶炸药的能量特性。结果表明，共晶炸药的感度比CL-20低很多，安全性得到大幅度提高与改善，但由于TNT的能量密度较低，从而使得共晶炸药的密度、爆轰参数减小幅度过大，即共晶炸药的能量密度不太理想。

2012年，Bolton等[27]选取CL-20、HMX为原料，制备了CL-20/HMX共晶炸药，测试了其结构，研究了共晶炸药的能量特性与感度等性能。结果表明，CL-20/HMX共晶炸药保持了CL-20高威力的优势，能量密度高于HMX，撞击感度与HMX相当。在含能材料领域，HMX属于硝胺类的高能炸药，其感度仍然偏高，安全性能不太理想，因此CL-20/HMX共晶炸药的感度仍然偏高，安全性有待进一步改善。

基于此，可以考虑在 CL-20/TNT 与 CL-20/HMX 两组分共晶炸药的基础上，以 CL-20、TNT 与 HMX 为原料，研制三组分的 CL-20/TNT/HMX 共晶炸药。三组分的 CL-20/TNT/HMX 共晶炸药既可以保持 CL-20/HMX 共晶炸药较高的能量密度优势，同时又具有 CL-20/TNT 共晶炸药较低的感度特性，即三组分共晶炸药有望同时具备高能量密度与低感度的优势，可满足高能钝感 HEDC 的要求，并在相应的领域得到推广应用以改善武器弹药的性能。

8.2 模型建立与计算方法

8.2.1 CL-20、HMX 与 TNT 模型的建立

CL-20 属于硝胺类高能化合物，化学式为 $C_6H_6O_{12}N_{12}$，分子呈现出笼形结构，具有 6 个 N—NO_2 活性基团；HMX 属于硝胺类化合物，化学式为 $C_4H_8O_8N_8$，分子为环状结构，含有 4 个亚甲基（—CH_2—基）与 4 个 N—NO_2 基团；TNT 属于芳香族的硝基类化合物，化学式为 $C_7H_5O_6N_3$，分子中具有 1 个苯环基团、1 个甲基（—CH_3 基）与 3 个 C—NO_2 基团。

CL-20 共有四种不同的晶型，分别为 α-、β-、γ-与 ε-CL-20，其中每种晶型均对应独立的分子模型、晶体结构与晶格参数且不同晶型在特定条件下存在相互转化现象。在四种不同的晶型中，ε-CL-20 的晶体密度最高，威力最大，同时稳定性最好，最具有研究与应用价值，也是研究人员最感兴趣的晶型[151,152]。HMX 有 4 种（α-、β-、γ-、δ-HMX）不同的晶型，其中 β-HMX 的结构最稳定，密度最高，综合性能最好，是目前国内外研究最多的晶型[259,260]。因此，本章中建立共晶炸药的模型时，CL-20、HMX 的晶型分别选取为 ε-CL-20、β-HMX。

ε-CL-20、β-HMX 与 TNT 的晶体结构与晶格参数等信息列于表 8-1 中。根据 CL-20、HMX 与 TNT 的晶体结构与晶格参数信息，分别建立其单个分子与单个晶胞模型，如图 8-1~图 8-3 所示。

表 8-1 CL-20、HMX 与 TNT 的晶体结构与晶格参数和密度

晶格参数	ε-CL-20[153]	β-HMX[260]	TNT[261]
分子式	$C_6H_6O_{12}N_{12}$	$C_4H_8O_8N_8$	$C_7H_5O_6N_3$
摩尔质量	438	296	227

续表

晶格参数	ε-CL-20[153]	β-HMX[260]	TNT[261]
晶系	单斜	单斜	单斜
空间群	P21/A	P21/C	P21/A
a/Å	13.696	6.540	14.9113
b/Å	12.554	11.050	6.0340
c/Å	8.833	8.700	20.8815
α/(°)	90.00	90.00	90.00
β/(°)	111.18	124.30	110.365
γ/(°)	90.00	90.00	90.00
V/Å³	1416.15	519.39	1761.37
ρ/(g/cm³)	2.035	1.894	1.654
Z	4	2	8

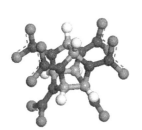

(a) CL-20 分子模型

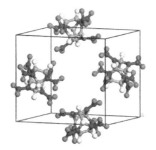

(b) CL-20 单个晶胞模型

图 8-1　CL-20 分子与单个晶胞模型

(a) HMX 分子模型

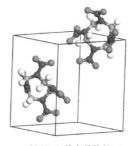

(b) HMX 单个晶胞模型

图 8-2　HMX 分子与单个晶胞模型

 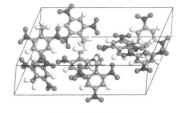

(a) TNT分子模型　　　　　　(b) TNT单个晶胞模型

图 8-3　TNT 分子与单个晶胞模型

8.2.2　CL-20/TNT 与 CL-20/HMX 共晶炸药模型的建立

Yang 等[48-49]对 CL-20/TNT 共晶炸药样品进行了单晶 X 射线衍射实验，结果表明 CL-20/TNT 共晶炸药属于正交晶系（Orthorhombic），空间群为 Pbca，共晶炸药中 CL-20 与 TNT 的组分比例（组分比例 CL-20∶TNT）为 1∶1。Bolton 等[27]的研究表明，CL-20/HMX 共晶炸药属于单斜晶系（Monoclinic），空间群为 P21/C，共晶炸药中 CL-20 与 HMX 的组分比例（组分比例 CL-20∶HMX）为 2∶1。CL-20/TNT、CL-20/HMX 共晶炸药的晶体结构与晶格参数等信息列于表 8-2 中。

根据 CL-20/TNT 与 CL-20/HMX 共晶炸药的晶格参数与晶体结构信息，分别建立其单个晶胞与超晶胞模型，如图 8-4、图 8-5 所示。

表 8-2　CL-20/TNT、CL-20/HMX 共晶炸药的晶体结构与晶格参数和密度

晶 格 参 数	CL-20/TNT[48]	CL-20/HMX[27]
分子式	$C_{13}H_{11}O_{18}N_{15}$	$C_{16}H_{20}O_{32}N_{32}$
摩尔质量	665	1172
组分比例	1∶1	2∶1
晶系	正交	单斜
空间群	Pbca	P21/C
a/Å	9.7352	16.3455
b/Å	19.9126	9.9361
c/Å	24.6956	12.1419
α/(°)	90.00	90.00
β/(°)	90.00	99.233
γ/(°)	90.00	90.00
V/Å³	4787.32	1946.42

续表

晶格参数	CL-20/TNT[48]	CL-20/HMX[27]
$\rho/(g/cm^3)$	1.846	2.000
Z	16	6

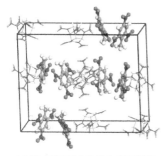 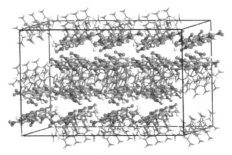

(a) CL-20/TNT共晶单个晶胞模型　　　(b) CL-20/TNT共晶(3×2×1)超晶胞模型

图 8-4　CL-20/TNT 共晶炸药的单个晶胞与超晶胞模型

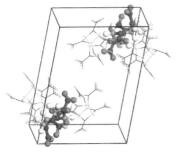 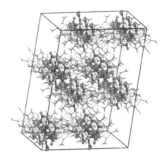

(a) CL-20/HMX共晶单个晶胞模型　　　(b) CL-20/HMX共晶(2×3×2)超晶胞模型

图 8-5　CL-20/HMX 共晶炸药的单个晶胞与超晶胞模型

8.2.3　CL-20/TNT/HMX 共晶体系组分比例的选取

在三组分 CL-20/TNT/HMX 共晶炸药中，CL-20 的能量密度最高，但感度最高，安全性能最差，TNT 的能量密度与感度均最低，HMX 的能量密度与感度均高于 TNT，但低于 CL-20。因此，在三组分共晶炸药中，CL-20、TNT 与 HMX 的组分比例会影响共晶炸药的性能，尤其需要关注的是组分比例对能量密度与安全性的影响。当共晶体系中高能组分所占的比重过大时，共晶炸药可以保持高能量密度特性，但此时炸药的感度会随着高能组分含量的增加而增大，从而对炸药的安全性产生不利影响；相反，当低能组分所占的比重过大时，共晶炸药可以保持较低的机械感度与较好的安全性，但其能量密度会大幅度减弱，从而对共晶炸药的威力产生负面影响。因此，为了使共晶炸药具有较高的能量密度，同时保持较低的机械感度，共晶体系中高能组分与低能组分的比例需要选定在一个较为合理的范围内。

前期大量的研究工作[28,47,48,51,55,69,101]表明，在共晶炸药中，当各组分的组分比例相对接近时，共晶炸药更容易形成，稳定性更好并且保持相对较好的综合性能，因此对于本章中的三组分 CL-20/TNT/HMX 共晶炸药，CL-20、TNT 与 HMX 的组分比例即根据这一原则确定。在不同比例的共晶炸药中，各组分的比例（组分比例）与各组分所占的质量分数如表 8-3 所列。

表 8-3 CL-20/TNT/HMX 共晶体系的组分比例与各组分的质量分数

序 号	组分比例 (CL-20 : TNT : HMX)	质量分数/%		
		w (CL-20)	w (TNT)	w (HMX)
1	1:0:0	100.00	0.00	0.00
2	0:1:0	0.00	100.00	0.00
3	0:0:1	0.00	0.00	100.00
4	1:1:0	65.86	34.14	0.00
5	2:0:1	74.74	0.00	25.26
6	1:1:1	45.58	23.62	30.80
7	1:1:2	34.84	18.06	47.10
8	1:1:3	28.20	14.62	57.18
9	1:2:1	36.87	38.22	24.91
10	1:2:2	29.51	30.59	39.90
11	1:2:3	24.61	25.50	49.89
12	1:3:1	30.95	48.13	20.92
13	1:3:2	25.60	39.80	34.60
14	1:3:3	21.82	33.93	44.25
15	2:1:1	62.61	16.23	21.16
16	2:1:2	51.68	13.39	34.93
17	2:1:3	44.00	11.40	44.60
18	2:2:1	53.87	27.93	18.20
19	2:2:3	39.49	20.47	40.04
20	2:3:1	47.28	36.75	15.97
21	2:3:2	40.76	31.69	27.55
22	2:3:3	35.83	27.85	36.32

续表

序　号	组分比例 (CL-20∶TNT∶HMX)	质量分数/%		
		w（CL-20）	w（TNT）	w（HMX）
23	3∶1∶1	71.53	12.36	16.11
24	3∶1∶2	61.60	10.65	27.75
25	3∶1∶3	54.09	9.35	36.56
26	3∶2∶1	63.66	22.00	14.34
27	3∶2∶2	55.68	19.24	25.08
28	3∶2∶3	49.47	17.09	33.44
29	3∶3∶1	57.35	29.73	12.92
30	3∶3∶2	50.79	26.33	22.88

注：组分比例1∶0∶0代表CL-20；组分比例0∶1∶0代表TNT；组分比例0∶0∶1代表HMX；组分比例1∶1∶0代表CL-20/TNT共晶；组分比例2∶0∶1代表CL-20/HMX共晶。

8.2.4　CL-20/TNT/HMX共晶模型的建立

根据之前的研究[101,112,113,115-117,119,122]中建立共晶炸药的模型时选取的方法，本章中采用取代法建立CL-20/TNT/HMX共晶炸药的模型，即采用TNT与HMX分子取代模型中的CL-20分子，其中取代的分子数量根据共晶炸药中各组分的比例来确定。前述章节中建立共晶炸药的模型时，取代类型分为主要生长晶面的取代与随机取代两种。由于三组分共晶炸药组分比例工况较多，CL-20的生长晶面有7个，若采用以往的方法，需要建立大量的模型，导致计算量大幅度增加，花费大量的计算时间。因此，与上述章节不同，本章中在建立共晶炸药的模型时，取代分为切割晶面的取代与随机取代两种类型。在本章中，切割晶面为（１００）、（０１０）与（００１）三个方向的主要晶面。

在三组分CL-20/TNT/HMX共晶体系中，各种体系对应的组分比例、CL-20超晶胞的模型、共晶体系中包含的分子总数、CL-20分子数、TNT分子数、HMX分子数与体系中包含的原子总数等信息列于表8-4中。

表8-4　CL-20/TNT/HMX共晶体系中组分的比例与相关参数

组分比例 (CL-20∶TNT∶HMX)	超晶胞 模型	分子总数	CL-20分子数	TNT分子数	HMX分子数	原子总数
1∶0∶0	3×3×2	72	72	0	0	2592
0∶1∶0	2×3×2	96	0	96	0	2016
0∶0∶1	4×3×3	72	0	0	72	2016

续表

组分比例 （CL-20∶TNT∶HMX）	超晶胞 模型	分子总数	CL-20 分子数	TNT 分子数	HMX 分子数	原子总数
1∶1∶0	3×2×1	96	48	48	0	2736
2∶0∶1	2×3×2	72	48	0	24	2400
1∶1∶1	3×2×2	48	16	16	16	1360
1∶1∶2	4×2×2	64	16	16	32	1808
1∶1∶3	5×2×2	80	16	16	48	2256
1∶2∶1	4×2×2	64	16	32	16	1696
1∶2∶2	5×2×2	80	16	32	32	2144
1∶2∶3	4×3×2	96	16	32	48	2592
1∶3∶1	5×2×2	80	16	48	16	2032
1∶3∶2	4×3×2	96	16	48	32	2480
1∶3∶3	7×2×2	112	16	48	48	2928
2∶1∶1	4×2×2	64	32	16	16	1936
2∶1∶2	5×2×2	80	32	16	32	2384
2∶1∶3	4×3×2	96	32	16	48	2832
2∶2∶1	5×2×2	80	32	32	16	2272
2∶2∶3	7×2×2	112	32	32	48	3168
2∶3∶1	4×3×2	96	32	48	16	2608
2∶3∶2	7×2×2	112	32	48	32	3056
2∶3∶3	4×4×2	128	32	48	48	3504
3∶1∶1	5×2×2	80	48	16	16	2512
3∶1∶2	4×3×2	96	48	16	32	2960
3∶1∶3	7×2×2	112	48	16	48	3408
3∶2∶1	4×3×2	96	48	32	16	2848
3∶2∶2	7×2×2	112	48	32	32	3296
3∶2∶3	4×4×2	128	48	32	48	3744
3∶3∶1	7×2×2	112	48	48	16	3184
3∶3∶2	4×4×2	128	48	48	32	3632

以组分比例为 2∶1∶1（CL-20∶TNT∶HMX）的三组分 CL-20/TNT/HMX 共晶体系为例，共晶炸药模型建立的具体方法如下。

（1）首先建立 CL-20 的单个晶胞模型，而后将其扩展为 16（4×2×2）的超晶胞模型，模型中包含64个CL-20分子，2304个原子。

（2）将CL-20的超晶胞模型分别沿（１００）、（０１０）与（００１）三个主要方向进行"切割"，并使坐标系的Z轴平行于晶胞模型中的c向量。

（3）将"切割"后的三个晶面方向沿c方向补充完整，得到完整的晶胞模型，其中"真空层"厚度设置为0。

（4）根据共晶炸药中各组分的比例，分别用16个TNT分子与16个HMX分子取代"切割"的三个晶面或超晶胞模型中的32个CL-20分子，得到共晶炸药的初始模型。

（5）分别对建立的各种比例与各种取代晶面的共晶模型进行优化处理，对其能量进行最小化，优化模型的结构与参数。

以（００１）晶面为例，优化后的CL-20/TNT/HMX共晶炸药的模型如图8-6所示。

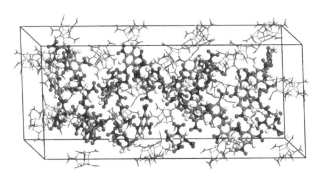

图8-6　组分比例为2∶1∶1（００１）晶面取代的CL-20/TNT/HMX共晶炸药模型

8.2.5　计算条件设置

在建立单纯组分的CL-20、TNT、HMX晶体，两组分的CL-20/TNT、CL-20/HMX共晶炸药模型以及不同比例的三组分CL-20/TNT/HMX共晶炸药初始模后，分别对建立的各种模型进行能量最小化处理，优化其晶体结构与晶格参数，同时消除内应力的影响，从而提高计算精度。优化过程结束后，进行分子动力学计算，选择恒温恒压（NPT）系综，即体系的温度、压力与模型中的原子总数在整个过程中始终保持恒定，压力设置为0.0001GPa，温度设置为295K。在MD计算时，为保证计算结果的精度与准确性，选择COMPASS力场[157,158]：一是COMPASS力场采用从头算法，其中的参数已经进行了修正，能够保证计算精度；二是该力场适合用于对凝聚态物质（包括含能材料）进行计算，预测其性能。在MD计算时，模型中分子的初始速度由Maxwell-Boltzman 分布确定,采用周期性边界条件。为了减小 MD 仿真时温度与压力的计算偏差,提高计算时温度与压力的可控性,采用 Andersen 控温方法[159],压力采用 Parrinello 方法[160]进行控制。此外,采用 atom-based 方法[161]来计算范德华力的作用,而静电力的计算采用 Ewald 方法[162]。在计算中,时间步长设置为 1fs,总模拟计算时间设置为 200ps(2×10^5fs)。其中,前 100ps 主要用于对体系进行平衡计算,优化模型结构,使其达到平衡状态;后 100ps 主要是用来对平衡体系进行计算,从而得到平衡状态下体系的能量、分子中各种化学键的键长、静态参数等相关的信息。在整个模拟过程中,每隔 1ps 输出一步结果文件,一共得到 100 帧轨迹文件。

8.3 结 果 分 析

8.3.1 力场选择

本章中需要对单纯组分的 CL-20、TNT、HMX 晶体,两组分的 CL-20/TNT 与 CL-20/HMX 共晶炸药模型以及不同比例、不同取代类型的三组分 CL-20/TNT/HMX 共晶炸药模型进行初始结构优化与 MD 计算,从而预测各种模型的性能。在进行 MD 计算时,需要选择对体系适用的力场,才能保证计算方法正确,参数设置合理,结果准确可靠,真实地预测不同模型的性能。在 2.3.1 节中已经验证了 COMPASS 力场对 CL-20 晶体模型具有较好的适用性,因此本章中还需要考察 COMAPSS 力场对 HMX、TNT、CL-20/TNT 与 CL-20/HMX 共晶炸药模型的适用性。

为了确定对体系适用性最好的力场,分别选取 COMPASS 力场[157,158]、Universal 力场[163,164]、PCFF 力场[165,166]与 Dreiding 力场[167],对不同的体系进行计算,得到各种模型的晶格参数与密度,结果如表 8-5 所列。此外,为了与实验值进行比较,表 8-5 中还列出了各种炸药晶格参数的实验值。

表 8-5　不同力场下计算的各种炸药的晶格参数与密度

炸　药	力　场	$a/Å$	$b/Å$	$c/Å$	$\alpha/(°)$	$\beta/(°)$	$\gamma/(°)$	$\rho/(g/cm^3)$
HMX	实验值[260]	6.5400	11.0500	8.7000	90.00	124.30	90.00	1.894
	COMPASS	6.4938	11.0998	8.7456	90.00	124.71	90.32	1.889
	Universal	6.6838	11.1746	8.7362	89.76	123.08	88.91	1.825
	PCFF	6.7522	11.4085	8.9823	92.38	126.19	91.82	1.721
	Dreiding	6.9451	11.6120	9.1372	87.11	120.34	93.25	1.616

续表

炸药	力场	a/Å	b/Å	c/Å	α/(°)	β/(°)	γ/(°)	ρ/(g/cm³)
TNT	实验值[261]	14.9113	6.0340	20.8815	90.00	110.365	90.00	1.654
	COMPASS	15.0038	5.9872	21.0550	89.97	109.497	90.36	1.643
	Universal	15.5718	6.4381	22.0935	87.88	113.250	92.35	1.403
	PCFF	14.5389	6.4748	21.7751	89.11	107.262	87.38	1.516
	Dreiding	15.1736	5.8455	22.5019	91.32	112.49	88.75	1.557
CL-20/TNT	实验值[48]	9.7352	19.9126	24.6956	90.00	90.00	90.00	1.846
	COMPASS	9.7475	19.9378	24.7269	90.00	90.05	90.00	1.839
	Universal	10.2321	19.7438	24.9686	88.71	91.38	90.03	1.752
	PCFF	9.9468	19.5154	25.8233	92.02	90.14	91.15	1.763
	Dreiding	10.4118	20.4326	24.9644	91.34	87.26	91.50	1.664
CL-20/HMX	实验值[27]	16.3455	9.9361	12.1419	90.00	99.233	90.00	2.000
	COMPASS	16.3510	9.9394	12.1460	90.04	99.181	90.02	1.998
	Universal	16.5494	10.0600	12.2933	89.35	98.766	91.05	1.927
	PCFF	16.8035	10.1132	12.4241	91.07	99.275	92.35	1.868
	Dreiding	17.1156	10.4042	12.7139	88.26	101.356	88.77	1.742

从表 8-5 可以看出,采用 COMPASS 力场计算得到的各种模型的晶格参数、密度与实验值非常接近,表明 COMPASS 力场对 HMX、TNT、CL-20/TNT 与 CL-20/HMX 共晶体系具有较好的适用性。另一方面,计算结果也表明,在 COMPASS 力场下计算得到的晶格参数与密度值结果精确,与实验值吻合较好。此外,与实验值相比,在 COMPASS 力场下计算的结果误差均小于其他力场计算的结果误差,表明其精度更高。因此,COMPASS 力场适用于对 CL-20、TNT、HMX、CL-20/TNT、CL-20/HMX 晶体进行 MD 计算,并且能够保证计算精度。鉴于此,本章中选择 COMPASS 力场对各种模型的结构进行优化与 MD 计算,预测其性能。

8.3.2 体系平衡判别

在 MD 计算时,需要对建立的各种模型进行优化计算,同时对能量进行最小化处理,从而使体系的结构达到更加合理与稳定的构象。在优化计算过程中,模型中分子的位置与排列方式会发生变化,从而引起体系的温度、能量、密度与模型结构等参数发生相应变化。只有当体系达到平衡状态时,对其进行计算,预测其性能才有意义并保证准确性。体系的平衡通常通过模拟过程中模型的温度变化曲线与能量变化曲线来判别。通常认为，当体系的温度变化幅度与能量变化幅度均在 5%～10% 范围内时，可以认为体系已经达到平衡状态。

以组分比例为 1∶2∶1 的 CL-20/TNT/HMX 共晶炸药模型为例，当取代的晶面为（0 1 0）晶面时，在对体系进行优化计算过程中模型的温度变化曲线如图 8-7（a）所示，能量变化曲线如图 8-7（b）所示。

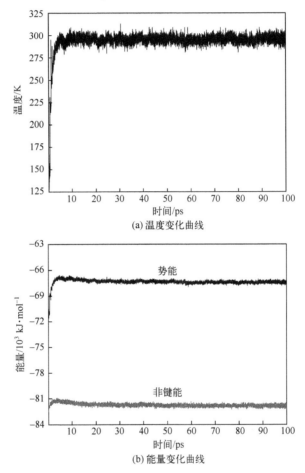

图 8-7　组分比例为 1∶2∶1 的 CL-20/TNT/HMX
共晶模型的温度与能量变化曲线

从图 8-7（a）可以看出，由于 MD 计算时对模型的初始结构进行了优化，能量进行了最小化处理，使得模型中分子的位置与构象发生改变，因此在计算初期，体系的温度发生明显变化，波动幅度较大。50ps 后，温度变化在 ±15K

范围内，趋于稳定，表明体系的温度达到平衡状态。图 8-7（b）中能量的变化曲线呈现出类似的规律，表明在 50ps 后体系的能量达到平衡状态。因此，可以判定在对模型进行优化计算后，共晶体系已达到平衡状态。对于其他比例与取代类型的模型，计算过程中，均通过体系的温度变化曲线与能量变化曲线来判别体系是否达到平衡状态。

8.3.3 稳定性

共晶炸药的稳定性可以通过体系中各组分之间作用力的强度（或结合能）来反映。结合能越大，说明各组分之间作用力的强度越大，体系中分子之间结合得越紧密，预示共晶炸药的稳定性越好。相反，结合能越小，则说明组分之间的作用力越弱，反映出共晶炸药的稳定性越差。此外，结合能也可以反映出不同组分之间形成共晶的可能性。结合能越大，则说明组分间能够形成稳定共晶的可能性越大。

对于不同比例的三组分 CL-20/TNT/HMX 共晶炸药模型，体系中各组分之间的结合能计算公式如下：

$$E_b = -E_{inter} = -[E_{total} - (E_{CL-20} + E_{TNT} + E_{HMX})] \tag{8.1}$$

$$E_b^* = \frac{E_b \times N_0}{N_i} \tag{8.2}$$

式中：E_b 为共晶体系中各组分间的结合能（kJ/mol）；E_{inter} 为共晶炸药中各组分之间的相互作用力（kJ/mol）；E_{total} 为共晶炸药模型达到平衡状态时对应的总能量（kJ/mol）；E_{CL-20} 为去掉共晶体系中的 HMX 与 TNT 组分后，单纯组分的 CL-20 分子对应的能量（kJ/mol）；E_{TNT} 为删除共晶体系中的 CL-20 与 HMX 分子后，TNT 分子对应的能量（kJ/mol）；E_{HMX} 为去掉三组分共晶体系中的 CL-20 与 TNT 分子后，剩余的 HMX 组分对应的能量（kJ/mol）；E_b^* 为共晶体系中不同组分之间的相对结合能（kJ/mol）；N_i 为第 i 种共晶炸药模型中包含的 CL-20、HMX 与 TNT 分子总数；N_0 为选取的基准模型中包含的分子总数。

在本章中，选取组分比例为 1∶1∶1 的三组分 CL-20/TNT/HMX 共晶模型作为参考的基准，即 $N_0 = 48$。

根据 MD 计算过程中得到的共晶模型的总能量、各组分对应的能量以及共晶体系中包含的分子总数，计算得到各种组分比例的共晶炸药中分子之间的结合能，结果如表 8-6 所列与图 8-8 所示。

表 8-6 CL-20/TNT/HMX 共晶模型中组分间的结合能

单位：kJ/mol

模 型	组分比例	（100）	（010）	（001）	随机取代
1	1:1:1	503.68	547.69	541.66	477.38
2	1:1:2	494.25	526.73	530.03	453.61
3	1:1:3	466.34	515.45	500.63	447.06
4	1:2:1	539.27	570.38	562.71	490.40
5	1:2:2	535.05	564.59	543.78	481.26
6	1:2:3	496.56	530.36	507.34	470.70
7	1:3:1	529.51	554.32	543.62	511.01
8	1:3:2	521.17	540.44	529.60	499.52
9	1:3:3	490.38	523.73	505.47	487.18
10	2:1:1	591.25	615.84	599.70	577.29
11	2:1:2	583.37	603.35	572.36	573.03
12	2:1:3	554.30	584.48	577.61	558.07
13	2:2:1	577.21	594.37	581.30	560.28
14	2:2:3	563.16	577.61	574.26	553.58
15	2:3:1	526.28	543.64	530.73	520.69
16	2:3:2	522.35	536.91	529.04	511.48
17	2:3:3	490.27	516.70	499.35	466.28
18	3:1:1	607.21	640.79	618.55	591.60
19	3:1:2	616.17	683.31	635.72	595.43
20	3:1:3	595.74	656.56	640.38	613.57
21	3:2:1	585.49	620.04	606.38	577.66
22	3:2:2	588.73	605.78	601.40	565.37
23	3:2:3	570.34	591.19	577.70	552.63
24	3:3:1	553.06	573.64	558.92	546.71
25	3:3:2	526.74	552.10	549.39	531.77

从表 8-6 与图 8-8 中可以看出，在三组分共晶模型中，CL-20、TNT 与 HMX 的组分比例以及取代晶面会直接影响共晶炸药中各组分间的结合能。总体来看，在三个晶面与随机取代模型中，结合能的变化顺序为（010）>（001）>（100）>随机取代，即在（010）晶面上，分子间的结合能更大，各组分之间的作用力更强，共晶炸药更稳定，而随机取代模型的结合能最小，共晶

炸药的稳定性最差。此外，图8-8还表明，对于不同比例的共晶模型，当组分之间的结合能最大时，（１００）与（０１０）晶面对应的模型序号为19，即共晶体系中CL-20、TNT与HMX的组分比例（组分比例CL-20∶TNT∶HMX）为3∶1∶2，分别为616.17kJ/mol、683.31kJ/mol；（０ ０ １）晶面与随机取代模型在结合能达到最大值时，组分的比例为3∶1∶3（模型20），对应的结合能分别为640.38kJ/mol、613.57kJ/mol。因此，可以看出，对于三组分CL-20/TNT/HMX共晶模型，当CL-20、TNT与HMX的组分比例为3∶1∶2或3∶1∶3时，各组分之间的作用力最强，分子之间的结合能最大，共晶体系的稳定性最好。此外，在组分比例为3∶1∶2或3∶1∶3时，CL-20、TNT与HMX之间也更容易形成稳定的共晶。

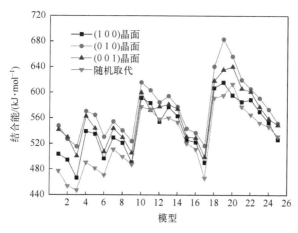

图8-8　CL-20/TNT/HMX共晶模型中组分间的结合能

8.3.4　感度

感度是含能材料安全性的直接反映与体现，一直被视为含能材料最重要的性能。由于感度的极端重要性，国内外的学者提出了大量的理论来预测其感度。本章中，根据肖等[195,197-202]在前期所作的大量工作与得到的结论，选择含能材料分子中引发键的键长、引发键的键能与含能材料的内聚能密度来判别不同组分比例的共晶炸药的感度，评价其安全性。

8.3.4.1　引发键键长

从分子与化学键的角度来看，含能材料是由其分子中的各种原子通过化学键作用连接在一起的，因此含能材料发生分解或者爆炸等化学反应时，炸药的反应过程即体现为含能材料分子中化学键的断裂与重组过程。在含能材料中，各种化学键均对应一定的键能，化学键的强度也存在一定的差异，其中引发键定义为炸药分子中能量最小、强度最弱的化学键。在外界的刺激作用下，含能材料分子会吸收相应的能量，由于引发键的强度最小，稳定性最差，当炸药分子吸收的能量达到引发键的破坏强度时，引发键会发生断裂破坏，释放能量并引起含能材料发生热分解或者爆炸等反应。

CL-20 与 HMX 都属于硝胺类炸药，最显著的特点是分子中都含有活性较强的硝基基团（N—NO$_2$ 基团）。对于 CL-20，分子中 N—NO$_2$ 基团中的 N—N 键强度最弱，键能最小，是 CL-20 分子的引发键[204-206]；对于 HMX，其引发键也为分子中 N—NO$_2$ 基团中的 N—N 键[174,207,208,262-264]；对于 TNT，分子中甲基（—CH$_3$ 基）中的 C—H 键强度最弱，最容易发生断裂或破坏，可视为 TNT 的引发键[265,266]。在两组分的 CL-20/TNT 共晶、CL-20/HMX 共晶以及三组分的 CL-20/TNT/HMX 共晶体系中，CL-20 的感度高于 HMX 与 TNT，即体系中 CL-20 分子的活性最强，稳定性最差。根据肖等[110,195-197]提出的理论，在多组分的含能体系中，感度最高的组分最容易引起体系的反应，在预测体系的感度时最值得关注。因此，选择体系中感度最高的 CL-20 组分作为研究对象，来预测不同体系的感度。

当 CL-20/TNT/HMX 共晶炸药模型达到平衡状态后，选择体系中 CL-20 分子中的引发键（N—N 键）对其进行分析，可以得到引发键的键长分布情况。以各组分的比例（CL-20∶TNT∶HMX）为 2∶3∶1，取代晶面为（0 1 0）晶面的共晶炸药模型为例，分析得到平衡状态下体系中引发键的键长分布，结果如图 8-9 所示。

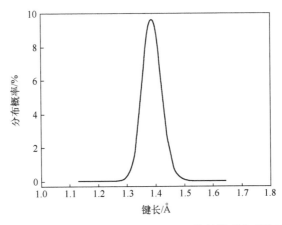

图 8-9　组分比例为 2∶3∶1 的 CL-20/TNT/HMX 共晶模型中引发键的键长分布

从图 8-9 可以看出，当共晶体系处于平衡状态时，CL-20 分子中引发键（N—N 键）的键长分布具有高斯分布的特点，其中超过 90% 的引发键分布范围为 1.30~1.50Å。当 N—N 键的键长为 1.397Å 时，键长的分布概率最大，该键长在数值上等于最可几键长与平均键长对应的值，即最可几键长与平均键长对应的键长分布概率较大，而最大键长对应的键长分布概率较小。

对于不同组分比例的共晶炸药模型，平衡状态下体系中 CL-20 分子中引发键的键长如表 8-7 所列。

表 8-7 不同体系中引发键的键长

键长	1:0:0	1:1:0	2:0:1	1:1:1	1:1:2	1:1:3	1:2:1
最可几键长/Å	1.399	1.394	1.396	1.396	1.397	1.396	1.396
平均键长/Å	1.398	1.394	1.397	1.396	1.396	1.395	1.396
最大键长/Å	1.642	1.545	1.618	1.608	1.606	1.607	1.605
键长	1:2:2	1:2:3	1:3:1	1:3:2	1:3:3	2:1:1	2:1:2
最可几键长/Å	1.396	1.397	1.396	1.396	1.397	1.398	1.396
平均键长/Å	1.397	1.396	1.395	1.396	1.398	1.398	1.396
最大键长/Å	1.611	1.608	1.601	1.610	1.617	1.612	1.610
键长	2:1:3	2:2:1	2:2:3	2:3:1	2:3:2	2:3:3	3:1:1
最可几键长/Å	1.396	1.396	1.396	1.397	1.396	1.397	1.397
平均键长/Å	1.397	1.395	1.397	1.397	1.396	1.396	1.397
最大键长/Å	1.610	1.619	1.602	1.602	1.601	1.601	1.604
键长	3:1:2	3:1:3	3:2:1	3:2:2	3:2:3	3:3:1	3:3:2
最可几键长/Å	1.395	1.398	1.398	1.397	1.396	1.396	1.396
平均键长/Å	1.396	1.398	1.398	1.396	1.397	1.396	1.397
最大键长/Å	1.592	1.609	1.607	1.609	1.603	1.604	1.601

从表 8-7 可以看出，在不同组分比例的共晶体系中，最可几键长与平均键长的值近似相等，并且不同模型之间的差异很小，即组分的比例对最可几键长与平均键长的影响相对较小，而不同模型对应的最大键长差异较大。在不同的体系中，当组分的比例为 1:0:0 时，即对于纯 CL-20 晶体，最大键长的值

最大，为 1.642Å；当组分的比例为 1∶1∶0 时，即对于 CL-20/TNT 共晶炸药，引发键的键长最小，为 1.545Å；对于 CL-20/HMX 共晶炸药（组分比例为 2∶0∶1），最大键长为 1.618Å。与 CL-20 相比，CL-20/TNT 共晶炸药中最大键长减小 0.097Å（5.91%），CL-20/HMX 共晶炸药中最大键长减小 0.024Å（1.46%），预示 CL-20/TNT 与 CL-20/HMX 两种共晶炸药的感度均低于 CL-20，且 CL-20/TNT 共晶炸药的感度低于 CL-20/HMX，这与文献中的实验结果一致[27,48]，表明引发键键长可以作为一个参考的依据与准则来预测含能材料的感度。

对于三组分的 CL-20/TNT/HMX 共晶模型，总体来看，体系中引发键的最大键长介于 CL-20/TNT 共晶炸药与 CL-20/HMX 共晶炸药之间，但是都小于纯 CL-20 组分对应的键长，预示三组分共晶炸药的感度高于 CL-20/TNT 共晶炸药，但低于纯组分的 CL-20 与两组分的 CL-20/HMX 共晶炸药，即 CL-20 与 TNT、HMX 形成共晶后，可以降低 CL-20 与 CL-20/HMX 炸药的感度，提高安全性。在三组分共晶炸药中，当 CL-20、TNT 与 HMX 的比例为 3∶1∶2 时，体系中引发键的最大键长达到最小值 1.592Å，比纯 CL-20 与 CL-20/HMX 共晶炸药中的最大键长分别减小 0.050Å（3.05%）、0.026Å（1.61%）。引发键键长减小，表明与引发键直接相连的原子之间的距离减小，引发键的强度增大，预示共晶炸药的感度降低。因此，组分比例为 3∶1∶2 的三组分 CL-20/TNT/HMX 共晶炸药中引发键的强度最大，预示该种比例的共晶炸药感度最低，TNT 与 HMX 的降感效果最好。

8.3.4.2　键连双原子作用能

键连双原子作用能主要用于评估含能材料分子中引发键的强度，评价其稳定性，是判别含能材料感度非常重要的参考依据。引发键键能越大，表明引发键的强度越大，引发键越不容易发生断裂，预示含能材料的感度越低。相反，引发键的键能越小，表明引发键的强度越弱，发生破坏的概率越大，预示含能材料的感度越高，对外界的刺激越敏感，安全性越差。

在共晶体系中，选择 CL-20 分子中的引发键（N—N 键）作为依据来预测各种体系的感度，其引发键的键能计算公式为

$$E_{N-N} = \frac{E_T - E_F}{n} \tag{8.3}$$

式中：E_{N-N} 为体系中 CL-20 分子中引发键的键能（kJ/mol）；E_T 为体系处于平衡状态时对应的能量（kJ/mol）；E_F 为约束共晶炸药模型中 CL-20 分子中所有的 N 原子后体系的总能量（kJ/mol）；n 为共晶炸药模型中 CL-20 分子中 N—N 键的数量，n 的数值可以根据模型中含有的 CL-20 分子数来确定。

不同组分比例的共晶体系中引发键的键连双原子作用能计算结果如表 8-8 所列与图 8-10 所示。

表 8-8 不同组分比例的 CL-20/TNT/HMX 共晶体系中
引发键的键连双原子作用能　　　　　　　　　　单位：kJ/mol

模　型	组分比例	（100）	（010）	（001）	随机取代
1	1∶0∶0	138.6	144.9	132.1	134.5
2	1∶1∶0	156.7	169.8	146.2	153.3
3	2∶0∶1	145.6	153.4	136.3	140.8
4	1∶1∶1	148.4	157.6	144.5	146.3
5	1∶1∶2	146.6	156.4	140.8	143.1
6	1∶1∶3	146.2	159.3	139.9	143.0
7	1∶2∶1	150.2	159.4	145.3	148.5
8	1∶2∶2	148.6	157.1	144.2	146.4
9	1∶2∶3	147.9	155.5	142.0	146.1
10	1∶3∶1	152.9	160.7	144.2	150.9
11	1∶3∶2	151.1	158.4	142.7	148.3
12	1∶3∶3	149.8	154.6	141.2	147.3
13	2∶1∶1	147.9	152.7	141.3	147.7
14	2∶1∶2	149.9	155.7	142.0	148.4
15	2∶1∶3	149.9	156.1	143.1	147.4
16	2∶2∶1	148.4	153.2	142.5	148.1
17	2∶2∶3	147.5	154.3	141.4	148.2
18	2∶3∶1	146.9	154.5	143.8	145.0
19	2∶3∶2	149.1	154.3	142.0	148.7
20	2∶3∶3	145.9	153.9	143.6	144.9
21	3∶1∶1	146.9	154.3	143.9	144.7
22	3∶1∶2	154.9	163.6	145.0	151.2
23	3∶1∶3	154.0	160.8	143.7	150.9
24	3∶2∶1	152.3	159.9	143.5	150.7
25	3∶2∶2	150.5	157.7	145.6	149.8
26	3∶2∶3	148.6	152.4	145.2	147.7
27	3∶3∶1	151.6	159.5	145.5	150.6
28	3∶3∶2	148.0	157.1	144.3	145.6

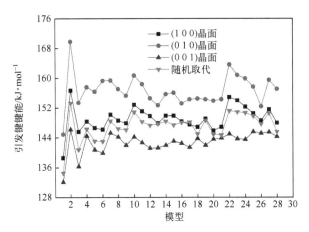

图 8-10　不同组分比例的 CL-20/TNT/HMX 共晶体系中引发键的键连双原子作用能

从表 8-8 与图 8-10 可以看出，在所有的体系中，纯 CL-20 晶体（模型 1）的引发键键能最小，CL-20/TNT 共晶（模型 2）、CL-20/HMX 共晶（模型 3）以及不同比例的 CL-20/TNT/HMX 共晶体系（模型 4~28）的引发键键能均大于纯 CL-20 晶体对应的键能，且 CL-20/TNT 共晶炸药中引发键的键能最大。因此，CL-20/TNT、CL-20/HMX 与 CL-20/TNT/HMX 共晶炸药的感度均低于 CL-20。以（0 1 0）晶面为例，CL-20 晶体（模型 1）、CL-20/TNT 共晶（模型 2）与 CL-20/HMX 共晶（模型 3）体系中引发键的键能分别为 144.9kJ/mol、169.8kJ/mol、153.4kJ/mol。相比于模型 1，模型 2 中引发键的键能增大 24.9kJ/mol（17.18%），模型 3 中引发键的键能增大 8.5kJ/mol（5.87%）。对于三组分的 CL-20/TNT/HMX 共晶炸药，CL-20 分子中引发键的键能介于 CL-20/HMX 共晶与 CL-20/TNT 共晶之间，即 N—N 键的强度介于 CL-20/HMX 共晶与 CL-20/TNT 共晶之间，预示 CL-20/TNT/HMX 共晶炸药的感度高于 CL-20/TNT 共晶，低于 CL-20/HMX 共晶，但是均低于纯 CL-20 晶体。在三组分共晶体系中，当 CL-20、TNT 与 HMX 的组分比例（CL-20∶TNT∶HMX）为 3∶1∶2（模型 22）时，体系中引发键的键能最大，为 163.6kJ/mol，比 CL-20 与 CL-20/HMX 分别增大 18.7kJ/mol（12.91%）和 10.2kJ/mol（6.65%），表明该种比例的共晶炸药的感度最低。

此外，图 8-10 还表明，对于不同晶面的共晶模型，引发键的键能大小顺序为（0 1 0）>（1 0 0）>随机取代>（0 0 1），即（0 1 0）晶面模型的引发键键能最大，引发键的强度最高，共晶炸药的安全性最好，其次为（1 0 0）晶面，而（0 0 1）晶面的键能最小，感度最高，安全性能最差。对于不同取代类型的模型，当体系中组分的比例（CL-20∶TNT∶HMX）为 3∶1∶2 时（模型 22），引发键的键能达到最大值,预示引发键的强度最大,体系的感度最低。因此,组分比例为 3:1:2 的三组分 CL-20/TNT/HMX 共晶炸药具有最低的感度,安全性能最好。

8.3.4.3 内聚能密度

内聚能密度也是预测含能材料的感度,评价其安全性的一个重要指标与依据。内聚能密度越大,表明含能材料分子中非键力的作用越强,含能材料的稳定性越好,预示其感度越低。

通过计算,得到纯 CL-20 晶体、CL-20/TNT、CL-20/HMX 共晶以及不同组分比例的 CL-20/TNT/HMX 共晶体系的内聚能密度、范德华力与静电力等能量,结果列于表 8-9 中。

表 8-9 不同组分比例的 CL-20/TNT/HMX 共晶体系的内聚能密度与相关能量

单位:kJ/cm^3

组分比例	1:0:0	1:1:0	2:0:1	1:1:1	1:1:2	1:1:3	1:2:1
内聚能密度	0.638	0.855	0.687	0.710	0.707	0.705	0.724
范德华力	0.176	0.243	0.193	0.203	0.202	0.201	0.218
静电力	0.462	0.612	0.494	0.507	0.505	0.504	0.506
组分比例	1:2:2	1:2:3	1:3:1	1:3:2	1:3:3	2:1:1	2:1:2
内聚能密度	0.715	0.712	0.783	0.778	0.769	0.708	0.727
范德华力	0.211	0.210	0.242	0.241	0.236	0.205	0.218
静电力	0.504	0.502	0.541	0.537	0.533	0.503	0.509
组分比例	2:1:3	2:2:1	2:2:3	2:3:1	2:3:2	2:3:3	3:1:1
内聚能密度	0.735	0.719	0.750	0.753	0.757	0.753	0.760
范德华力	0.219	0.209	0.228	0.228	0.229	0.227	0.231
静电力	0.516	0.510	0.522	0.525	0.528	0.526	0.529
组分比例	3:1:2	3:1:3	3:2:1	3:2:2	3:2:3	3:3:1	3:3:2
内聚能密度	0.797	0.791	0.780	0.775	0.767	0.781	0.773
范德华力	0.233	0.230	0.225	0.224	0.219	0.223	0.219
静电力	0.564	0.561	0.555	0.551	0.548	0.558	0.554

注:内聚能密度=范德华力+静电力。

从表 8-9 可以看出,组分比例为 1:0:0(纯 CL-20 晶体)的体系对应的能量最低,其中内聚能密度为 $0.638kJ/cm^3$,范德华力为 $0.176kJ/cm^3$,静电力为 $0.462kJ/cm^3$;组分比例为 1:1:0(CL-20/TNT 共晶)的体系对应的能量分别为 $0.855kJ/cm^3$、$0.243kJ/cm^3$、$0.612kJ/cm^3$;组分比例为 2:0:1(CL-

20/HMX 共晶）的体系能量分别为 0.687kJ/cm³、0.193kJ/cm³、0.494kJ/cm³。与 CL-20 相比，CL-20/TNT 共晶炸药的内聚能密度增大 0.217kJ/cm³（34.01%），CL-20/HMX 共晶炸药的内聚能密度增大 0.049kJ/cm³（7.68%）。内聚能密度增大，表明体系中分子间的非键力作用增强，体系需要吸收更多的能量实现状态转换，预示共晶炸药的感度降低，安全性能得到提高。在 CL-20、CL-20/TNT、CL-20/HMX 以及不同比例的 CL-20/TNT/HMX 共晶体系中，CL-20/TNT 共晶炸药的内聚能密度最大，表明其感度最低，安全性最好。CL-20/TNT/HMX 共晶体系的内聚能密度介于 CL-20/HMX 共晶与 CL-20/TNT 共晶之间，但是都大于 CL-20 组分对应的能量，预示三组分共晶炸药的感度高于 CL-20/TNT 共晶炸药，但低于 CL-20/HMX 共晶炸药与纯 CL-20 炸药。因此，CL-20、TNT 与 HMX 形成共晶后，可以降低 CL-20 与 CL-20/HMX 共晶炸药的感度，使其安全性能得到提高与改善。

此外，表 8-9 中的数据还表明，对于不同比例的三组分共晶炸药，当 CL-20、TNT 与 HMX 的组分比例（CL-20：TNT：HMX）为 3:1:2 时，体系对应的内聚能密度最大，为 0.797kJ/cm³。与 CL-20、CL-20/HMX 共晶炸药相比，内聚能密度分别增大 0.159kJ/cm³（24.92%）、0.110kJ/cm³（16.01%），安全性有较大幅度提高。内聚能密度最大，表明共晶体系中非键力作用最强，预示共晶炸药的感度最低。因此，组分比例为 3:1:2 的 CL-20/TNT/HMX 共晶炸药感度最低，安全性最好，这与采用引发键键长与引发键键能判据得到的结论一致。

8.3.5 爆轰性能

爆轰性能主要通过炸药的密度与爆轰参数来表征，可以反映含能材料的能量特性，也可以反映出武器弹药的威力大小与对目标的毁伤效能。本节采用 2.3.5 节中提到的修正氮当量法[219]计算炸药的爆轰参数，评价其能量密度与威力。

根据修正氮当量理论，计算得到单纯组分的 CL-20、TNT、HMX，两组分的 CL-20/TNT 共晶、CL-20/HMX 共晶以及不同比例的三组分 CL-20/TNT/HMX 共晶炸药的爆轰参数，结果如表 8-10 所列。

表 8-10　不同组分比例的 CL-20/TNT/HMX 共晶炸药的密度与爆轰参数

组 分 比 例	氧平衡系数/%	密度/(g/cm³)	爆速/(m/s)	爆压/GPa	爆热/(kJ/kg)
1:0:0	-10.96	2.026	9500	46.47	6230
0:1:0	-74.00	1.643	7046	21.16	4570

续表

组分比例	氧平衡系数/%	密度/(g/cm³)	爆速/(m/s)	爆压/GPa	爆热/(kJ/kg)
0:0:1	−21.62	1.889	9050	39.10	6190
1:1:0	−32.48	1.839	8619	34.02	5663
2:0:1	−13.65	1.998	9389	43.08	6220
1:1:1	−29.13	1.889	8902	36.84	5826
1:1:2	−27.37	1.890	8962	37.36	5911
1:1:3	−26.27	1.891	9001	37.69	5964
1:2:1	−37.71	1.839	8521	33.23	5586
1:2:2	−34.50	1.849	8646	34.34	5706
1:2:3	−32.36	1.857	8730	35.09	5787
1:3:1	−43.54	1.806	8271	30.98	5423
1:3:2	−39.74	1.821	8420	32.27	5555
1:3:3	−37.07	1.832	8526	33.21	5649
2:1:1	−23.45	1.932	9185	39.69	5952
2:1:2	−23.13	1.925	9180	39.59	5994
2:1:3	−22.90	1.921	9177	39.52	6023
2:2:1	−30.51	1.888	8855	36.43	5759
2:2:3	−28.13	1.889	8936	37.13	5874
2:3:1	−35.83	1.856	8615	34.14	5614
2:3:2	−33.88	1.861	8689	34.79	5693
2:3:3	−32.39	1.865	8745	35.29	5753
3:1:1	−20.47	1.956	9337	41.29	6018
3:1:2	−20.63	1.947	9312	40.98	6042
3:1:3	−20.75	1.940	9293	40.74	6060
3:2:1	−26.36	1.917	9055	38.42	5859
3:2:2	−25.76	1.914	9068	38.51	5901
3:2:3	−25.30	1.912	9079	38.57	5933
3:3:1	−31.08	1.887	8835	36.26	5731
3:3:2	−30.00	1.888	8873	36.58	5784

从表 8-10 可以看出，纯 CL-20 晶体（组分比例为 1:0:0）的密度为 2.026g/cm³，爆速为 9500m/s，爆压为 46.47GPa，爆热为 6230kJ/kg，满足 HEDC 对能量密度的要求（密度大于 1.9g/cm³，爆速大于 9000m/s，爆压大

于 40.0GPa），表明 CL-20 具有高能量密度。纯组分的 TNT（组分比例为 0∶1∶0）密度为 1.643g/cm^3，爆速为 7046m/s，爆压为 21.16GPa，爆热为 4570kJ/kg，密度与爆轰参数较小，表明 TNT 的威力较小，能量密度较低。纯组分的 HMX（组分比例为 0∶0∶1）对应的参数分别为 1.889g/cm^3、9050m/s、39.10GPa、6190kJ/kg。CL-20/TNT 共晶炸药（组分比例为 1∶1∶0）的密度为 1.839g/cm^3，爆轰参数分别为 8619m/s、34.02GPa、5663kJ/kg，不满足 HEDC 的要求。这主要是由于 TNT 的威力与能量密度较低，从而导致 CL-20/TNT 共晶炸药的能量密度减小幅度较大。CL-20/HMX 共晶炸药的密度与爆轰参数分别为 1.998g/cm^3、9389m/s、43.08GPa、6220kJ/kg，满足 HEDC 对密度与爆轰参数的要求，即 CL-20/HMX 共晶炸药保持了高能量密度的优势。

在三组分的 CL-20/TNT/HMX 共晶炸药中，当 CL-20、TNT 与 HMX 的组分比例（CL-20∶TNT∶HMX）为 1∶3∶1 时，体系的密度与爆轰参数最小，其中密度为 1.806g/cm^3，爆速为 8271m/s，爆压为 30.98GPa，爆热为 5423kJ/kg，表明该种组分比例的共晶炸药威力最小，能量密度最低；当组分的比例为 3∶1∶1 时，体系的密度与爆轰参数最大，分别为 1.956g/cm^3、9337m/s、41.29GPa、6018kJ/kg，预示该种组分比例的共晶炸药威力最高，能量特性最好。

此外，从表 8-10 还可以看出，对于不同组分比例的共晶炸药，当 CL-20、TNT 与 HMX 的组分比例（CL-20∶TNT∶HMX）为 3∶1∶1、3∶1∶2、3∶1∶3 时，共晶炸药的密度大于 1.9g/cm^3，爆速大于 9000m/s，爆压大于 40.0GPa，能量水平与 CL-20/HMX 共晶炸药相当，满足 HEDC 的要求；而对于其他组分比例的共晶炸药，密度、爆速或爆压不能同时满足 HEDC 的要求。因此，从能量密度的角度来看，组分比例为 3∶1∶1、3∶1∶2 或 3∶1∶3 的 CL-20/TNT/HMX 共晶炸药威力最高，能量特性最理想，可视为新型的 HEDC，值得进一步研究。

8.3.6　力学性能

力学性能主要用来评价材料的刚性、硬度、柔韧性、断裂强度、塑性与延展性等性能，会影响材料的生产、加工、贮存与使用等过程。对于含能材料来说，力学性能还会影响其加工的工艺与使用过程中的安全性。

根据 2.3.6 节中给出的力学参数的相关理论与计算公式，计算得到 CL-20、TNT、HMX、CL-20/TNT 共晶、CL-20/HMX 共晶以及不同组分比例的 CL-20/TNT/HMX 共晶炸药的力学性能，结果如表 8-11 所列与图 8-11 所示。

表 8-11 不同组分比例的 CL-20/TNT/HMX 共晶体系的力学性能
（a）（１００）晶面

模型	组分比例	拉伸模量	泊松比	体积模量	剪切模量	柯西压
1	1:0:0	17.735	0.229	10.903	7.216	-3.812
2	0:1:0	9.675	0.228	5.932	3.939	-0.384
3	0:0:1	12.615	0.229	7.766	5.131	-1.771
4	1:1:0	13.083	0.226	7.968	5.334	1.349
5	2:0:1	14.500	0.227	8.865	5.907	-0.216
6	1:1:1	13.907	0.226	8.471	5.670	-0.202
7	1:1:2	14.573	0.227	8.913	5.936	-0.514
8	1:1:3	14.173	0.229	8.725	5.765	-0.036
9	1:2:1	11.891	0.226	7.237	4.849	0.636
10	1:2:2	12.572	0.227	7.689	5.121	0.358
11	1:2:3	12.802	0.230	7.917	5.202	0.239
12	1:3:1	12.568	0.227	7.661	5.123	0.620
13	1:3:2	12.339	0.226	7.501	5.033	0.534
14	1:3:3	11.254	0.229	6.917	4.579	0.782
15	2:1:1	14.268	0.227	8.697	5.816	0.174
16	2:1:2	13.890	0.230	8.590	5.644	0.325
17	2:1:3	13.752	0.226	8.361	5.609	0.218
18	2:2:1	13.591	0.229	8.353	5.530	0.836
19	2:2:3	13.102	0.230	8.103	5.324	0.778
20	2:3:1	13.029	0.227	7.942	5.311	0.236
21	2:3:2	13.834	0.229	8.502	5.629	0.115
22	2:3:3	14.047	0.228	8.618	5.718	0.304
23	3:1:1	12.485	0.230	7.721	5.073	1.026
24	3:1:2	10.382	0.234	6.517	4.205	1.557
25	3:1:3	11.294	0.230	6.985	4.589	1.383
26	3:2:1	13.506	0.226	8.211	5.509	0.334
27	3:2:2	11.976	0.228	7.348	4.875	0.537
28	3:2:3	13.021	0.226	7.916	5.311	0.702
29	3:3:1	12.676	0.227	7.728	5.167	1.465
30	3:3:2	13.266	0.229	8.154	5.398	0.934

(b) (0 1 0) 晶面

模型	组分比例	拉伸模量	泊松比	体积模量	剪切模量	柯西压
1	1:0:0	15.025	0.230	9.267	6.109	-2.565
2	0:1:0	7.746	0.227	4.726	3.157	0.209
3	0:0:1	10.981	0.224	6.623	4.487	-1.295
4	1:1:0	10.091	0.229	6.203	4.106	2.319
5	2:0:1	11.996	0.231	7.423	4.874	0.151
6	1:1:1	12.446	0.228	7.636	5.066	0.621
7	1:1:2	11.972	0.225	7.252	4.887	0.257
8	1:1:3	12.388	0.227	7.558	5.049	0.339
9	1:2:1	10.648	0.231	6.589	4.326	0.803
10	1:2:2	11.363	0.227	6.932	4.631	0.517
11	1:2:3	11.047	0.226	6.716	4.506	0.368
12	1:3:1	11.209	0.227	6.834	4.569	0.815
13	1:3:2	10.463	0.228	6.419	4.259	0.497
14	1:3:3	11.476	0.227	6.996	4.678	0.642
15	2:1:1	12.421	0.225	7.532	5.069	0.683
16	2:1:2	11.575	0.229	7.114	4.710	0.725
17	2:1:3	11.361	0.227	6.926	4.631	0.487
18	2:2:1	11.083	0.231	6.856	4.503	1.136
19	2:2:3	11.767	0.228	7.219	4.790	0.749
20	2:3:1	11.937	0.229	7.336	4.857	0.718
21	2:3:2	12.190	0.227	7.431	4.969	1.101
22	2:3:3	11.561	0.228	7.092	4.706	0.626
23	3:1:1	10.605	0.229	6.517	4.315	1.382
24	3:1:2	10.718	0.227	6.534	4.369	1.114
25	3:1:3	9.901	0.234	6.215	4.010	1.469
26	3:2:1	12.308	0.231	7.614	5.001	0.835
27	3:2:2	11.876	0.228	7.286	4.834	0.914
28	3:2:3	11.435	0.227	6.971	4.661	0.619
29	3:3:1	11.970	0.230	7.402	4.864	0.926
30	3:3:2	11.741	0.227	7.157	4.786	0.699

(c) (0 0 1) 晶面

模型	组分比例	拉伸模量	泊松比	体积模量	剪切模量	柯西压
1	1:0:0	16.165	0.229	9.932	6.578	-3.187
2	0:1:0	9.441	0.225	5.725	3.853	-0.401
3	0:0:1	12.180	0.228	7.453	4.961	-1.525
4	1:1:0	11.944	0.229	7.362	4.857	1.782
5	2:0:1	13.141	0.232	8.158	5.335	-0.468
6	1:1:1	13.692	0.227	8.369	5.578	0.177
7	1:1:2	13.904	0.228	8.507	5.663	-0.183
8	1:1:3	14.185	0.226	8.642	5.783	-0.372
9	1:2:1	12.702	0.225	7.703	5.184	0.275
10	1:2:2	12.030	0.229	7.415	4.892	0.713
11	1:2:3	12.254	0.228	7.518	4.988	0.369
12	1:3:1	11.796	0.230	7.295	4.793	0.873
13	1:3:2	11.345	0.230	7.016	4.610	0.826
14	1:3:3	12.083	0.225	7.327	4.931	0.571
15	2:1:1	13.048	0.228	8.005	5.311	0.387
16	2:1:2	13.972	0.225	8.472	5.702	0.234
17	2:1:3	13.424	0.227	8.183	5.472	0.438
18	2:2:1	12.998	0.226	7.902	5.302	1.105
19	2:2:3	12.674	0.228	7.776	5.159	0.923
20	2:3:1	12.669	0.230	7.835	5.148	0.749
21	2:3:2	13.438	0.226	8.170	5.481	0.502
22	2:3:3	12.943	0.230	8.005	5.259	0.617
23	3:1:1	10.804	0.228	6.628	4.398	1.283
24	3:1:2	10.404	0.227	6.343	4.241	1.646
25	3:1:3	10.602	0.231	6.571	4.306	1.115
26	3:2:1	12.955	0.226	7.875	5.284	0.787
27	3:2:2	12.089	0.228	7.417	4.921	0.526
28	3:2:3	12.311	0.228	7.553	5.011	0.530
29	3:3:1	12.050	0.229	7.406	4.903	0.671
30	3:3:2	13.394	0.229	8.232	5.450	0.545

(d) 随机取代模型

模型	组分比例	拉伸模量	泊松比	体积模量	剪切模量	柯西压
1	1:0:0	15.585	0.226	9.475	6.357	-2.934
2	0:1:0	8.584	0.228	5.266	3.494	-0.105
3	0:0:1	11.613	0.230	7.182	4.719	-1.824
4	1:1:0	10.858	0.229	6.673	4.418	1.816
5	2:0:1	12.482	0.227	7.609	5.088	-0.375
6	1:1:1	12.640	0.231	7.819	5.136	0.305
7	1:1:2	12.603	0.228	7.732	5.130	-0.415
8	1:1:3	12.278	0.226	7.464	5.008	-0.207
9	1:2:1	11.497	0.229	7.065	4.678	0.355
10	1:2:2	12.121	0.227	7.389	4.941	0.571
11	1:2:3	12.146	0.227	7.404	4.951	0.484
12	1:3:1	11.305	0.226	6.872	4.611	1.006
13	1:3:2	10.831	0.229	6.657	4.407	1.105
14	1:3:3	11.603	0.228	7.118	4.723	0.502
15	2:1:1	12.408	0.230	7.653	5.045	0.919
16	2:1:2	12.911	0.225	7.829	5.269	1.004
17	2:1:3	12.722	0.225	7.714	5.192	1.257
18	2:2:1	12.050	0.227	7.346	4.912	0.631
19	2:2:3	12.349	0.227	7.528	5.034	0.585
20	2:3:1	12.554	0.228	7.702	5.110	0.816
21	2:3:2	12.415	0.227	7.568	5.061	0.823
22	2:3:3	12.469	0.230	7.711	5.067	0.937
23	3:1:1	10.200	0.228	6.258	4.152	1.511
24	3:1:2	10.789	0.228	6.619	4.392	0.924
25	3:1:3	11.067	0.229	6.801	4.503	0.708
26	3:2:1	12.396	0.227	7.557	5.053	0.802
27	3:2:2	11.629	0.231	7.193	4.725	0.553
28	3:2:3	12.109	0.226	7.362	4.939	0.471
29	3:3:1	12.219	0.228	7.225	4.794	0.904
30	3:3:2	12.883	0.229	7.917	5.242	0.726

注：拉伸模量、体积模量、剪切模量与柯西压的单位为 GPa，泊松比无单位。

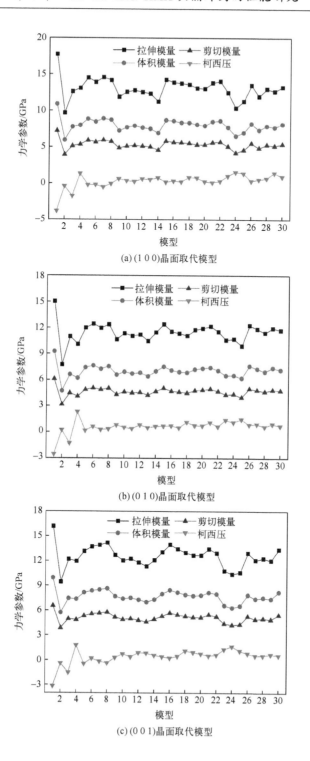

(a)(1 0 0)晶面取代模型

(b)(0 1 0)晶面取代模型

(c)(0 0 1)晶面取代模型

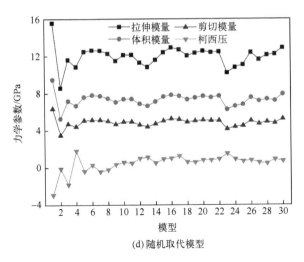

(d) 随机取代模型

图 8-11　不同组分比例的 CL-20/TNT/HMX 共晶体系的力学性能

从表 8-11 与图 8-11 可以看出，对于不同组分比例与不同取代类型的共晶炸药体系，纯 CL-20 晶体（模型 1，组分比例为 1:0:0）的拉伸模量、体积模量、剪切模量最大，而柯西压的值最小。以（001）晶面为例，拉伸模量、体积模量、剪切模量分别为 16.165GPa、9.932GPa、6.578GPa，柯西压为 −3.187GPa。拉伸模量、体积模量、剪切模量的值较大，表明纯 CL-20 晶体的刚性较强，断裂强度与硬度较大，抵抗变形的能力较强，而柯西压为负值，表明其呈现出脆性，延展性较差，容易出现脆性断裂，因此 CL-20 晶体的力学性能欠佳。对于 CL-20/TNT 共晶（模型 4）、CL-20/HMX 共晶（模型 5）以及不同比例的 CL-20/TNT/HMX 共晶（模型 6~30），由于向 CL-20 中加入了其他组分，使得体系的模量减小，而柯西压增大，预示体系的刚性减弱，硬度降低，断裂强度减小，而延展性增强，即共晶炸药的力学性能优于纯组分的 CL-20 晶体。因此，通过共晶可以改善 CL-20 的力学性能。

此外，表 8-11 还表明，对于不同取代类型的共晶体系，拉伸模量、体积模量、剪切模量的变化顺序为（100）>（001）>随机取代>（010），而柯西压的变化趋势相反，因此（100）晶面的刚性最强，硬度最大，而延展性最弱，（010）晶面的硬度、刚性与断裂强度最弱，而延展性最强。对于（100）与（001）晶面，当体系中 CL-20、TNT 与 HMX 的组分比例为 3:1:2 时（图 8-11（a）、图 8-11（c）中模型 24），共晶炸药中拉伸模量、体积模量、剪切模量的值最小，而柯西压的值最大，预示体系的力学性能最好。对于（0 1 0）晶面，体系的力学性能最好时，组分的比例为3:1:3（图8-11（b）中模型25），而随机取代模型的力学性能最好时，组分的比例为3:1:1（图8-11（d）中模型23）。因此，组分比例为3:1:1、3:1:2、3:1:3的三组分CL-20/TNT/HMX共晶炸药体系的力学性能最为理想。

8.4 共晶炸药的性能比较与评估

前面章节对不同种类与不同组分比例的共晶炸药性能进行了预测，优选了综合性能相对较好的共晶炸药，确定了其配方与配比。理论计算结果表明，组分比例为1:1的CL-20/RDX共晶炸药、1:1的CL-20/FOX-7共晶炸药、2:1或1:1的CL-20/NTO共晶炸药、2:1的CL-20/LLM-105共晶炸药、1:1的CL-20/TNAD共晶炸药、3:1:2的CL-20/TNT/HMX共晶炸药综合性能最好，有望成为新型的HEDC并得到运用，最具有研究价值。为了更加清楚地认识各种共晶炸药的性能，本节中对优选的共晶炸药进行性能比较，对其综合性能进行评估。

8.4.1 稳定性

对于不同种类的共晶炸药，体系中各组分之间的结合能如表8-12所列与图8-12所示。

表8-12 不同种类的共晶炸药的结合能　　　　　单位：kJ/mol

共晶炸药	(0 1 1)	(1 0 -1)	(1 1 0)	(1 1 -1)	(0 0 2)	(1 0 1)	(0 2 1)	随机取代
CL-20/RDX	517.69	432.55	440.38	587.48	478.20	636.08	610.48	447.66
CL-20/FOX-7	517.28	457.81	466.87	603.32	496.63	617.75	571.34	552.17
CL-20/NTO（2:1）	570.67	484.69	497.06	617.66	511.36	636.27	596.34	534.73
CL-20/NTO（1:1）	582.05	501.23	506.22	605.33	536.43	658.68	590.27	551.34
CL-20/LLM-105	710.85	759.66	548.26	633.61	569.54	523.26	535.44	743.52
CL-20/TNAD	576.01	475.81	498.42	646.23	526.02	699.69	683.74	492.43
CL-20/TNT/HMX	—	—	—	—	—	—	—	595.43

从表8-12与图8-12可以看出，对于不同种类的共晶炸药，总体上来看，CL-20/LLM-105共晶炸药中组分间的结合能最大，表明分子间的作用力更强，预示CL-20/LLM-105共晶炸药的稳定性最好；CL-20/RDX共晶炸药的结合能最小，表明其分子间的作用力最弱，预示CL-20/RDX共晶炸药的稳定

性最差。以（10-1）晶面为例，对于两组分的共晶炸药，结合能分别为432.55kJ/mol、457.81kJ/mol、484.69kJ/mol、501.23kJ/mol、759.66kJ/mol、475.81kJ/mol，结合能的大小顺序为CL-20/LLM-105>CL-20/NTO（1:1）>CL-20/NTO（2:1）>CL-20/TNAD>CL-20/FOX-7>CL-20/RDX。

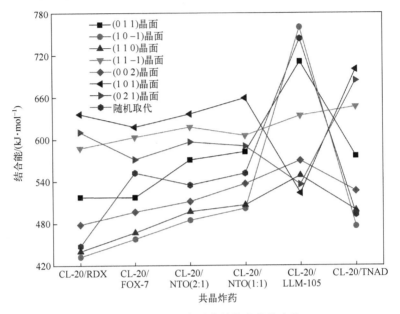

图8-12　不同种类的共晶炸药的结合能

8.4.2　感度

8.4.2.1　引发键键长

对于不同种类的共晶炸药，CL-20分子中引发键的键长如表8-13所列。

表8-13　不同种类的共晶炸药中引发键的键长

共晶炸药	最可几键长/Å	平均键长/Å	最大键长/Å
CL-20/RDX	1.394	1.394	1.583
CL-20/FOX-7	1.395	1.394	1.573
CL-20/NTO（2:1）	1.395	1.395	1.583
CL-20/NTO（1:1）	1.395	1.394	1.579
CL-20/LLM-105	1.394	1.396	1.580
CL-20/TNAD	1.395	1.396	1.581
CL-20/TNT/HMX	1.395	1.396	1.592

从表 8-13 可以看出,对于不同种类的共晶炸药,CL-20/FOX-7 共晶炸药具有最小的引发键键长 (1.573Å),预示其感度最低;组分比例为 2∶1 的 CL-20/NTO 共晶炸药中引发键的键长与 CL-20/RDX 共晶炸药中引发键的键长相等 (1.583Å),预示两种共晶炸药的感度相当;CL-20/TNT/HMX 共晶炸药具有最大的引发键键长 (1.592Å),预示其感度最高,安全性最差。

8.4.2.2 键连双原子作用能

在不同种类的 CL-20 共晶炸药中,引发键(N—N 键)的键连双原子作用能如表 8-14 所列与图 8-13 所示。

表 8-14 不同种类的共晶炸药中引发键的键连双原子作用能

单位:kJ/mol

共晶炸药	(0 1 1)	(1 0 -1)	(1 1 0)	(1 1 -1)	(0 0 2)	(1 0 1)	(0 2 1)	随机取代
CL-20/RDX	151.4	145.7	145.4	153.7	146.3	157.8	152.1	147.9
CL-20/FOX-7	165.4	151.9	159.4	157.6	151.5	177.6	169.0	155.7
CL-20/NTO (2∶1)	155.9	143.9	146.6	159.8	151.8	165.9	160.9	157.4
CL-20/NTO (1∶1)	154.6	143.2	148.7	160.7	153.2	166.1	161.4	158.7
CL-20/LLM-105	154.3	158.4	145.4	153.1	145.9	148.2	146.3	153.4
CL-20/TNAD	153.1	145.7	146.9	154.3	147.9	161.4	155.7	149.8
CL-20/TNT/HMX	—	—	—	—	—	—	—	151.2

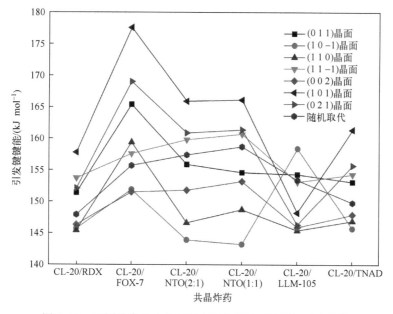

图 8-13 不同种类的共晶炸药中引发键的键连双原子作用能

从表 8-14 与图 8-13 可以看出，在不同种类的共晶炸药中，总体上来看，CL-20/FOX-7 共晶炸药中引发键（N—N 键）的键能最大，预示其感度最低，也表明 FOX-7 组分在降低 CL-20 感度方面效果最好；其次为 CL-20/NTO 共晶炸药；CL-20/RDX 共晶炸药的引发键键能最小，预示 CL-20/RDX 共晶炸药中引发键的强度最弱，共晶炸药的感度最高。以（0 2 1）晶面为例，CL-20/RDX、CL-20/FOX-7、CL-20/NTO（2∶1）、CL-20/NTO（1∶1）、CL-20/LLM-105、CL-20/TNAD 共晶炸药的引发键键能分别为 152.1kJ/mol、169.0kJ/mol、160.9kJ/mol、161.4kJ/mol、146.3kJ/mol、155.7kJ/mol。与 CL-20/FOX-7 共晶炸药相比，引发键键能分别减小 16.9kJ/mol（10.00%）、8.10kJ/mol（4.79%）、7.6kJ/mol（4.50%）、22.7kJ/mol（13.43%）、13.3kJ/mol（7.87%）。即 CL-20/FOX-7 的引发键键能比其他 5 种两组分共晶炸药约高 5%~15%，预示 CL-20/FOX-7 的感度最低，安全性能最优。

根据共晶炸药的感度变化趋势，推测原因可能是由于 FOX-7、NTO、LLM-105、TNAD 都属于钝感炸药，感度较低，在共晶炸药中可以发挥较好的降感作用，使得 CL-20 的感度显著降低，共晶炸药的安全性能得到显著改善，而 RDX 机械感度相对较高，在共晶炸药中的降感效果不如 FOX-7、NTO、LLM-105、TNAD，因此 CL-20/RDX 共晶炸药的感度高于其他几种共晶炸药。

8.4.2.3 内聚能密度

不同种类的共晶炸药的内聚能密度与相关能量如表 8-15 所列。

表 8-15 不同种类的共晶炸药的内聚能密度与相关能量

单位：kJ/cm^3

共晶炸药	内聚能密度	范德华力	静 电 力
CL-20/RDX	0.755	0.236	0.519
CL-20/FOX-7	0.783	0.249	0.534
CL-20/NTO（2∶1）	0.774	0.246	0.528
CL-20/NTO（1∶1）	0.793	0.255	0.538
CL-20/LLM-105	0.791	0.249	0.542
CL-20/TNAD	0.743	0.230	0.513
CL-20/TNT/HMX	0.797	0.233	0.564

注：内聚能密度=范德华力+静电力。

从表 8-15 可以看出，对于不同种类的共晶炸药，CL-20/TNAD 共晶炸药的内聚能密度最小，为 $0.743kJ/cm^3$，预示其感度最高，安全性能最差；其次为 CL-20/RDX 共晶炸药，组分比例为 1∶1 的 CL-20/NTO 共晶炸药与 CL-20/

LLM-105共晶炸药内聚能密度较大，分别为0.793kJ/cm^3、0.791kJ/cm^3。此外，表8-15还表明，CL-20/TNT/HMX共晶炸药的内聚能密度最大，预示其感度最低。

综合分析表8-13~表8-15中的数据可以看出，采用引发键键长、引发键键能与内聚能密度准则预测的各种共晶炸药的感度存在一定的差异，这可能是由于炸药的感度包含多种，且影响感度的因素较多，各种判据也有一定的适用范围与局限性，其中引发键键长与引发键键能主要是用于预测撞击感度与摩擦感度，而内聚能密度主要是反映炸药的热感度，从而导致感度的预测结果存在差异。

8.4.3 爆轰性能

各种共晶炸药的密度与爆轰参数如表8-16所列。

表8-16 不同种类的共晶炸药的密度与爆轰参数

共晶炸药	氧平衡系数/%	密度/(g/cm^3)	爆速/(m/s)	爆压/GPa	爆热/(kJ/kg)
CL-20/RDX	-14.55	1.945	9206	42.26	6025
CL-20/FOX-7	-13.65	1.949	9223	42.12	5985
CL-20/NTO (2:1)	-12.72	1.983	9275	43.62	5956
CL-20/NTO (1:1)	-14.08	1.978	9258	42.44	5745
CL-20/LLM-105	-16.12	1.914	9010	40.02	6181
CL-20/TNAD	-25.26	1.912	9122	40.03	5937
CL-20/TNT/HMX	-20.63	1.947	9312	40.98	6042

从表8-16可以看出，CL-20/LLM-105、CL-20/TNAD共晶炸药的密度与爆轰参数最小，分别为1.914g/cm^3、1.912g/cm^3、9010m/s、9122m/s、40.02GPa、40.03GPa，组分比例为2:1的CL-20/NTO共晶炸药密度与爆压最大，分别为1.983g/cm^3、43.62GPa；CL-20/TNT/HMX共晶炸药的爆速最大(9312m/s)。与CL-20/NTO(2:1)共晶炸药相比，其余6种共晶炸药的密度减小幅度分别为0.038g/cm^3(1.92%)、0.034g/cm^3(1.71%)、0.005g/cm^3(0.25%)、0.069g/cm^3(3.48%)、0.071g/cm^3(3.58%)、0.036g/cm^3(1.82%)，均在4%以内，表明共晶炸药的能量密度水平相当，差别不大，CL-20/NTO(2:1)的威力略高，其次为CL-20/FOX-7共晶炸药，CL-20/LLM-105与CL-20/TNAD共晶炸药密度最低，其能量特性相对较弱。

8.4.4 力学性能

不同种类的共晶炸药的力学性能参数如表8-17所列。

表 8-17 不同种类的共晶炸药的力学性能

共晶炸药	力学参数	(0 1 1)	(1 0 -1)	(1 1 0)	(1 1 -1)	(0 0 2)	(1 0 1)	(0 2 1)	随机取代
CL-20/RDX	拉伸模量	5.658	7.269	8.473	5.470	7.694	9.244	9.348	6.047
	泊松比	0.233	0.227	0.234	0.231	0.233	0.228	0.228	0.230
	体积模量	3.532	4.438	5.309	3.389	4.803	5.664	5.728	3.739
	剪切模量	2.295	2.962	3.433	2.221	3.120	3.764	3.806	2.457
	柯西压	3.350	2.663	2.344	3.501	2.730	2.383	2.195	3.041
CL-20/FOX-7	拉伸模量	3.285	5.023	7.116	4.578	5.560	6.009	6.478	5.209
	泊松比	0.235	0.230	0.229	0.234	0.234	0.233	0.232	0.231
	体积模量	2.066	3.101	4.377	2.868	3.484	3.751	4.029	3.227
	剪切模量	1.330	2.042	2.895	1.855	2.253	2.437	2.629	2.116
	柯西压	3.991	3.919	3.119	3.950	3.716	3.418	3.242	3.825
CL-20/NTO (2:1)	拉伸模量	8.331	6.859	8.487	5.926	7.328	9.100	11.438	7.950
	泊松比	0.228	0.227	0.229	0.231	0.227	0.226	0.229	0.231
	体积模量	5.106	4.189	5.217	3.665	4.483	5.537	7.043	4.932
	剪切模量	3.392	2.795	3.453	2.408	2.985	3.711	4.652	3.228
	柯西压	2.390	2.773	2.559	3.185	2.956	2.538	1.506	2.651
CL-20/NTO (1:1)	拉伸模量	7.533	6.638	7.923	6.267	6.405	9.599	10.069	7.167
	泊松比	0.228	0.227	0.229	0.228	0.228	0.227	0.231	0.232
	体积模量	4.623	4.052	4.876	3.838	3.932	5.857	6.238	4.456
	剪切模量	3.066	2.705	3.223	2.552	2.607	3.912	4.090	2.909
	柯西压	2.895	3.253	2.730	2.877	3.468	2.186	1.814	3.121
CL-20/LLM-105	拉伸模量	5.658	7.269	8.192	5.709	8.223	9.815	9.348	8.175
	泊松比	0.233	0.227	0.229	0.228	0.232	0.238	0.228	0.233
	体积模量	3.532	4.438	5.038	3.498	5.114	6.244	5.728	5.103
	剪切模量	2.295	2.962	3.333	2.325	3.337	3.964	3.806	3.315
	柯西压	3.350	2.663	2.527	3.203	2.577	2.603	2.195	2.962
CL-20/TNAD	拉伸模量	6.319	7.469	8.168	6.648	8.509	9.431	9.702	9.003
	泊松比	0.228	0.229	0.231	0.228	0.230	0.229	0.230	0.231
	体积模量	3.872	4.594	5.061	4.073	5.252	5.800	5.989	5.578
	剪切模量	2.573	3.039	3.318	2.707	3.459	3.837	3.944	3.657
	柯西压	3.368	2.501	2.655	3.518	2.102	2.831	2.258	2.516

注：拉伸模量、体积模量、剪切模量与柯西压的单位为 GPa，泊松比无单位。

第 8 章 CL-20/TNT/HMX 共晶炸药的性能研究

从表 8-17 可以看出，对于同一晶面的取代模型，总体上来看，拉伸模量、体积模量、剪切模量的大小顺序为 CL-20/NTO(2:1)>CL-20/TNAD>CL-20/LLM-105>CL-20/NTO(1:1)>CL-20/RDX>CL-20/FOX-7，而柯西压的变化趋势相反。力学参数变化趋势表明组分比例为 2:1 的 CL-20/NTO 共晶炸药的刚性最强，硬度与断裂强度最大，抵抗变形的能力最强，而延展性最弱；其次为 CL-20/TNAD 共晶炸药，CL-20/FOX-7 共晶炸药的刚性最弱，硬度与断裂强度最低，但延展性最好，预示其力学性能最好。因此，从改善炸药力学性能的角度来看，FOX-7 组分在改善力学性能方面效果最好，而 NTO 组分在改善力学性能方面效果相对较弱。

在 8.4.1 节~8.4.4 节中，分别对优选的共晶炸药的稳定性、安全性、能量特性与力学性能进行了比较。结果表明，各种共晶炸药的性能存在一定的差异，无法同时兼顾各项性能。在实际应用中，需要根据实际情况，选择性能良好的共晶炸药。当需要选择稳定性较好的共晶炸药时，可以优先选取组分比例为 2:1 的 CL-20/LLM-105 共晶炸药；从安全性的角度出发，若需要选择感度较低的共晶炸药，可以优先选取 CL-20/FOX-7 共晶炸药；从能量密度的角度出发，若需要选择高威力的共晶炸药，可以优先选取组分比例为 2:1 的 CL-20/NTO 共晶炸药；若需要选择力学性能较好的共晶炸药，则可以优先选取 CL-20/FOX-7 共晶炸药。因此，CL-20/NTO 与 CL-20/FOX-7 共晶炸药的综合性能相对更好，更具有研究与应用价值。

8.5 小　　结

本章以两组分的 CL-20/TNT 与 CL-20/HMX 共晶炸药为研究对象，通过分析两组分共晶炸药的性能优缺点，提出三组分 CL-20/TNT/HMX 共晶炸药的思想。建立了不同比例的 CL-20/TNT/HMX 共晶炸药模型，预测了其性能，确定了综合性能最优的三组分共晶炸药配方比例。对优选的两组分与三组分共晶炸药进行了比较，对其综合性能进行了评估，得到的结论如下。

（1）当 CL-20、TNT 与 HMX 的组分比例（组分比例 CL-20:TNT:HMX）为 3:1:2 或 3:1:3 时，共晶炸药中各组分之间的作用力最强，结合能的数值更大，变化范围为 613.57kJ/mol~683.31kJ/mol，预示组分比例为 3:1:2 或 3:1:3 的共晶炸药最稳定。在该种组分比例的条件下更容易形成稳定的共晶。

（2）三组分 CL-20/TNT/HMX 共晶炸药的感度高于 CL-20/TNT 共晶炸药，但低于纯 CL-20 炸药与 CL-20/HMX 共晶炸药，表明 CL-20、TNT、HMX 三者之间形成共晶可以降低 CL-20 与 CL-20/HMX 共晶炸药的感度，提高安全性。当共晶体系中 CL-20、TNT 与 HMX 的组分比例为 3∶1∶2 时，共晶炸药的感度最低，安全性能最好。

（3）在共晶炸药中，组分比例为 3∶1∶1、3∶1∶2 或 3∶1∶3 的 CL-20/TNT/HMX 共晶炸药密度大于 $1.9g/cm^3$，爆速大于 $9.0km/s$，爆压大于 $40.0GPa$，威力与 CL-20/HMX 共晶炸药相当，能量密度满足 HEDC 的要求，可视为新型的 HEDC，具有较好的发展前景与应用价值。

（4）在三组分 CL-20/TNT/HMX 共晶炸药中，当组分的比例（CL-20∶TNT∶HMX）为 3∶1∶1、3∶1∶2 或 3∶1∶3 时，共晶体系的模量最小，柯西压最大，表明体系的刚性最弱，硬度最低，断裂强度最小，延展性最强，力学性能最好。

（5）CL-20/LLM-105 共晶炸药中组分间的结合能最大，稳定性最好，而 CL-20/RDX 共晶炸药的稳定性最差；CL-20/FOX-7 共晶炸药的感度最低，降感效果最好，CL-20/RDX 共晶炸药的感度最高，安全性能最差；CL-20/NTO 共晶炸药的能量密度最高，威力最大，而 CL-20/TNAD 共晶炸药的密度与爆轰参数最小，能量密度最低；CL-20/FOX-7 共晶炸药的力学性能最好，而 CL-20/NTO 共晶炸药的力学性能最差。

综上所述，当 CL-20、TNT 与 HMX 的组分比例为 3∶1∶2 时，三组分 CL-20/TNT/HMX 共晶体系中分子间的作用力最强，共晶炸药的稳定性最好，感度最低，安全性能最优，具有较好的力学性能，同时能量密度满足 HEDC 的要求。因此，组分比例为 3∶1∶2 的三组分 CL-20/TNT/HMX 共晶炸药具有最好的综合性能，可视为新型的钝感 HEDC，具有较好的发展潜力与应用价值。

对于优选的不同种类的共晶炸药，从能量密度与安全性的角度来看，CL-20/NTO 与 CL-20/FOX-7 共晶炸药的感度相对较低，同时能量密度较高，保持了高能钝感的优势，具有较好的综合性能，应用前景最广，在实际应用中最值得关注，而 CL-20/RDX 共晶炸药的感度最高，CL-20/TNAD 共晶炸药的能量密度最低，性能最不理想。因此，向 CL-20 中加入高能钝感炸药 FOX-7、NTO 可以使共晶炸药保持相对较好的综合性能，也预示高能钝感炸药是共晶炸药较为理想的组分，可以重点设计研发以高能钝感炸药为组分的含能共晶炸药。

主要缩略语表

英文缩写	英文全称	中文译名
1-AMTN	1-amino-3-methyl-1,2,3-triazoliumnitrate	1-氨基-3-甲基-1,2,3-三唑硝酸盐
1,4-DNI	1,4-dinitroimidazole	1,4-二硝基咪唑
2,4-DNT	2,4-dinitrotoluene	2,4-二硝基甲苯
2,5-DNT	2,5-dinitrotoluene	2,5-二硝基甲苯
3,4-DNP	3,4-dinitropyrazole	3,4-二硝基吡唑
3,5-DATr	3,5-diamino-1,2,4-triazole	3,5-二氨基-1,2,4-三唑
ACN	acetonitrile	乙腈/氰化甲烷
ADNP	4-amino-3,5-dinitropyrazole	4-氨基-3,5-二硝基吡唑
AN	ammonium nitrate	硝酸铵
ANPyO	2,6-diamino-3,5-dinitropyrazine-1-oxide	2,6-二氨基-3,5-二硝基-吡嗪-1-氧
ANPZO	2,6-diamino-3,5-dinitropyrazine-1-oxide	2,6-二氨基-3,5-二硝基-吡嗪-1-氧
AP	ammonium perchlorate	高氯酸铵
ATZ	1-amino-1,2,3-triazole	1-氨基-1,2,3-三唑
BTF	benzotrifuroxan	苯并三氧化呋咱
BTNEN	N,N-bis(trinitroethyl)nitramine	N,N'-双(三硝基乙基)硝胺
BTO	1H,1'H-5,5'-bitetrazole-1,1'-diolate	5,5'-联四唑-1,1'-二羟
CED	cohesive energy density	内聚能密度
CL-20	hexanitrohexaazaisowurtzitane	六硝基六氮杂异伍兹烷
CPL	caprolactam	己内酰胺
CTA	cyanuric triazide	2,4,6-三叠氮基三嗪

DADP	diacetone diperoxide	二聚过氧化丙酮
DAF	3,4-diaminofurazan	3,4-二氨基呋咱
DFT	density functional theory	密度泛函理论
DMF	dimethylformamide	二甲基甲酰胺
DMI	1,3-dimethyl-2-imidazolidinone	1,3-二甲基-2-咪唑啉酮
DNAN	2,4-dinitroanisole	2,4-二硝基苯甲醚
DNB	1,3-dinitrobenzene	1,3-二硝基苯
DNG	3,5-dinitro-3,5-diazaheptane	3,5-二硝基-3,5-二氮庚烷
DNP	2,4-dinitro-2,4-diazapentane	2,4-二硝基-2,4-二氮戊烷
DSC	differential scanning calorimetry	差示扫描量热法
EMs	energetic materials	含能材料
FOX-7	1,1-diamino-2,2-dinitroethylene	1,1-二氨基-2,2-二硝基乙烯
HEDC	high energy density compounds	高能量密度化合物
HEDM	high energy density materials	高能量密度材料
HMX	octahydro-1,3,5,7-tetranitro-1,3,5,7-tetrazocine	奥克托今/环四亚甲基四硝胺
HH	Hydroxylamine Hydrochloride	盐酸羟胺
HP	Hydroxylammonium Pentazolate	五唑羟胺
IHE	insensitive high explosive	高能钝感炸药
IMZ	imidazole	咪唑
LLM-105	2,6-diamino-3,5-dinitropyrazine-1-oxide	2,6-二氨基-3,5-二硝基吡嗪
LLM-116	4-amino-3,5-dinitro-pyrazole	4-氨基-3,5-二硝基吡唑
MATNB	2,4,6-trinitrobenzene methylamine	2,4,6-三硝基苯甲胺
MD	molecular dynamics	分子动力学
MDNI	1-methyl-4,5-dinitroimidazole	1-甲基-4,5-二硝基咪唑
MDNT	1-methyl-3,5-dinitro-1,2,4-triazole	1-甲基-3,5-二硝基-1,2,4-三唑
MET	10-methylphenothiazine	10-甲基吩噻嗪
MHN	D-mannitol hexanitrate	六硝基甘露醇

MTNP	1-methyl-3,4,5-trinitropyrazole	1-甲基-3,4,5-三硝基吡唑
NC	nitrocellulose	硝化棉/纤维素硝酸酯
NG	nitrlglycerine	硝化甘油/丙三醇三硝酸酯
NMP	N-methyl-2-pyrrolidone	氮甲基吡咯烷酮
NNAP	1-nitronaphthalene	1-硝基萘
NQ	nitroguanidine	硝基胍
NTO	3-nitro-1,2,4-triazol-5-one	3-硝基-1,2,4-三唑-5-酮
ONC	octanitrocubane	八硝基立方烷
PBXs	polymer bonded explosives	高聚物黏结炸药
PCF	pair correlation function	对相关函数
PETN	pentaerythritol tetranitrate	太安/季戊四醇四硝酸酯
PNO	pyridine-N-oxide	氮氧吡啶
QC	quantum chemistry	量子化学
QM	quantum mechanics	量子力学
RDF	radial distribution function	径向分布函数
RDX	hexahydro-1,3,5-trinitro-1,3,5-triazine	黑索今/环三亚甲基三硝胺
SEM	scanning electron microscope	扫描电镜
TATB	1,3,5-triamino-2,4,6-trinitrobenzene	1,3,5-三氨基-2,4,6-三硝基苯
TBTNB	1,3,5-tribromo-2,4,6-trinitrobenzene	1,3,5-三溴-2,4,6-三硝基苯
TCTNB	1,3,5-trichloro-2,4,6-trinitrobenzene	1,3,5-三氯-2,4,6-三硝基苯
TEX	4,10-dinitro-2,6,8,12-tetraoxa-4,10-diaza-tetracyclododecane	4,10-二硝基-4,10-二氮杂-2,6,8,12-四氧杂异伍兹烷
TFAZ	7H-trifurazano[3,4-b:3',4'-f:3'',4''-d]azepine	三呋咱并氮杂卓
TITNB	1,3,5-triiodo-2,4,6-trinitrobenzene	1,3,5-三碘-2,4,6-三硝基苯
TKX-50	5,5'-bistetrazole-1,1'-diolate	5,5'-联四唑-1,1'-二氧二羟铵盐
TNA	2,4,6-trinitroaniline	2,4,6-三硝基苯胺
TNAD	1,4,5,8-tetranitro-1,4,5,8-tetraazabicyclo[4.4.0]decalin	四硝基并哌嗪/1,4,5,8-四硝基-1,4,5,8-四氮杂双环[4.4.0]癸烷

TNAZ	1,3,3-trinitroazetidine	1,3,3-三硝基氮杂环丁烷
TNB	1,3,5-trinitrobenzene	1,3,5-三硝基苯
TNCB	2,4,6-trinitrochlorobenzene	2,4,6-三硝基氯苯
TNP	2,4,6-trinitrophenol	2,4,6-三硝基苯酚
TNT	2,4,6-trinitrotoluene	2,4,6-三硝基甲苯
TPPO	triphenylphosphineoxide	三苯基氧膦
TZTN	5,6,7,8-tetrahydrotetrazolo[1,5-b][1,2,4]-triazine	5,6,7,8-四氢四唑[1,5-b][1,2,4-]三嗪

参 考 文 献

[1] Eaton P E, Xiong Y, Gilardi R. Systematic substitution on the cubane nucleus synthesis and properties of 1,3,5-trinitrocubane and 1,3,5,7-tetranitrocubane [J]. Journal of the American Chemical Society, 1993, 115: 10195-10202.

[2] Zhang M X, Eaton P E, Gilardi R. Hepta-and octanitrocubanes [J]. Angewandte Chemie International Edition, 2000, 39: 401-404.

[3] Ramakrishnan V T, Vedachalam M, Boyer J H. 4, 10-Dinitro-2,6,8,12-tetraoxa-4,10-diazatracyclo [5.5.0.0^{5,9}0^{3,11}] dodecane [J]. Journal of Heterocyclic Chemistry, 1989, 31: 479-481.

[4] Vágenknecht J, Marecek P, Trzcinski W A. Sensitivity and performance properties of TEX explosives [J]. Journal of Energetic Materials, 2002, 20 (3): 245-253.

[5] Nielsen A T, Chafin A P, Christian S L, et al. Synthesis of polyazapolycyclic caged polynitramines [J]. Tetrahedron, 1998, 54 (39): 11793-11812.

[6] Sikder A K, Sikder N. A review of advanced high performance, insensitive and thermally stable energetic materials emerging for military and space applications [J]. Journal of Hazardous Materials, 2004, 112: 1-15.

[7] Bayat Y, Zeynali V. Preparation and characterization of nano-CL-20 explosive [J]. Journal of Energetic Materials, 2011, 29: 281-291.

[8] Bayat Y, Pourmortazavi S M, Iravani H, et al. Static optimization of supercritical carbon dioxide antisolvent process for preparation of HMX nanoparticles [J]. Journal of Supercritical Fluids, 2012, 72: 248-254.

[9] Essel J T, Cortopassi A C, Kuo K K, et al. Formation and characterization of nano-sized RDX particles produced using the RESS-AS process [J]. Propellants, Explosives, Pyrotechnics, 2012, 37: 699-706.

[10] Zhang C Y. Computational investigation on the desensitizing mechanism of graphite in explosives versus mechanical stimuli: compression and glide [J]. The Journal of Physical Chemistry B, 2007, 111: 6208-6213.

[11] Zhang C Y. Understanding the desensitizing mechanism of olefin in explosives versus external mechanical stimuli [J]. The Journal of Physical Chemistry C, 2010, 114: 5068-5072.

[12] An C W, Wang J Y, Xu W Z, et al. Preparation and properties of HMX coated with a composite of TNT/energetic material [J]. Propellants, Explosives, Pyrotechnics, 2010,

35: 365-372.

[13] Heijden A E, Creyghton Y L, Marino E, et al. Energetic materials: crystallization, characterization and insensitive plastic bonded explosives [J]. Propellants, Explosives, Pyrotechnics, 2008, 33 (1): 25-32.

[14] Mattos E, Moreira E D, Diniz M F, et al. Characterization of polymer-coated RDX and HMX particles [J]. Propellants, Explosives, Pyrotechnics, 2008, 33 (1): 44-50.

[15] Vo T T, Zhang J H, Parrish D A, et al. New roles for 1,1-diamino-2,2-dinitroethene (FOX-7): halogenated FOX-7 and azo-bis (dihaloFOX) as energetic materials and oxidizers [J]. Journal of the American Chemical Society, 2013, 135: 11787-11790.

[16] Zhao X F, Liu Z L. An improved synthesis of 2,6-diamino-3,5-dinitro pyrazine-1-oxide [J]. Journal of Chemical Research, 2013, 37: 425-426.

[17] Fischer N, Fischer D, Klapötke T M, et al. Pushing the limits of energetic materials -the synthesis and characterization of dihydroxylammonium 5,5'-bistetrazole-1,1'-diolate [J]. Journal of Materials Chemistry, 2012, 22: 20418-20422.

[18] Lara-Ochoa F, Espinosa-Pérez G. Cocrystals definitions [J]. Supramolecular Chemistry, 2007, 19 (8): 553-557.

[19] Bond A D. What is a co-crystal [J]. CrystEngComm, 2007, 9: 833-834.

[20] Shan N, Zaworotko M J. The role of cocrystals in pharmaceutical science [J]. Drug Discovery Today, 2008, 13: 440-446.

[21] Friščic T. Supramolecular concepts and new techniques in mechanochemistry: cocrystals, cages, rotaxanes, open metal-organic frameworks [J]. Chemical Society Reviews, 2012, 41: 3493-3510.

[22] Simpson R L, Urtiew P A, Ornellas D L, et al. CL-20 performance exceeds that of HMX and its sensitivity is moderate [J]. Propellants, Explosives, Pyrotechnics, 1997, 22 (5): 249-255.

[23] Nielsen A T, Nissan R A, Vanderah D J, et al. Polyazapolycyclics by condensation of aldehydes with amines. 2: formation of 2,4,6,8,10,12-hexabenzyl-2,4,6,8,10,12-hexaazatetracyclo [5.5.0.0^{5,9}0^{3,11}] dodecanes from glyoxal and benzylamines [J]. Journal of Organic Chemistry, 1990, 55 (5): 1459-1466.

[24] Levinthal M L. Propallant made with cocrystals of cyclotetramethylenetetranitramine and ammonium perchlorate [P]. US Patent, 40816110, 1978.

[25] Landenberger K B, Matzger A J. Cocrystal engineering of prototype energetic material: supramolecular chemistry of 2,4,6-trinitrotoluene [J]. Crystal Growth & Design, 2010, 10: 5341-5347.

[26] Bolton O, Matzger A J. Improved stability and smart-material functionality realized in an energetic cocrystal [J]. Angewandte Chemie International Edition, 2011, 50: 8960-8963.

[27] Bolton O, Simke L R, Pagoria P F, et al. High power explosive with good sensitivity: a 2:1

cocrystal of CL-20: HMX [J]. Crystal Growth & Design, 2012, 12: 4311-4314.

[28] Landenberger K B, Matzger A J. Cocrystals of 1,3,5,7-tetranitro-1,3,5,7-tetrazacyclooctane (HMX) [J]. Crystal Growth & Design, 2012, 12: 3603-3609.

[29] Landenberger K B, Bolton O, Matzger A J. Two isostructural explosive cocrystals with significantly different thermodynamic stabilities [J]. Angewandte Chemie International Edition, 2013, 52: 6468-6471.

[30] Landenberger K B, Bolton O, Matzger A J. Energetic-energetic cocrystals of diacetone diperoxide (DADP): dramatic and divergent sensitivity modifications via cocrystallization [J]. Journal of the American Chemical Society, 2015, 137: 5074-5079.

[31] McNeil S K, Kelley S P, Beg C, et al. Cocrystals of 10-methylphenthiazine and 1,3-dinitrobenzene: implications for the optical sensing of TNT-based explosives [J]. ACS Applied Materials and Interfaces, 2013, 5: 7647-7653.

[32] Anderson S R, Ende D J, Salan J S, et al. Preparation of an energetic-energetic cocrystal using resonant acoustic mixing [J]. Propellants, Explosives, Pyrotechnics, 2014, 39: 637-640.

[33] Urbelis J H, Young V G, Swift J A. Using solvent effects to guide the design of a CL-20 cocrystal [J]. CrystEngComm, 2015, 17: 1564-1568.

[34] Anderson S R, Dubé P, Krawiec M, et al. Promising CL-20-based energetic material by cocrystallization [J]. Propellants, Explosives, Pyrotechnics, 2016, 41: 783-788.

[35] Bennion J C, Vogt L, Tuckerman M E, et al. Isostructural cocrystals of 1,3,5-trinitrobenzene assembled by halogen bonding [J]. Crystal Growth & Design, 2016, 16: 4688-4693.

[36] Sinditskii V P, Chernyi A N, Yurova S Y, et al. Thermal decomposition and combustion of cocrystals of CL-20 and linear nitramines [J]. RSC Advances, 2016, 6: 81386-81393.

[37] Bennion J C, Siddiqi Z R, Matzger A J. A melt castable energetic cocrystal [J]. Chemical Communications, 2017, 53: 6065-6068.

[38] Ghosh M, Sikder A K, Banerjee S, et al. Studies on CL-20/HMX (2:1) co-crystal: a new preparation method, structural and thermo kinetic analysis [J]. Crystal Growth & Design, 2018, 18(7): 3781-3793.

[39] Viswanath J V, Shanigaram B, Vijayadarshan P, et al. Studies and theoretical optimization of CL-20: RDX cocrystal [J]. Propellants, Explosives, Pyrotechnics, 2019, 44(12): 1570-1582.

[40] Foroughi L M, Wiscons R A, Bois D R D, et al. Improving stability of the metal-free primary energetic cyanuric triazide (CTA) through cocrystallization [J]. Chemical Communications, 2020, 56(14): 2111-2114.

[41] Zohari N, Mohammadkhani F G, Montazeri M, et al. Synthesis and characterization of a novel explosive HMX/BTNEN (2:1) cocrystal [J]. Propellants, Explosives, Pyrotech-

nics, 2021, 46 (2): 329-333.

[42] 周润强, 曹端林, 王建龙, 等. 硝酸脲与黑索今混合炸药的制备及性能研究 [J]. 含能材料, 2007, 15 (2): 109-111.

[43] 周润强, 刘德新, 曹端林, 等. 硝酸脲与 RDX 共晶炸药研究 [J]. 火炸药学报, 2007, 30 (2): 49-51.

[44] Ma P, Zhang L, Zhu S G, et al. Synthesis, crystal structure and DFT calculation of an energetic perchlorate amine salt [J]. Journal of Crystal Growth, 2011, 335: 70-74.

[45] Ma P, Zhang L, Zhu S G, et al. Synthesis, structural investigation, thermal decomposition, and properties of a cocrystal energetic perchlorate amine salt [J]. Combustion, Explosion, and Shock Waves, 2012, 48 (4): 483-487.

[46] Shen J P, Duan X H, Luo Q P, et al. Preparation and characterization of a novel cocrystal explosive [J]. Crystal Growth & Design, 2011, 11 (5): 1759-1765.

[47] Yang Z W, Li H Z, Zhou X Q, et al. Characterization and properties of a novel energetic-energetic cocrystal explosive composed of HNIW and BTF [J]. Crystal Growth & Design, 2012, 12: 5155-5158.

[48] Yang Z W, Li H Z, Huang H, et al. Preparation and performance of a HNIW/TNT cocrystal explosive [J]. Propellants, Explosives, Pyrotechnics, 2013, 38: 495-501.

[49] 杨宗伟, 张艳丽, 李洪珍, 等. CL-20/TNT 共晶炸药的制备、结构与性能 [J]. 含能材料, 2012, 20 (6): 674-679.

[50] 王玉平, 杨宗伟, 李洪珍, 等. CL-20/DNB 共晶炸药的制备与表征 [J]. 含能材料, 2013, 12 (4): 554-555.

[51] Wang Y P, Yang Z W, Li H Z, et al. A novel cocrystal explosive of HNIW with good comprehensive properties [J]. Propellants, Explosives, Pyrotechnics, 2014, 39: 590-596.

[52] Guo C Y, Zhang H B, Wang X C, et al. Study on a novel energetic cocrystal of TNT/TNB [J]. Journal of Materials Science, 2013, 48: 1351-1357.

[53] Lin H, Zhu S G, Zhang L, et al. Synthesis and first principles investigation of HMX/NMP cocrystal explosive [J]. Journal of Energetic Materials, 2013, 31 (4): 261-272.

[54] Lin H, Zhu S G, Li H Z, et al. Synthesis, characterization, AIM and NBO analysis of HMX/DMI cocrystal explosive [J]. Journal of Molecular Structure, 2013, 1048: 339-348.

[55] Guo C Y, Zhang H B, Wang X C, et al. Crystal structure and explosive performance of a new CL-20/caprolactam cocrystal [J]. Journal of Molecular Structure, 2013, 1048: 267-273.

[56] Zhang H B, Guo C Y, Wang X C, et al. Five energetic cocrystals of BTF by intermolecular hydrogen bond and π-stacking interactions [J]. Crystal Growth & Design, 2013, 13: 679-687.

[57] 郭长艳, 张浩斌, 王晓川, 等. 7 种 BTF 共晶的制备与表征 [J]. 含能材料, 2012, 20 (4): 503-504.

[58] 陈杰, 段晓惠, 裴重华. HMX/AP 共晶的制备与表征 [J]. 含能材料, 2013, 21 (4): 409-413.

[59] 郭文建, 安崇伟, 李鹤群, 等. TNT/AN 共晶制备及表征 [J]. 火工品, 2014, (5): 28-30.

[60] Yang Z W, Zeng Q, Zhou X Q, et al. Cocrystal explosive hydrate of a powerful explosive, HNIW, with enhanced safety [J]. RSC Advances, 2014, 4: 65121-65126.

[61] Yang Z W, Wang Y P, Zhou J H, et al. Preparation and performance of a BTF/DNB cocrystal explosive [J]. Propellants, Explosives, Pyrotechnics, 2014, 39: 9-13.

[62] Xu H F, Duan X H, Li H Z, et al. A novel high-energetic and good-sensitive cocrystal composed of CL-20 and TATB by a rapid solvent/non-solvent method [J]. RSC Advances, 2015, 5: 95764-95770.

[63] 王晶禹, 李鹤群, 安崇伟, 等. 超细 CL-20/TNT 共晶炸药的喷雾干燥制备与表征 [J]. 含能材料, 2015, 23 (11): 1103-1106.

[64] Wu J T, Zhang J G, Li T, et al. A novel cocrystal explosive NTO/TZTN with good comprehensive properties [J]. RSC Advances, 2015, 5: 28354-28359.

[65] Ma Y, Hao S L, Li H Z, et al. Preparation and performance of BTF-DNAN cocrystal explosive [J]. Chinese Journal of Energetic Materials, 2015, 23 (12): 1228-1230.

[66] Li H Q, An C W, Guo W J, et al. Preparation and performance of nano HMX/TNT cocrystals [J]. Propellants, Explosives, Pyrotechnics, 2015, 40 (5): 652-658.

[67] Hong D, Li Y, Zhu S G, et al. Three insensitive energetic co-crystals of 1-nitronaphthalene, with 2,4,6-trinitrotoluene (TNT), 2,4,6-trinitrophenol (picric acid) and D-mannitol hexanitrate (MHN) [J]. Central European Journal of Energetic Materials, 2015, 12 (1): 47-62.

[68] Qiu H W, Patel R B, Damavarapu R S, et al. Nanoscale 2CL-20·HMX high explosive cocrystal synthesized by bead milling [J]. CrystEngComm, 2015, 17: 4080-4083.

[69] 宋小兰, 王毅, 宋朝阳, 等. CL-20/DNT 共晶炸药的制备及其性能研究 [J]. 火炸药学报, 2016, 39 (1): 23-27.

[70] Liu K, Zhang G, Luan J Y, et al. Crystal structure, spectrum character and explosive property of a new cocrystal CL-20/DNT [J]. Journal of Molecular Structure, 2016, 110: 91-96.

[71] 刘可, 张皋, 陈智群, 等. HNIW 和 DNT 的共晶制备和光谱分析研究 [J]. 光谱学与光谱分析, 2018, 38 (1): 77-81.

[72] Zhang Z B, Li T, Yin L, et al. A novel insensitive cocrystal explosive BTO/ATZ: preparation and performance [J]. RSC Advances, 2016, 6: 76075-76083.

[73] 侯聪花, 刘志强, 张园萍, 等. TATB/HMX 共晶炸药的制备及性能研究 [J]. 火炸药学报, 2017, 40 (4): 44-49.

[74] 马媛, 黄琪, 李洪珍, 等. TNT/TNCB 共晶炸药的制备及表征 [J]. 含能材料,

2017, 25 (1): 86-88.

[75] Lin H, Chen J F, Zhu S G, et al. Synthesis, characterization, detonation performance, and DFT calculation of HMX/PNO cocrystal explosive [J]. Journal of Energetic Materials, 2017, 35 (1): 95-108.

[76] Ma Q, Jiang T, Chi Y, et al. A novel multi-nitrogen 2,4,6,8,10,12-hexanitrohexaazai-sowurtzitane-based energetic co-crystal with 1-methyl-3,4,5-trinitropyrazole as a donor: experimental and theoretical investigations of intermolecular interactions [J]. New Journal of Chemistry, 2017, 41: 4165-4172.

[77] 刘皓楠, 王建华, 刘玉存, 等. HMX/ANPZO 共晶炸药的制备及表征 [J]. 火炸药学报, 2017, 40 (2): 47-51.

[78] 孙谦, 吴晓青, 卞成明, 等. 一种制备 CL-20/LLM-116 共晶含能材料的新方法 [J]. 精细化工中间体, 2017, 47 (5): 71-74.

[79] An C W, Li H Q, Ye B Y, et al. Nano-CL-20/HMX cocrystal explosive for significantly reduced mechanical sensitivity [J]. Journal of Nanomaterials, 2017, 2017: 1-7.

[80] Chen P Y, Zhang L, Zhu S G, et al. Investigation of TNB/NNAP cocrystal synthesis, molecular interaction and formation process [J]. Journal of Molecular Structure, 2017, 1128: 629-635.

[81] Gao H, Du P, Ke X, et al. A novel method to prepare nano-sized CL-20/NQ co-crystal: vacuum freeze drying [J]. Propellants, Explosives, Pyrotechnics, 2017, 42: 889-895.

[82] 宋长坤, 安崇伟, 李鹤群, 等. 微纳米 CL-20/HMX 共晶含能材料的制备与性能 [J]. 火工品, 2018, (1): 36-40.

[83] 贺倩倩, 刘玉存, 闫利伟, 等. 悬浮液法制备高纯度 CL-20/HMX 共晶炸药 [J]. 火炸药学报, 2018, 41 (1): 82-85.

[84] 李鹤群. 液相超声法制备 CL-20/HMX 共晶炸药与表征 [J]. 广东化工, 2018, 45 (6): 96-97.

[85] Zhu S F, Zhang S H, Gou R J, et al. Understanding the effect of solvent on the growth and crystal morphology of MTNP/CL-20 cocrystal explosive: experimental and theoretical studies [J]. Crystal Research and Technology, 2018, 53: 1700299.

[86] Yang Z W, Wang H J, Ma Y, et al. Isomeric cocrystals of CL-20: a promising strategy for development of high-performance explosives [J]. Crystal Growth & Design, 2018, 18 (11): 6399-6403.

[87] Liu N, Duan B H, Lu X M, et al. Preparation of CL-20/DNDAP cocrystal by a rapid and continuous spray drying method: an alternative to cocrystal formation [J]. CrystEngComm, 2018, 20: 2060-2067.

[88] 段秉蕙, 刘宁, 舒远杰, 等. CL-20/DNDAP 共晶含能材料的晶体结构与性能研究 [J]. 化工新型材料, 2018, 46 (11): 84-87.

[89] Tan Y W, Yang Z W, Wang H J, et al. High energy explosive with low sensitivity: a new

energetic cocrystal based on CL-20 and 1,4-DNI [J]. Crystal Growth & Design, 2019, 19 (8): 4476-4482.

[90] Liu N, Duan B H, Lu X M, et al. Preparation of CL-20/TFAZ cocrystals under aqueous conditions: balancing high performance and low sensitivity [J]. CrystEngComm, 2019, 21 (47): 7271-7279.

[91] 袁朔, 苟兵旺, 郭双峰, 等. 一种新型 CL-20/TKX-50 共晶炸药的制备、表征和性能研究 [J]. 火炸药学报, 2020, 43 (2): 167-172.

[92] Hu Y B, Yuan S, Li X J, et al. Preparation and characterization of nano-CL-20/TNT cocrystal explosives by mechanical ball-milling method [J]. ACS Omega, 2020, 5: 17761-17766.

[93] 任晓婷, 卢艳华, 陆志猛, 等. 超细 CL-20/HMX 共晶的制备、表征及其与推进剂组分的相容性 [J]. 含能材料, 2020, 28 (2): 137-144.

[94] Tan Y W, Liu Y C, Wang H J, et al. Different stoichiometric ratios realized in energetic-energetic cocrystals based on CL-20 and 4,5-MDNI: a smart strategy to tune performance [J]. Crystal Growth & Design, 2020, 20 (6): 3826-3833.

[95] Xue Z H, Zhang X X, Huang B B, et al. Assembling of hybrid nano-sized HMX/ANPyO cocrystals intercalated with 2D high nitrogen materials [J]. Crystal Growth & Design, 2021, 21 (8): 4488-4499.

[96] 乔申, 杨宗伟, 李洪珍, 等. TNB/1,4-DNI 共晶炸药的制备与表征 [J]. 含能材料, 2021, 29 (12): 1182-1185.

[97] 袁媛, 侯天阳, 李冬雪, 等. 五唑羟胺/盐酸羟胺共晶化合物的合成、晶体结构和性能 [J]. 含能材料, 2022, 30 (2): 96-102.

[98] 毕玉帆, 陆祖嘉, 董文帅, 等. NTO·(3,5-DATr) 含能离子盐和 NTO/IMZ 含能共晶的制备、晶体结构及性能 [J]. 含能材料, 2022, 30 (2): 111-120.

[99] 卫春雪, 段晓惠, 刘成建, 等. 环四甲撑四硝胺/1,3,5-三氨基-2,4,6-三硝基苯共晶炸药的分子模拟研究 [J]. 化学学报, 2009, 67 (24): 2822-2826.

[100] Wei C X, Huang H, Duan X H, et al. Structures and properties prediction of HMX/TATB co-crystal [J]. Propellants, Explosives, Pyrotechnics, 2011, 36: 416-423.

[101] 林鹤, 张琳, 朱顺官, 等. HMX/FOX-7 共晶炸药分子动力学模拟 [J]. 兵工学报, 2012, 33 (9): 1025-1030.

[102] Lin H, Zhu S G, Li H Z, et al. Structure and detonation performance of a novel HMX/LLM-105 cocrystal explosive [J]. Journal of Physical Organic Chemistry, 2013, 26: 898-907.

[103] Lin H, Zhu S G, Zhang L, et al. Intermolecular interactions, thermodynamic properties, crystal structure, and detonation performance of HMX/NTO cocrystal explosive [J]. International Journal of Quantum Chemistry, 2013, 113: 1591-1599.

[104] 陶俊, 王晓峰, 赵省向, 等. CL-20/HMX 共晶与共混物的分子动力学模拟 [J].

含能材料, 2016, 24 (4): 324-330.

[105] 陶俊, 王晓峰, 赵省向, 等. CL-20/HMX 无规作用及共晶作用的理论计算 [J]. 火炸药学报, 2017, 40 (4): 50-55.

[106] 刘强, 肖继军, 张将, 等. CL-20/TNT 共晶炸药的分子动力学研究 [J]. 高等学校化学学报, 2016, 37 (3): 559-566.

[107] 苟瑞君, 赵媛媛, 丁雄, 等. CL-20/NQ 共晶材料的分子间作用研究及晶型预测 [J]. 四川大学学报（自然科学版）, 2016, 53 (4): 852-858.

[108] 杨文升, 苟瑞君, 张树海, 等. HMX/NQ 共晶分子间相互作用的密度泛函理论研究 [J]. 火炸药学报, 2015, 38 (6): 72-77.

[109] 张林炎, 袁俊明, 刘玉存, 等. CL-20/TNT/DNB 三元共晶的分子动力学模拟 [J]. 科学技术与工程, 2018, 18 (9): 223-228.

[110] Sun T, Xiao J J, Liu Q, et al. Comparative study on structure, energetic and mechanical properties of a ε-CL-20/HMX cocrystal and its composite with molecular dynamics simulation [J]. Journal of Materials Chemistry A, 2014, 2: 13898-13904.

[111] Chen P Y, Zhang L, Zhu S G, et al. Intermolecular interactions, thermodynamic properties, crystal structure, and detonation performance of CL-20/TEX cocrystal explosive [J]. Canadian Journal of Chemistry, 2015, 93: 632-638.

[112] Gao H F, Zhang S H, Ren F D, et al. Theoretical insight into the co-crystal explosive of 2,4,6,8,10,12-hexanitrohexaazaisowurtzitane (CL-20)/1,1-diamino-2,2-dinitro-ethylene (FOX-7) [J]. Computational Materials Science, 2015, 107: 33-41.

[113] Ding X, Gou R J, Ren F D, et al. Molecular dynamics simulation and density functional theory insight into the cocrystal explosive of hexaazaisowurtzitane/ nitroguanidine [J]. International Journal of Quantum Chemistry, 2016, 116: 88-96.

[114] Xiong S L, Chen S S, Jin S H, et al. Molecular dynamics simulations on dihydroxylammonium 5,5′-bistetrazole-1,1′-diolate/hexanitrohexaazaisowurtzitane cocrystal [J]. RSC Advances, 2016, 6: 4221-4226.

[115] Wei Y J, Ren F D, Shi W J, et al. Theoretical insight into the influences of molecular ratios on stabilities and mechanical properties, solvent effect of HMX/FOX-7 cocrystal explosive [J]. Journal of Energetic Materials, 2016, 34: 426-439.

[116] Li Y X, Chen S S, Ren F D. Theoretical insights into the structures and mechanical properties of HMX/NQ cocrystal explosives and their complexes, and the influence of molecular ratios on their bonding energies [J]. Journal of Molecualr Modeling, 2015, 21: 245.

[117] Xie Z B, Hu S Q, Cao X. Theoretical insight into the influence of molecular ratio on the binding energy and mechanical property of HMX/2-picoline-N-oxide cocrystal, cooperativity effect and surface electrostatic potential [J]. Molecular Physics, 2016, 114 (14): 2164-2176.

[118] Xiong S L, Chen S S, Jin S H, et al. Molecular dynamic simulations on TKX-50/HMX

cocrystal [J]. RSC Advances, 2017, 7: 6795-6799.

[119] Song K P, Ren F D, Zhang S H, et al. Theoretical insights into the stabilities, detonation performance, and electrostatic potentials of cocrystals containing α- or β-HMX and TATB, FOX-7, NTO, or DMF in various molar ratios [J]. Journal of Molecular Modeling, 2016, 22: 249.

[120] Chen P Y, Zhang L, Zhu S G, et al. Intermolecular interactions, thermodynamic properties, detonation performance, and sensitivity of TNT/CL-20 cocrystal explosive [J]. Chinese Journal of Structural Chemistry, 2016, 35 (2): 246-256.

[121] Xiong S L, Chen S S, Jin S H. Molecular dynamic simulations on TKX-50/RDX cocrystal [J]. Journal of Molecular Graphics and Modelling, 2017, 74: 171-176.

[122] Feng R Z, Zhang S H, Ren F D, et al. Theoretical insight into the binding energy and detonation performance of ε-, γ-, β-CL-20 cocrystals with β-HMX, FOX-7, and DMF in different molar ratios, as well as electrostatic potential [J]. Journal of Molecular Modeling, 2016, 22: 123.

[123] Han G, Gou R J, Ren F D, et al. Theoretical investigation into the influence of molar ratio on binding energy, mechanical property and detonation performance of 1,3,5,7-tetranitro-1,3,5,7-tetrazacyclooctane (HMX)/1-methyl-4,5-dinitroimidazole (MDNI) cocrystal explosive [J]. Computational and Theoretical Chemistry, 2017, 1109: 27-35.

[124] Li Y X, Chen S S, Ren F D, et al. Theoretical insight into the influence of molecular ratio on the stability, mechanical property, solvent effect and cooperativity effect of HMX/DMI cocrystal explosive [J]. Chinese Journal of Structural Chemistry, 2017, 36 (4): 562-574.

[125] Gao H F, Zhang S H, Ren F D, et al. Theoretical insight into the temperature-dependent acetonitrile (ACN) solvent effect on the diacetone diperoxide (DADP)/1,3,5-tribromo-2,4,6-trinitrobenzene (TBTNB) cocrystallization [J]. Computational Materials Science, 2016, 121: 232-239.

[126] Wu C L, Zhang S H, Ren F D, et al. Theoretical insight into the cocrystal explosive of 2,4,6,8,10,12-hexanitrohexaazaisowurtzitane (CL-20)/1-methyl-4,5-dinitro-1H-imidazole (MDNI) [J]. Journal of Theoretical and Computational Chemistry, 2017, 16 (7): 1750061.

[127] Zhu S F, Zhang S H, Gou R J, et al. Theoretical investigation of the effects of the molar ratio and solvent on the formation of the pyrazole-nitroamine cocrystal explosive 3,4-dinitropyrazole (DNP)/2,4,6,8,10,12-hexanitrohexaazaisowurtzitane (CL-20) [J]. Journal of Molecular Modeling, 2017, 23: 353.

[128] Liu Y, Gou R J, Zhang S H, et al. Solvent effect on the formation of NTO/TZTN cocrystal explosives [J]. Computational Materials Science, 2019, 163: 308-314.

[129] Zhu S M, Ji J C, Zhu W H. Intermolecular interactions, vibrational spectra, and detona-

tion performance of CL-20/TNT cocrystal [J]. Journal of the Chinese Chemical Society, 2020, 67: 1742-1752.

[130] Shi Y B, Bai L F, Gong J, et al. Theoretical calculation into the structures, stability, sensitivity, and mechanical properties of 2,4,6,8,10,12-hexanitro-2,4,6,8,10,12 hexaazai-sowurtzitane (CL-20)/1-amino-3-methyl-1,2,3-triazoliumnitrate (1-AMTN) cocrystal and its mixture [J]. Structural Chemistry, 2020, 31 (2): 647-655.

[131] Du Y H, Liu F S, Liu Q J, et al. HMX/NMP cocrystal explosive: first-principles calculations [J]. Journal of Molecular Modeling, 2021, 27 (9): 254.

[132] Bhogala B R, Nangia A. Cocrystals of 1,3,5-cyclohexanetricarboxylic acid with 4,4′-bipyridine homologues: acid-pyridine hydrogen bonding in neutral and ionic coinplexes [J]. Crystal Growth & Design, 2003, 3 (4): 547-554.

[133] Shattock T R, Arora K K, Vishweshwar P, et al. Hierarchy of supramolecular synthons: persistent carboxylic acid ⋯ pyridine hydrogen bonds in cocrystals that also contain a hydroxyl moiety [J]. Crystal Growth & Design, 2008, 8 (12): 4533-4545.

[134] Zhou J H, Shi L W, Zhang C Y, et al. Theoretical analysis of the formation driving force and decreased sensitivity for CL-20 cocrystals [J]. Journal of Molecular Structure, 2016, 1116: 93-101.

[135] Zhou J H, Chen M B, Chen W M, et al. Virtual screening of cocrystal formers for CL-20 [J]. Journal of Molecular Structure, 2014, 1072: 179-186.

[136] Wei X F, Ma Y, Long X P, et al. A strategy developed from the observed energetic-energetic cocrystals of BTF: cocrystallizing and stabilizing energetic hydrogen-free molecules with hydrogenous energetic coformer molecules [J]. CrystEngComm, 2015, 17: 7150-7159.

[137] Zhang C Y, Xue X G, Cao Y F, et al. Toward low-sensitive and high-energetic co-crystal Ⅱ: structural, electronic and energetic features of CL-20 polymorphs and the observed CL-20-based energetic-energetic co-crystals [J]. CrystEngComm, 2014, 16: 5905-5916.

[138] Zhang C Y, Cao Y F, Li H Z, et al. Toward low-sensitive and high-energetic cocrystal Ⅰ: evaluation of the power and the safety of observed energetic cocrystals [J]. CrystEngComm, 2013, 15: 4003-4014.

[139] Wei X F, Zhang A B, Ma Y, et al. Toward low-sensitive and high-energetic cocrystal Ⅲ: thermodynamics of the energetic-energetic cocrystal formation [J]. CrystEngComm, 2015, 17: 9037-9047.

[140] Chen P Y, Zhang L, Zhu S G, et al. Role of intermolecular interaction in crystal packing: a competition between halogen bond and electrostatic interaction [J]. Journal of Molecular Structure, 2017, 1131: 250-257.

[141] 郭长艳. 基于分子间非共价键相互作用的共晶炸药的制备与表征 [D]. 绵阳: 西南

科技大学, 2013.

[142] 马坤. 药物共晶的筛选技术及热力学研究进展 [J]. 药学进展, 2010, 34 (12): 529-534.

[143] Xue Z H, Huang B B, Li H Z, et al. Nitramine-based energetic cocrystals with improved stability and controlled reactivity [J]. Crystal Growth & Design, 2020, 20 (12): 8124-8147.

[144] Spitzer D, Risse B, Schnell F, et al. Continuous engineering of nano-cocrystals for medical and energetic applications [J]. Scientific Reports, 2014, 4: 6575.

[145] Gao B, Wang D, Zhang J, et al. Facile, continuous and large-scale synthesis of CL-20/HMX nano co-crystals with high-performance by ultrasonic spray-assisted electrostatic adsorption method [J]. Journal of Materials Chemistry A, 2014, 2 (47): 19969-19974.

[146] Doblas D, Rosenthal M, Burghammer M, et al. Smart energetic nanosized co-crystals: exploring fast structure formation and decomposition [J]. Crystal Growth & Design, 2016, 16 (1): 432-439.

[147] Liu N, Duan B H, Lu X M, et al. Rapid and high-yielding formation of CL-20/DNDAP cocrystals via self-assembly in slightly soluble-medium with improved sensitivity and thermal stability [J]. Propellants, Explosives, Pyrotechnics, 2019, 44 (10): 1242-1253.

[148] Yang Z W, Wang H J, Zhang J C, et al. Rapid cocrystallization by exploiting differential solubility: an efficient and scalable process toward easily fabricating energetic cocrystals [J]. Crystal Growth & Design, 2020, 20 (4): 2129-2134.

[149] Herrmannsdörfer D, Klapötke T M. Semibatch reaction crystallization for scaled-up production of high-quality CL-20/HMX cocrystal: efficient because of solid dosing [J]. Crystal Growth & Design, 2021, 21 (3): 1708-1717.

[150] Huang C, Xu J J, Tian X, et al. High-yielding and continuous fabrication of nanosized CL-20-based energetic cocrystals via electrospraying deposition [J]. Crystal Growth & Design, 2018, 18 (4): 2121-2128.

[151] Foltz M F, Coon C L, Garcia F, et al. The thermal stability of the polymorphs of hexanitrohexaazaisowurtzitane, part I [J]. Propellants, Explosives, Pyrotechnics, 1994, 19 (1): 19-25.

[152] Agrawal J P. Some new high energy materials and their formulations for specialized applications [J]. Propellants, Explosives, Pyrotechnics, 2005, 30 (5): 316-328.

[153] 赵信歧, 施倪承. ε-六硝基六氮杂异伍兹烷的晶体结构 [J]. 科学通报, 1995, 40 (23): 2158-2160.

[154] Choi C S, Prince E. The crystal structure of cyclotrimethylenetrinitramine [J]. Acta Crystallographica B, 1972, 28 (9): 2857-2862.

[155] 罗念, 张树海, 荀瑞君, 等. CL-20/FOX-7 共晶的理论研究 [J]. 四川大学学报 (自然科学版), 2016, 53 (3): 626-632.

[156] Jessica H U, Jennifer A S. Solvent effects on the growth morphology and phase purity of CL-20 [J]. Crystal Growth & Design, 2014, 14 (4): 1642-1649.

[157] Sun H. Compass: an ab initio force-field optimized for condense-phase applications-overview with details on alkanes and benzene compounds [J]. The Journal of Physical Chemistry B, 1998, 102: 7338-7364.

[158] Sun H, Ren P, Fried J R. The COMPASS force field: parameterization and validation for phosphazenes [J]. Computational and Theoretical Polymer Science, 1998, 8: 229-246.

[159] Andersen H C. Moleculardynamics simulations at constant pressure and/or temperature [J]. Journal of Chemical Physics, 1980, 72 (4): 2384-2393.

[160] Parrinello M, Rahman A. Polymorphic transitions in single crystals: a newmolecular dynamics method [J]. Journal of Applied Physics, 1981, 52 (12): 7182-7190.

[161] Allen M P, Tildesley D J. Computersimulation of liquids [M]. Oxford: Oxford University Press, 1987.

[162] Ewald P P. Evaluation of optical and electrostatic lattice potentials [J]. Annals of Physics, 1921, 64: 253-287.

[163] Rappé A K, Casewit C J, Colwell K S, et al. UFF, a full periodic table force field for molecular mechanics and molecular dynamics simulations [J]. Journal of the American Chemical Society, 1992, 114 (25): 10024-10035.

[164] Rappé A K, Colwell K S, Casewit C J. Application of a Universal force field to metal complexes [J]. Inorganic Chemistry, 1993, 32 (16): 3438-3450.

[165] Sun H, Mumby S J, Maple J R, et al. An ab initio CFF93 all-atom force field for polycarbonates [J]. Journal of the American Chemical Society, 1994, 116 (7): 2978-2987.

[166] Sun H. Force field for computation of conformational energies, structures, and vibrational frequencies of aromatic polyesters [J]. Journal of Computational Chemistry, 1994, 15 (7): 752-768.

[167] Mayo S L, Olafson B D, Goddard W A III. Dreiding: a generic force field for molecular simulations [J]. The Journal of Physical Chemistry B, 1990, 94 (26): 8897-8909.

[168] Xu X J, Xiao J J, Huang H, et al. Molecular dynamic simulations on the structures and properties of ε-CL-20 (0 0 1)/F_{2314} PBX [J]. Journal of Hazardous Materials, 2010, 175: 423-428.

[169] Xu X J, Xiao H M, Xiao J J, et al. Molecular dynamics simulations for pure ε-CL-20 and ε-CL-20-based PBXs [J]. The Journal of Physical Chemistry B, 2006, 110 (14): 7203-7207.

[170] Zhu W, Xiao J J, Zhu W H, et al. Molecular dynamics simulations of RDX and RDX-

based plastic-bonded explosives [J]. Journal of Hazardous Materials, 2009, 164: 1082-1088.

[171] Xiao J J, Li S Y, Chen J, et al. Molecular dynamics study on the correlation between structure and sensitivity for defective RDX crystals and their PBXs [J]. Journal of Molecular Modeling, 2013, 19: 803-809.

[172] Bowden F P, Yoffe A D, Hudson G E. Initiation and growth of explosion in liquids and solids [M]. Cambridge: Cambridge University Press, 1952.

[173] Armstrong R W, Ammon H L, Elban W L, et al. Investigation of hot spot characteristics in energetic crystals [J]. Thermochimica Acta, 2002, 384 (1): 303-313.

[174] Kamlet M J, Adoiph H G. The relationship of impact sensitivity with structure of organic high explosives [J]. Propellants, Explosives, Pyrotechnics, 1979, 4 (2): 30-34.

[175] 朱卫华, 张效文, 肖鹤鸣. 高能晶体撞击感度理论研究—第一性原理带隙 (ΔE_g) 判据 [J]. 含能材料, 2010, 18 (4): 431-434.

[176] Qiu L, Xiao H M, Zhu W H, et al. Ab initio and molecular dynamics studies of crystalline TNAD (trans-1,4,5,8-tetranitro-1,4,5,8-tetraazadecalin) [J]. The Journal of Physical Chemistry B, 2006, 110 (22): 10651-10661.

[177] Zhu W H, Wei T, Zhu W, et al. Comparative DFT study of solid ammonium perchlorate and ammonium dinitramide [J]. The Journal of Physical Chemistry A, 2008, 112 (20): 4688-4693.

[178] Zhu W H, Zhang X W, Zhu W, et al. Density functional theory studies of hydrostatic compression of crystalline ammonium perchlorate [J]. Physical Chemistry Chemical Physics, 2008, 10 (48): 7318-7323.

[179] Rice B M, Hare J J. A quantum mechanical investigation of the relation between impact sensitivity and the charge distribution in energetic molecules [J]. The Journal of Physical Chemistry A, 2002, 106: 1770-1783.

[180] Stephen A D, Kumarashas P, Pawar R B. Charge density distribution, electrostatic properties, and impact sensitivity of the high energetic molecule TNB: a theoretical charge density study [J]. Propellants, Explosives, Pyrotechnics, 2011, 36: 168-174.

[181] Stephen A D, Srinivasan P, Kumarashas P. Bond charge depletion, bond strength and the impact sensitivity of high energetic 1,3,5-triamino-2,4,6-trinitrobenzene (TATB) molecule: a theoretical charge density analysis [J]. Computational and Theoretical Chemistry, 2011, 967: 250-256.

[182] Politzer P, Murray J S. C-NO_2 dissociation energies and surface electrostatic potential maxima in relation to the impact sensitivities of some nitroheterocyclic molecules [J]. Molecular Physics, 1995, 86: 251-255.

[183] Murray J S, Concha M C, Politzer P. Links between surface electrostatic potentials of energetic molecules, impact sensitivities and C-NO_2/N-NO_2 bond dissociation energies [J].

[184] 王桂香, 肖鹤鸣, 居学海, 等. 含能材料的密度、爆速、爆压和静电感度的理论研究 [J]. 化学学报, 2007, 65 (6): 517-524.

[185] Wang G X, Xiao H M, Xu X J, et al. Detonation velocities and pressures, and their relationships with electric spark sensitivities for nitramines [J]. Propellants, Explosives, Pyrotechnics, 2006, 31: 102-109.

[186] Wang G X, Xiao H M, Ju X H, et al. Detonation velocities and pressures, and their relationships with electric spark sensitivities for nitro arenes [J]. Propellants, Explosives, Pyrotechnics, 2006, 31: 361-368.

[187] Politzer P, Murray J S. Impact sensitivity and the maximum heat of detonation [J]. Journal of Molecular Modeling, 2015, 21: 262.

[188] Politzer P, Murray J S, Clark T. Mathematical modeling and physical reality in noncovalent interactions [J]. Journal of Molecular Modeling, 2015, 21: 52.

[189] Politzer P, Murray J S. Highperformance, low sensitivity: conflicting or compatible [J]. Propellants, Explosives, Pyrotechnics, 2016, 41 (3): 414-425.

[190] Politzer P, Murray J S. Some molecular/crystalline factors that affect the sensitivities of energetic materials: molecular surface electrostatic potentials, lattice free space and maximum heat of detonation per unit volume [J]. Journal of Molecular Modeling, 2015, 21: 25.

[191] Ma Y, Zhang A B, Zhang C H, et al. Crystal packing of low-sensitivity and high-energy explosives [J]. Crystal Growth & Design, 2014, 14 (9): 4703-4713.

[192] Zhang C Y, Wang X C, Huang H. π-Stacked interactions in explosive crystals: buffers against external mechanical stimuli [J]. Journal of the American Chemical Society, 2008, 130: 8359-8365.

[193] Ma Y, Zhang A B, Xue X G, et al. Crystal packing of impact-sensitive high energy explosives [J]. Crystal Growth & Design, 2014, 14 (11): 6101-6114.

[194] Zhang C Y. Investigation of the slide of the single layer of the 1,3,5-triamino-2,4,6-trinitrobenzene crystal: sliding potential and orientation [J]. The Journal of Physical Chemistry B, 2007, 111: 14295-14298.

[195] Zhu W, Wang X J, Xiao J J, et al. Molecular dynamics simulations of AP/HMX composite with a modified force field [J]. Journal of Hazardous Materials, 2009, 167: 810-816.

[196] 朱伟, 肖继军, 郑剑, 等. 高能混合物的感度理论判别—不同配比和不同温度 AP/HMX 的 MD 研究 [J]. 化学学报, 2008, 66 (23): 2592-2596.

[197] 朱伟, 刘冬梅, 肖继军, 等. 多组分高能复合体系的感度判据、热膨胀和力学性能的 MD 研究 [J]. 含能材料, 2014, 22 (5): 582-587.

[198] 刘冬梅, 赵丽, 肖继军, 等. 不同温度下 HMX 和 RDX 晶体的感度判别和力学性能预估—分子动力学比较研究 [J]. 高等学校化学学报, 2013, 34 (11): 2558-2565.

[199] 刘冬梅, 肖继军, 陈军, 等. 不同模型下 HMX 晶体结构和性能的 MD 研究 [J]. 含能材料, 2013, 21 (6): 765-770.

[200] Xiao J J, Zhao L, Zhu W, et al. Molecular dynamics study on the relationships of modeling, structural and energy properties with sensitivity for RDX-based PBXs [J]. Science China Chemistry, 2012, 55 (12): 2587-2594.

[201] 赵丽, 肖继军, 陈军, 等. RDX 基 PBX 的模型、结构、能量及其与感度关系的分子动力学研究 [J]. 中国科学: 化学, 2013, 43 (5): 576-584.

[202] 刘强, 肖继军, 陈军, 等. 不同温度下 ε-CL-20 晶体感度和力学性能的分子动力学模拟计算 [J]. 火炸药学报, 2014, 37 (2): 7-12.

[203] 刘冬梅, 肖继军, 朱伟, 等. 不同温度下 PETN 晶体感度判别和力学性能预测的 MD 研究 [J]. 含能材料, 2013, 21 (5): 563-569.

[204] Xu X J, Zhu W H, Xiao H M. DFT studies on the four polymorphs of crystalline CL-20 and the influences of hydrostatic pressure on ε-CL-20 crystal [J]. The Journal of Physical Chemistry B, 2007, 111 (8): 2090-2097.

[205] 许晓娟, 肖鹤鸣, 居学海, 等. ε-六硝基六氮杂异伍兹烷 (CL-20) 热解机理的理论研究 [J]. 有机化学, 2005, 25 (5): 536-539.

[206] Geetha M, Nair U R, Sarwade D B, et al. Studies on CL-20: the most powerful high energy material [J]. Journal of Thermal Analysis and Calorimetry, 2003, 73: 913-922.

[207] Mullay J. Relationship between impact sensitivity and molecular electronic structure [J]. Propellants, Explosives, Pyrotechnics, 1987, 12: 121-124.

[208] Owens F J, Jayasuriya K, Abrahmsen L. Computational analysis of some properties associated with the nitro groups in polynitroaromatic molecules [J]. Chemical Physics Letters, 1985, 116: 434-438.

[209] Kamlet M J, Jacobs S J. Chemistry of detonations I. A simple method for calculating detonation properties of C-H-N-O explosives [J]. Journal of Chemical Physics, 1968, 48: 23-35.

[210] Wu X. Simple method for calculating detonation parameters of explosives [J]. Journal of Energetic Materials, 1985, 3: 263-277.

[211] Stine J R. On predicting properties of explosives-detonation velocity [J]. Journal of Energetic Materials, 1990, 8: 41-73.

[212] Muthurajan H, Sivabalan R, Talawar M B, et al. Computer simulation for prediction of performance and thermodynamic parameters of high energy materials [J]. Journal of Hazardous Materials, 2004, 112 (1): 17-33.

[213] Keshavarz M H, Motamedoshariati H, Moghayadnia R, et al. A new computer code to evaluate detonation performance of high explosives and their thermochemical properties, part I [J]. Journal of Hazardous Materials, 2009, 172: 1218-1228.

[214] Wang Y, Zhang J C, Su H, et al. A simple method for the prediction of the detonation

performances of metal-containing explosives [J]. The Journal of Physical Chemistry A, 2014, 118: 4575-4581.

[215] Keshavarz M H. Determining heats of detonation of non-aromatic energetic compounds without considering their heats of formation [J]. Journal of Hazardous Materials, 2007, 142: 54-57.

[216] Keshavarz M H, Zamani A. A simple and reliable method for predicting the detonation velocity of CHNOFCl and aluminized explosives [J]. Central European Journal of Energetic Materials, 2015, 12 (1): 13-33.

[217] Keshavarz M H. Prediction of detonation performance of CHNO and CHNOAl explosives through molecular structure [J]. Journal of Hazardous Materials, 2009, 166: 1296-1301.

[218] Keshavarz M H, Ghorbanifaraz M, Rahimi H, et al. Simple pathway to predict the power of high energy materials [J]. Propellants, Explosives, Pyrotechnics, 2011, 36: 424-429.

[219] 国迁贤, 张厚生. 炸药爆轰性质计算的氮当量公式及修正氮当量公式: 炸药爆速的计算 [J]. 爆炸与冲击, 1983, 3 (3): 56-66.

[220] 王玉玲, 余文力. 炸药与火工品 [M]. 西安: 西北工业大学出版社, 2011.

[221] 欧育湘. 炸药学 [M]. 北京: 北京理工大学出版社, 2006.

[222] 许晓娟, 肖继军, 黄辉, 等. ε-CL-20 基 PBX 结构和性能的分子动力学模拟——HEDM 理论配方设计初探 [J]. 中国科学 B 辑: 化学, 2007, 37 (6): 556-563.

[223] Xu X J, Xiao J J, Huang H, et al. Molecular dynamics simulations on the structures and properties of ε-CL-20-based PBXs-primary theoretical studies on HEDM formulation design [J]. Science in China Series B: Chemistry, 2007, 50 (6): 737-745.

[224] Xu X J, Xiao H M, Ju X H, et al. Computational studies on polynitrohexaazaadmantanes as potential high energy density materials (HEDMs) [J]. The Journal of Physical Chemistry A, 2006, 110 (17): 5929-5933.

[225] Qiu L, Xiao H M, Zhu W H, et al. Theoretical study on the high energy density compound hexanitrohexaazatricyclotetra decanedifuroxan [J]. Chinese Journal of Chemistry, 2006, 24: 1538-1546.

[226] 邱玲, 肖鹤鸣, 居学海, 等. 六硝基六氮杂三环十二烷的结构和性能——HEDM 分子设计 [J]. 化学物理学报, 2005, 18: 541-546.

[227] Xu X J, Xiao H M, Ma X F, et al. Looking for hih energy density compounds among hexaazaadamantane derivatives with -CN, -NC, and -ONO_2 groups [J]. International Journal of Quantum Chemistry, 2006, 106 (7): 1561-1568.

[228] Pugh S F. Relations between the elastic moduli and the plastic properties of polycrystalline pure metals [J]. Philosophical Magazine, 1954, 45: 823-843.

[229] Pettifor D G. Theoretical predictions of structure and related properties of intermetallics

[J]. Materials Science and Technology, 1992, 8: 345-349.

[230] 吴家龙. 弹性力学 [M]. 上海: 同济大学出版社, 1993.

[231] Weiner J H. Statisticalmechanics of elasticity [M]. New York: John Wiley, 1983.

[232] Watt J P, Davies G F, O'Connell R J. The elastic properties of composite materials [J]. Reviews of Geophysics and Space Physics, 1976, 14: 541-563.

[233] Sanji T, Nakatsuka Y, Ohnishi S, et al. The property of 1, 1 - diamino - 2, 2 - dinitroethylene [J]. Macromolecules, 2000, 33: 8514-8526.

[234] Liu M H, Cheng K F, Chen C, et al. Computational study of FOX-7 synthesis in a solvated reaction system [J]. International Journal of Quantum Chemistry, 2011, 111: 1859-1869.

[235] Zhang C Y, Shu Y J, Zhao X D, et al. Computational investigation on HEDM of azoic and azoxy derivatives of DAF, FOX-7, TATB, ANPZ and LLM-105 [J]. Journal of Molecular Structure (Theochem), 2005, 728: 129-134.

[236] Badgujar D M, Talawar M B, Asthana S N, et al. Advances in science and technology of modern energetic materials: an overview [J]. Journal of Hazardous Materials, 2008, 151: 289-305.

[237] Bian L, Shu Y J, Li H R. Computational investigation on the surface electronic density, morphology and detonation property of 1,1-diamino-2,2-dinitroethylene (FOX-7) crystal [J]. Chinese Journal of Structural Chemistry, 2012, 31 (12): 1736-1744.

[238] Gindulyte A, Massa L. Proposed mechanism of 1,1-diamino-dinitroethylene decomposition: a density functional theory study [J]. The Journal of Physical Chemistry A, 1999, 103: 11045-11051.

[239] Evers J, Klapötke T M, Mayer P, et al. α-and β-FOX-7, polymorphs of a high energy density material, studied by X-ray single crystal and powder investigations in the temperature range from 200 to 423 K [J]. Inorganic Chemistry, 2006, 45 (13): 4996-5007.

[240] Latypove N V, Bergman J, Langlet A, et al. Synthesis and reactions of 1,1-diamino-2,2-dinitroethylene [J]. Tetrahedron, 1998, 54 (38): 11525-11536.

[241] Sorescu D C, Boatz J A, Thompson D L. Classical and quantum mechanical studies of crystalline FOX-7 (1,1-diamino-2,2-dinitroethylene) [J]. The Journal of Physical Chemistry A, 2001, 105: 5010-5021.

[242] 居学海, 肖鹤鸣. 1,1-二氨基二硝基乙烯晶体的密度泛函理论研究 [J]. 化学物理学报, 2004, 17 (4): 407-410.

[243] Ju X H, Xiao H M, Xia Q Y. A density functional theory investigation of 1,1-diamino-2,2-dinitroethylene dimmers and crystal [J]. Journal of Chemical Physics, 2003, 15: 10247-10255.

[244] Hu A, Larade B, Rachid H A, et al. A first principles density functional study of crystalline FOX-7 chemical decomposition process under external pressure [J]. Propellants,

Explosives, Pyrotechnics, 2006, 31: 355-360.

[245] Lee K Y, Chapman L B, Coburn M D. 3-Nitro-1,2,4-triazol-5-one, a less sensitive explosive [J]. Journal of Energetic Materials, 1987, 5: 27-33.

[246] Beard B C, Sharma J. The radiation sensitivity of NTO (3-nitro-1,2,4-triazol-5-one) [J]. Journal of Energetic Materials, 1989, 7 (3): 181-198.

[247] Nandi A K, Singh S K, Kunjir G M, et al. Assay of insensitive high explosive 3-nitro-1,2,4-triazol-one (NTO) by acid-base titration [J]. Central European Journal of Energetic Materials, 2013, 10 (1): 113-122.

[248] 马松, 袁俊明, 刘玉存, 等. NTO 结晶形貌的预测 [J]. 火炸药学报, 2014, 37 (1): 53-57.

[249] Liu Z C, Wu Q, Zhu W H, et al. Vacancy-induced initial decomposition of condensed phase NTO via bimolecular hydrogen transfer mechanisms at high pressure: a DFT-D study [J]. Physical Chemistry Chemical Physics, 2015, 17: 10568-10578.

[250] 常佩, 周诚, 王伯周, 等. 二种 NTO 合成工艺的安全性分析 [J]. 高等化学工程学报, 2018, 32 (5): 1223-1227.

[251] Bolotina N B, Zhurova E A, Pinkerton A A. Energetic materials: variable-temperature crystal structure of β-NTO [J]. Journal of Applied Crystallography, 2003, 36 (2): 280-285.

[252] Prabhakaran K V, Naidu S R, Kurian E M. XRD, spectroscopic and thermal analysis studies on 3-nitro-1,2,4-triazol-5-one (NTO) [J]. Thermochimica Acta, 1994, 241: 199-212.

[253] Wang Y, Chen C, Lin S. Theoretical studies of the NTO molecular decomposition [J]. Journal of Molecular Structure (Theochem), 1999, 460: 79-102.

[254] Rothgery E F, Audette D E, Wedlich R C, et al. The study of the thermal decomposition of 3-nitro-1,2,4-triazol-5-one (NTO) by DSC, TGA-MS, and ARC [J]. Thermochimica Acta, 1991, 185: 235-243.

[255] Östmark H, Bergman H, Aqvist G. The chemistry of 3-nitro-1,2,4-triazol-5-one (NTO): thermal decomposition [J]. Thermochimica Acta, 1993, 213: 165-175.

[256] Pagoria P F. Synthesis, scale-up, and characterizationof 2,6-diamino-3,5-dinitropyrazine-1-oxide (LLM-105) [J]. Propellants, Explosives, Pyrotechnics, 1998, 23: 156-160.

[257] Hollins R A, Merwin L H, Nissan R A, et al. Aminonitropyridines and their N-oxides [J]. Journal of Heterocyclic Chemistry, 1996, 33: 895-904.

[258] Willer R L. Synthesis and characterization of high energy compounds. I. trans-1,4,5,8-tetranitro-1,4,5,8-tetraazadecalin (TNAD) [J]. Propellants, Explosives, Pyrotechnics, 1983, 8: 65-69.

[259] Cady H H, Larson A C, Cromer D T. The crystal of α-HMX and a refinement of the

structure of β-HMX [J]. Acta Crystallographica, 1963, 16: 617-623.

[260] Choi C S, Boutin H P. A study of the crystal structure of β-cyclotetramethylene tetranitramine by neutron diffraction [J]. Acta Crystallographica B, 1970, 26: 1235-1240.

[261] Vrcelj R M, Sherwood J N, Kennedy A R, et al. Polymorphism in 2-4-6 trinitrotoluene [J]. Crystal Growth & Design, 2003, 3 (6): 1027-1032.

[262] Brill B T, James J K. Kinetics and mechanisms of thermal decomposition of nitroaromatic explosives [J]. Chemical Reviews, 1993, 93: 2667-2692.

[263] Zhou T T, Huang F L. Effects of defects on thermal decomposition of HMX via ReaxFF molecular dynamics simulations [J]. The Journal of Physical Chemistry B, 2011, 115: 278-287.

[264] 肖继军, 张骥, 杨栋, 等. 环四甲撑四硝胺 (HMX) 结构和性能的 DFT 研究 [J]. 化学物理学报, 2002, 15 (1): 41-45.

[265] 肖鹤鸣, 王遵尧, 姚剑敏. 芳香族硝基炸药感度和安定性的量子化学研究 I: 苯胺类硝基衍生物 [J]. 化学学报, 1985, 43 (1): 14-18.

[266] Turner A G, Davis L P. Thermal decomposition of TNT: use of 1-nitropropene to model the initial stages of decomposition [J]. Journal of the American Chemical Society, 1984, 106 (19): 5447-5451.

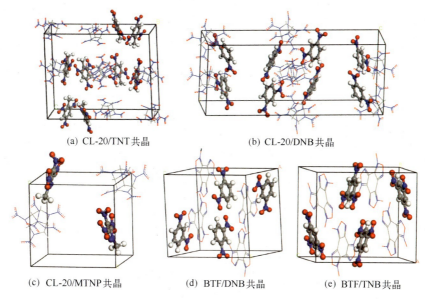

(a) CL-20/TNT 共晶　　(b) CL-20/DNB 共晶

(c) CL-20/MTNP 共晶　　(d) BTF/DNB 共晶　　(e) BTF/TNB 共晶

图 1-1　实验测得的部分共晶炸药的晶体结构

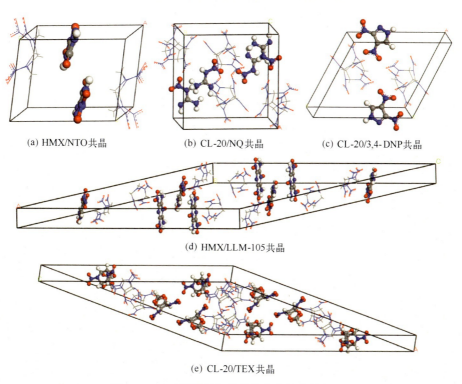

(a) HMX/NTO 共晶　　(b) CL-20/NQ 共晶　　(c) CL-20/3,4-DNP 共晶

(d) HMX/LLM-105 共晶

(e) CL-20/TEX 共晶

图 1-2　理论预测的部分共晶炸药的晶体结构

彩1

(a) CL-20分子模型　　　(b) CL-20单个晶胞模型

图 2-2　CL-20 分子与单个晶胞模型

 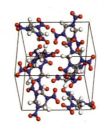

(a) RDX分子模型　　　(b) RDX单个晶胞模型

图 2-3　RDX 分子与单个晶胞模型

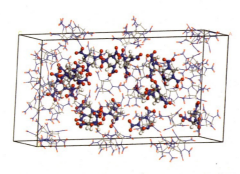

图 2-5　组分比例为 2∶1 的随机取代 CL-20/RDX 共晶炸药模型